4th edition

Esthetics

피부미용학

한영숙·김주연·김해남·윤미연·이연희·장미혜·표영희

청구문화사

머리말

피부미용은 오랜 인류 역사 속에서 아름다워지고 싶은 인간의 미적 욕구를 충족시키기 위하여 끊임없이 발전되어 왔다. 오늘날 미적 욕구의 증가는 경제발전으로 인한 소득 수준의 향상과 여성들의 사회진출 및 well-being에 대한 관심이 증가함으로 인하여 단순한 관리차원에서 벗어나 전문적인 지식을 필요로 하게 되었다. 따라서 피부미용은 얼굴 및 전신의 피부를 아름답게 유지, 보호, 개선, 관리하기 위하여 각 부위와 피부유형에 적절한 관리법과 피부미용기기 및 제품을 사용하여 피부미용을 수행하는 직무이다.

우리나라의 많은 대학에서 피부미용 관련학과가 개설되고, 이미 대학원 석사과정과 박사과정이 꾸준히 개설되면서 피부미용 학문에 대한 체계적인 연구를 필요로 하고 있다. 이는 대학에서 지속적으로 교육과 연구를 함으로써 기존의 실무에서 원하던 지식 교육에 대한 욕구를 충족시켜주며 산학의 발전에 기여를 한 것으로 평가될 수 있다. 이러한 긍정적인 면에 힘입어 피부미용 분야는 더욱 더 발전하리라 기대된다. 또한 피부미용이라는 학문은 국민소득이 증가하고 삶의 질을 고려하여 건강과 아름다움에 대한 욕구가 존재하는 한, 인류역사와 더불어 영원히 지속되며 더욱더 중요한 학문이 될 것임에 확신을 갖고 있다.

그동안 피부미용인의 위상과 학문의 체계화는 무엇보다 중요한 과제로 대두되어 왔다. 이에 따라 '피부미용학' 교재개발이 절실히 필요함에도 대학에서의 교과과정 변경 등의 내외적인 여건이 여의치 않았었다. 그러나 피부미용 분야가 미용사 단일 국가자격증에서 2007년4월 미용사(피부)와 미용사(일반) 으로 보건복지부의 '공중위생관리법 시행규칙' 일부 개정령이 공포되므로써 국가자격증이 분리되고 2008년도부터 미용사(피부) 국가자격증 시험이 실시되게 되었다. 이에 본서는 자격증 시험에 대비함과 동시에 대학 및 대학원, 현장에서 피부미용에 관한 이론 및 실기를 체계적으로 교육하기위한 지침서로 활용 가능하도록 집필하였다. 피부미용의 기본 개념을 시작으로 피부유형별 분석 및 상담, 클린징, 매뉴얼 테크닉, 전신관리와 마무리까지 피부 관리의 기초적인 실무를 체계적으로 이론화시키는데 중점을 두었으며 앞으로도 부족한 부분을 보완하기 위한 연구를 지속적으로 수행할 것을 약속드리며 이 책이 피부미용을 전공하는 모든 학생들과 실무자에게 좋은 길잡이가 될 것으로 기대해 본다.

끝으로 책을 출간하는데 성심을 다해주신 청구문화사 이상태 사장님을 비롯한 임직원들의 노고에 깊이 감사를 드립니다.

저자일동

목 차
CONTENTS

제6장 매뉴얼 테크닉 ································ 75

1

피부미용의 개념

1. 피부미용의 개념

1) 피부미용의 정의

피부미용이란 안면 및 전신의 피부에 피부미용기기와 화장품을 이용하고 매뉴얼 테크닉(마사지)을 적용하여 피부를 건강하고 아름답게 유지 혹은 개선 시키는 것이다. 피부미용(esthetics)이라는 명칭은 약 200년 전 독일의 미학자 '바움갈텐(Baumgarten)'이 "아름다움은 인간에게 만족과 즐거움을 주는 대상이며 보는 사람의 마음에 달려있다"라는 감성의 미에 대한 의미로 처음 사용하였다. 이와 같이 피부미용은 피부 및 인체의 기능과 생리작용에 대한 지식을 바탕으로 손, 기기, 화장품 등을 적용하여 다양한 과학적 관리를 행하는 것이다.

2) 피부미용의 용어

Cosmetic은 화장품, 피부미용 등의 포괄적인 의미로 통용되고 있는데, 그 어원은 그리스어의 "kosmein"에서 유래되었으며 '관리하다, 장식, 치장하다'라는 뜻을 내포하고 있다.

또한 '피부미용'인 "Esthetics"는 '심미, 미학, 미의식'의 의미와 'skin care, skin treatment'의 의미가 내포되어 있다.

각 나라에서 지칭되는 용어를 살펴보면, 독일은 Kosmetik, 영국은 Cosmetic, 프랑스는 Esthetique 또는 Soin Esthetique, 미국은 Skin Care 또는 Esthetics (Aesthetics), 일본은 Soin Esthetique 또는 Skin Care, 한국에서는 피부미용 또는 피부관리라고 한다.

3) 피부미용의 기능

(1) 건강적 기능

건강적인 측면의 피부관리로써 외적 환경으로부터 피부를 보호하고 피부의 조기노화를 예방하여 피부를 건강하게, 젊게, 그리고 아름답게 유지, 개선 시킨다.

(2) 심리적 기능

심신의 이완감과 만족감을 주고 활력을 생기게 하므로써, 안정감과 아름다운 피부 변화 등에 대한 만족스런 기능이 있다. 피부미용사는 고객의 피부상태를 분석하여 그 분석한 결과에 따라 피부상태를 개선시킨다.

(3) 미적 기능

피부를 아름답게 유지하거나 개선시키므로써 표면적인 외관을 아름답게 해준다.

4) 피부미용사

우리나라 노동부에서 밝힌 피부미용사의 직무내용을 보면 「얼굴 및 전신의 피부를 아름답게 유지, 보호, 개선, 관리하기 위하여 각 부위와 유형에 적절한 관리법과 기기 및 제품을 사용하여 피부미용을 수행하는 직무」이다.

전문교육을 이수한 피부미용사는 확실한 신념을 가지고 올바른 피부관리 수행능력을 갖추며, 또한 피부미용기술을 향상시키는 책임을 가져야 한다. 피부미용사는 피부의 생리기능과 구조뿐만 아니라 피부미용기기의 원리와 적용, 화장품의 원리와 적용, 피부를 다루는 매뉴얼 테크닉 등의 지식과 기술을 바탕으로 과학적, 보건학적, 의학적, 예술적, 영양학적, 심리적, 사회적, 정신적 등 포괄적인 지식을 갖추고 인간성, 전문성, 신뢰성이 바탕이 되어야 하며, 이러한 조건을 겸비하기 위해서는 끊임없는 노력이 요구된다.

우리나라에서는 국가기술자격법 시행규칙 일부 개정령이 2007년 4월 27일에 공포, 2007년 7월1일로 시행되어, 2008년 1월 1일부터 미용사자격증이 미용사(피부)와 미용사(일반)로 구분되었다. 개정 사유로는 「국가기술자격법」이 개정(법률 제 8406호)되어 신산업 및 고부가가치 산업의 인력수요를 반영하기 위하여 의공기사, 의공산업기사, 의료전자기능사 및 미용사(피부)의 4개 종목의 국가기술자격을 신설하고 기존의 미용사 종목을 미용사(피부)과 미용사(일반)로 변경함으로써 현행 제도의 운영상 나타난 일부 미비점을 개선, 보완하였다.

이처럼 기존에는 업무의 영역 구별이 없던 미용분야에서 피부미용과 일반미용의 업무가 분리됨에 따라 피부미용 분야는 더욱 전문성을 가지는 입지를 확고히 굳히게 되었다.

(1) 피부미용사의 영역

피부관리에는 피부분석에 따른 피부관리를 중심으로 안면관리, 전신관리, 비만관리, 매니큐어, 발관리 및 페디큐어, 뷰티 메이크업 등을 포함하는 전문적이고 세분화된 영역으로 나누어진다.

- 일반피부관리 : 건성, 정상, 지성, 민감성, 노화 등의 일반적인 피부관리이다.
- 특수피부관리 : 일반적인 피부관리로 보강이 안되거나 충분하지 않는 경우, 피부미용기기의 적용이나 특별하게 제조된 기능성 화장품 등을 사용하는 피부관리이다.
- 메디컬피부관리 : 피부과 전문의가 문제성 피부를 가진 고객을 진단하고 처치한 후, 그에 따라 피부미용사는 전문적인 화장품과 피부미용기기를 사용하는 피부관리이다.
- 뷰티메이크업 : 화장을 통해 자신의 결점을 수정, 보완해서 TPO와 피부유형에 맞게 가꾼다.
- 카모플라쥐 : 피부에 결점이 있을때 이 부분을 커버한다.
- 속눈썹 및 눈썹정리와 염색 : 왁싱(waxing), 트위져(tweezer), 눈썹정리용칼, 눈썹가위 등으로 얼굴형에 맞게 눈썹을 수정하고 눈썹 염색약으로 눈썹과 속눈썹을 염색한다.
- 제모 : 여러 가지 제모 시술방법으로 신체의 불필요한 체모를 제거한다.

· 매니큐어 : 일반적인 손관리, 파라핀을 이용한 특수 손관리, 네일 아트 등을 한다.
· 발관리 및 페디큐어 : 일반적으로 건강한 발을 아름답게 관리하는 페디큐어와 발반사구를 자극하거나 티눈, 굳은살 등의 문제성 발까지 건강하게 관리한다.
· 피부미용기기를 이용한 관리 : 피부개선을 위해 피부분석에 따라 과학적으로 기기를 적용한다.
· 체형관리 : 바디 매뉴얼 테크닉(마사지)를 시행하여 균형있는 몸매를 유지하도록 관리한다.
· 두피관리 : 두피와 모낭의 세정, 두피의 생리기능을 정상화, 탈모 방지, 비듬 등 각종 트러블을 예방하고 개선시켜 건강한 두피와 모발을 갖도록 한다.
· 스파관리 : 물에 의한 건강, 물을 통한 건강("Health through water")으로 물의 열, 부력 및 매뉴얼 테크닉를 이용히여 스트레스를 해소시키고, 신체 컨디션을 재조정한다.
· 올바른 제품 선택에 대한 상담 및 조언 : 고객의 피부유형에 알맞은 화장품을 선택할 수 있도록 조언을 해주고 판매한다.
· 홈케어 : 고객 스스로 집에서 관리할 수 있도록 자신의 피부유형에 적합한 피부관리방법을 조언해 준다.
· 이미지 메이킹 및 이미지 컨트롤 : 좋은 이미지를 위한 토탈 코디네이션 등을 조언한다.

(2) 피부미용사 제도

유럽의 경우 피부미용(관리)실은 매우 대중화되어 있다. 주요 업무는 피부관리, 제모, 체형관리, 메이크업 등으로 우리나라와 비슷하나, 피부미용사의 사회적 지도와 신뢰도는 훨씬 높은 편이다. 그것은 우리나라와 달리 피부미용사의 제도가 일찍 정립되었기 때문이다.

① 한국

공중위생관리법 제 6조 제1항 제4호의 규정에 의해 미용사(피부)와 미용사(일반)으로 업무 범위 정해짐

· 피부미용사 : 산업인력관리공단에서 주관하는 미용사(피부)자격증을 취득하기 위해서는 피부미용사의 직무내용 「얼굴 및 전신의 피부를 아름답게 유지, 보호, 개선, 관리하기 위하여 각 부위와 유형에 적절한 관리법과 기기 및 제품을 사용하여 피부미용을 수행하는 직무」에 따라 다음과 같은 내용의 시험에 합격하여야 한다.

미용사(피부)	필기시험	피부미용학
		피부학 및 해부생리학
		피부미용기기학
		화장품학
		공중위생관리학
	실기시험	피부미용실무

· 미용사 : 이미 받은자는 현재와 업무 동일하다.

- 산업인력관리공단에서 주관했던 미용사 자격증 취득자
- 미용고교, 대학(교)에서 보건복지부에서 인정하는 교육기관에서 이수한 자에게는 무시험 면허가 주어진다.

※ 한국은 무시험 면허가 주어지는 유일한 국가로은 전문가들의 지적사항이 되기도 하는 문제를 안고 있다.

2008년 1월 1일 이전에 미용사 자격을 취득한 자는 종전의 명칭에 의한 자격을 계속 보유할 수 있으며, 2008년 1월 1일 전까지 필기시험에만 합격을 하고, 실기시험에 합격하지 않는 자는 미용사(일반)과 미용사(피부) 종목 중 수험자가 선택하는 어느 하나의 종목의 필기시험에 합격한 것으로 본다.

② 미국

각 주마다 독립적으로 이론과 실기 시험을 통과할 경우 면허증을 부여 받는다. 1,600시간의 기본관정을 이수해 시험에 합격후 미용자격증을 얻으면 헤어와 피부관리까지 할 수 있으며, 피부관리만 원하는 경우는 별도의 600시간의 교육을 받고 시험에 합격한다. 각 주에서 부여받은 면허증은 그 주에서만 인정된다.

③ **영국**

1,600시간을 이수한 후 헤어이론, 실기, 바디테라피 이론, 실기, 영구제모이론, 실기 등 6과목을 치른다. 각 과목당 65점 이상을 받아야 하며 한 과목이라도 낙제 시 재응시해야 한다. 3회 탈락 시 응시자격이 영구히 박탈된다.

④ **독일**

피부미용학교는 대체로 2년 과정으로 1년은 이론 중심, 나머지 1년은 실습으로 평균 1,500시간 이상의 교육을 받는다. 1년에 8회 이상 실시하는 필기시험에 합격한 후 구두시험에 합격해야 디플로마를 취득할 수 있다. 시험에 합격한 후에는 1년 동안의 현장실습종료 후 시험에 다시 통과해야 개업과 취업이 가능하다. 독일은 국가 자격증이 없으며 디플로마가 대신한다.

⑤ **프랑스**

1963년 프랑스 문부성에서 국가기술자격 CAP(직업교육자격증) 제도가 마련되면서 교육 프로그램이 확립되고 제도화되었다. 6개월의 단기과정이나 3년 과정까지 다양한 교육과정이 있으며 대개 2년 과정을 마쳐야 디플로마가 수여되며, CAP시험에 응시할 수 있다. 시험과목은 실기와 필기로 나누어 실시한다.

⑥ **일본**

에스테틱협회에서 인정하는 피부미용학원에서 600~1,200시간을 이수한 뒤 수료증을 취득할 수 있다.

(3) 피부미용사의 취업진로

· 피부미용(관리)실 개설 및 경영
· 피부미용(관리)실의 피부미용사 및 매니저
· 호텔 스파테라피스트, 스파매니저
· 화장품회사 및 피부미용기기회사에서의 제품기획, 연구, 교육강사, 영업 등
· 피부과에서 개설한 피부미용(관리)실에서의 피부미용사 및 코디네이터
· 학원, 사회복지관, 문화센터 강사, 평생교육원 및 사회교육원, 미용고등학교 교사, 대학교) 교수
· 미용관련 잡지사, 컨설팅, 이벤트 상담자 등

(4) 피부미용사가 갖추어야 할 사항

① 피부미용사의 태도

· 전문가로서 안정감과 자신감을 갖고 고객을 대한다.
· 감정적 안정과 정서적 안정을 갖는다.
· 관리사의 개인적 감정을 자제하며, 전문가로서 품위를 유지한다.
· 고객을 대할 때는 항상 자연스럽고 부드럽게 웃는다.
· 고객의 말은 공손하게 경청하고 고객의 분위기에 맞는 대화를 선택한다
· 비속어나 유행어를 사용하지 않는다.
· 대화의 주제에 이어서 논쟁의 여지가 있는 것은 가능한 한 피한다.
· 고객의 사생활을 보호한다.
· 유쾌한 음색으로 재미있는 대화법을 기르도록 한다.
· 적절한 유머 감각도 필요하다.
· 고객의 이름을 기억하고 존칭을 사용하여 부른다.
· 가능한 정치와 종교에 관한 대화는 주의한다.
· 단정한 메이크업과 유니폼을 착용한다.
· 가능한 한 목걸이, 팔찌, 반지 등의 액세사리를 금한다.
· 편안한 신발을 착용한다.
· 신뢰감을 주며 부드러운 이미지를 갖는다.

② 피부미용사의 개인위생

신체와 정신의 균형 잡힌 상태는 고객에게 신뢰감을 형성하고 호감을 주고 관리에 대한 효과를 증대시킨다. 그리하여 피부미용사의 철저한 위생관리가 요구되며 피부미용사 자신의 건강을 위해서도 적절한 휴식, 정기적인 건강진단 등이 필요하다.

· 매일 목욕이나 샤워로 몸을 깨끗하게 유지하며, 방취제(deodorant)로 체취를 없앤다.
· 구취가 나는 경우 의사의 치료를 받는다.
· 손과 손톱은 깨끗하고 양호한 상태로 유지한다.
* 특히 손톱은 짧게하여 손톱으로 고객의 피부에 손상을 가하면 절대로 안된다.
· 매일 깨끗한 속옷과 의복을 착용한다.
· 수건, 물컵, 화장품, 머리빗은 공동으로 사용하지 않는다.

· 불필요한 장신구는 착용하지 않는다.
· 머리는 단정히 손질한다.
· 피로를 최소화 할 수 있는 안정된 자세를 갖는다.
· 정신적, 육체적 피로를 감소하기 위해 적당한 휴식과 수면을 취한다.
· 매일 충분한 양의 물을 섭취한다.
· 균형 있는 식이요법과 건강한 마음을 갖는다.
· 바른 자세로 서고, 앉고, 걷는다.
· 정기적으로 건강진단을 받는다.
· 신발은 깨끗하고 단정하게 신으며 깨끗한 양말을 신는다.
· 고객 관리 전이나 후에는 손을 깨끗이 씻는다.

③ 전문인으로서의 자격요건

· 정확한 피부분석과 판별능력
· 고객관리 및 상담기법의 전문지식
· 피부관리 전문화장품과 성분에 대한 풍부한 지식
· 고도로 숙련된 제품사용 응용 능력
· 피부미용의 이론적 배경 및 전문지식
· 고감도의 효율적인 매뉴얼 테크닉(마사지) 습득 및 보유
· 피부미용기기를 능숙하게 사용하는 능력
· 상담을 성공적으로 이끄는 대화 능력
· 고객을 사랑하는 마음
· 새로운 이론 및 기술에 대한 정보력

▶ 개정안

제14조(업무범위)

① 법 제8조 제3항에 따른 이용사의 업무범위는 이발·아이론·면도·머리피부손질·머리카락염색 및 머리감기로 한다.

② 법 제8조 제3항에 따른 미용사의 업무범위는 다음 각 호와 같다.

1. 법 제6조 제1항 제1호부터 제3호까지에 해당하는 자와 2007년 12월 31일 이전에 동항 제4조에 따라 미용사자격을 취득한 자 : 파마·머리카락자르기·머리카락모양내기·머리피부손질 및 화장, 피부미용(의료기기나 의약품을 사용하지 아니하는 피부상태 분석·피부관리 ·제모·눈썹손질을 말한다), 얼굴의 손질 및 화장
2. 2008년 1월 1일 이후에 법 제6조 제1항 제4호에 따라 미용사자격을 취득한 자로서 미용사면허를 받은자

가. 미용사(일반) : 파마·머리카락자르기·머리카락모양내기·머리피부손질·머리카락염색·머리감기, 손톱과 발톱의 손질 및 화장, 의료기기나 의약품을 사용하지 아니하는 눈썹손질, 얼굴의 손질 및 화장

나. 미용사(피부) : 의료기기나 의약품을 사용하지 아니하는 피부상태분석·피부관리·제모·눈썹손질

2. 피부미용의 역사

1) 서양의 피부미용

(1) 고대

인간의 미에 대한 탐구와 미용술의 관습은 고대 문명에 그 기원을 두며 의술의 시작과 때를 같이 한다. 이 시기에 화장의 목적은 미적 효과보다는 신에 대한 숭배, 주술적 효과, 햇빛이나 곤충으로부터의 신체보호, 신분의 계층을 나타내는 수단으로 사용하였다. 화장품의 역사는 고대 Pamirs 고원에서 향을 피우고 난 재를 얼굴에 바르면서부터 시작되었다고 하는데, 이는 신과 조상에게 제사를 지내는 제단을 신성하게 하기 위한 목적과 채색을 함으로써 주술적인 효과를 얻기 위한 목적으로 이행되었다. 이와 같이 화장은 자기 보호나 종교적 의미에서 시작되었으나 점차 그 사용 목적이 다양해졌으며, 왕족이나 귀족들을 중심으로 향을 피우거나 향유를 이용한 목욕과 피부손질 등이 있었다.

(2) 이집트 시대

더운 기후와 청결한 것을 좋아하는 이집트인들은 목욕법의 체계를 세웠으며 향유를 피부와 모발의 청결에 사용하였고 매뉴얼 테크닉(마사지) 효과, 벌레나 햇빛으로부터 보호 등의 다양한 목적으로 사용하였다. 올리브유, 아몬드유, 양모 왁스, 꿀, 우유, 밀기울, 흙 등의 천연재료를 향유와 혼합하여 피부미용을 시행하였다. 특히 향유 매뉴얼 테크닉(마사지)을 즐겼다. 이집트 여왕인 클레오파트라는 자갈흙, 우유, 꿀, 달걀노른자를 이용한 피부관리를 했다고 전해진다.

(3) 그리스

19세기에 이르러 올림픽이 개최되기 전에 이미 그리스인들은 건강한 정신은 건강한 신체에서 비롯된다고 생각하여 식이요법, 운동요법, 목욕, 매뉴얼 테크닉(마사지) 등을 이용하여 건강한 신체를 유지하고자 했다. 4세기경 의학의 선구자인 히포크라테스는 건강과 아름다움을 위해 미용식, 일광욕, 특수목욕, 매뉴얼 테크닉(마사지) 등을 권장하였으며, 이러한 시대적 요구는 냉수욕, 온수욕, 증기욕, 약물욕 등의 다양한 목욕문화를 창출하였다. 또한 이들은 목욕 후 청결함과 쾌적함을 유지하기 위해 매뉴얼 테크닉(마사지)과 향 사용을 중요시 했다. 일반 여성들은 기초적인 피부손질 외엔 거의 화장을 하지 않았으며, 창부들은 '뷰티미스트(Beauty Mist)'를 사용하여 태양에 건조시킨 식물성 기름에 장미연고를 섞여 섞어 사용하였다.

(4) 로마

로마인은 청결과 장식을 중요시하는 관념 때문에 오일과 향수, 화장이 생활의 필수품으로 등장하게 되었다. 이러한 시대적 흐름은 피부관리 방법과 사용재료의 다양화를 가져왔다. 그 예로 스팀(steam)이나 한증이용이 생활화되었으며, 희고 깨끗한 피부관리를 위해 염소젖, 레몬과 오렌지즙, 우유, 효모를 사용하여 팩을 사용했고 매뉴얼 테크닉(마사지)을 시행하였다. 로마시대는 남녀 모두 희고 아름다운 피부를 위해 냉수욕, 온수욕, 약초욕을 하고, 얼굴에 백납분를 칠하고, 옥수수나 밀가루, 우유, 신선한 버터를 혼합하여 매뉴얼 테크닉(마사지)을 하였다.

로마 황제의 의사인 '갈레노스 갈렌(Claudius Galen)'은 장미수 37.5%, 벌꿀왁스 12.5%, 올리브오일 50%를 혼합한 최초의 콜드크림을 개발하였다.

(5) 아랍시대

유럽의 쇠퇴는 동양의 문화를 흡수하는 계기가 된다. 현대의 화장품에도 중요한 원료인 장미는 인도와 페르시아에서 들어와 관상수뿐만 아니라 장미수, 장미유로 다양하게 사용되었다. 아랍인들은 목욕, 식이요법, 운동, 매뉴얼 테크닉(마사지) 등의 효과를 강조하였다. 아시아로부터 들어온 새로운 식물과 물질은 향수, 피부, 모발관리에 유용하게 전파되어 목욕문화의 체계가 재정립되었으나, 향장품이나 피부관리법의 큰 진전은 없었다.

(6) 르네상스 시대

중동지역으로 향했던 십자군의 귀향으로 향장과 향료 연구에 큰 발전의 계기가 마련되었으며, 여행자의 전파로 유럽은 동양의 문물을 다양하게 접하게 되었다. 이 시기의 가장 주목할 점은 알코올과 그 증류 방법에 대한 지식의 바탕에서 이루어 졌으며 수세기 동안 과실류에서 추출되던 알코올이 곡물에서도 추출이 가능하게 되었다. 이 시기에 이미 피부관리를 위하여 화장수가 사용되었으며, 이러한 화장수는 알코올, 야채 농축액, 우유, 꿀 등을 혼합하여 만들었다. 또한 위생관념이 없어 목욕을 자주 할 수 없었으므로 신체와 의복에서 나는 악취를 제거하기 위하여 과도하게 향수를 사용하거나 휴대하고 다녔으며 라일락 꽃잎, 장미 등을 이용한 스팀 미용법도 즐겼다. 악취방지용으로 귀부인은 향장갑에 향수를 넣어 휴대하였으며 이는 또한 장신구의 역할을 하였다. 16세기의 프랑스 학자 몽떼뉴의 저서에는 크림과 팩의 처방에 관한 내용이 많이 실려 있다.

* 화장품 원료로 에탄올(ethyl alcohol)에 변성제(에탄올, 부탄올, 페놀 등)를 첨가하여 SD(specially denatured) alcohol이 주로 사용된다.

(7) 바로크 시대

화장은 장식적인 기능과 실용적인 기능으로 천연두의 흔적을 감추는데도 도움을 주었다. 몸을 자주 씻는 것은 건강에 좋지 않다고 생각하여, 루이 14세는 일년에 한 번 정도만 씻었으며 오데코롱을 얼굴과 손에 발라 더러움을 제거한다고 생각하였다. 독일의 의사 훗페란드는 젊음과 숙면을 위하여 매뉴얼 테크닉(마사지)을 권장하였고, 클렌징 크림을 제조하여 피부에 사용하였다. 1453년에 비잔틴이 멸망하고 고대 수사본들이 이탈리아어로 번역되면서 로마 제국의 화장품 제조법과 미용법이 유럽에 전해졌다.

(8) 로코코 시대

귀부인들은 스펀지를 사용하여 얼굴과 이를 닦으며, 사용한 스펀지는 건조시켜 다시 사용하였다. 때로는 하루정도 브랜디에 담근 후 다시 건조시키고 마지막단계로 오렌지 즙에 12시간 담가 건조시켰다. 18세기 남성은 백색머리분을 발라 노인처럼 백발을 즐겼다.

(9) 19세기

19세기로 접어들면서 화장은 여성의 전유물이 되었다. 위생의 관념이 중요시되면서 비누의 사용이 보편화되었고, 일반 시민들도 크림이나 로션 등의 화장품을 쉽게 접할 수 있게 되었다. 이로 인하여 제품은 질적 향상과 종류의 다양화를 가져왔으며, 특히 1866년 산화아연이 개발되어 백납분에 안전한 성분으로 작용되면서부터 전 유럽과 미국으로 퍼졌으며, 그리스시대부터 흰피부를 위해 사용해오던 백납분을 더 이상 사용하지 않았다.

(10) 20세기

향장품의 종류가 다양하게 개발되고 대량으로 생산되어 대중화되면서 발전을 가져온 시기이다. 그 예로 1901년 처음으로 마사지 크림이 개발되었고, 그 후 1907년에는 샴푸 등을 생산하기 시작했으며, 1908년에는 “새로운 피부”라고 불린 손톱 에나멜이 선을 보였다. 1912년 폴란드 화학자 C. 풍크에 의해 비타민이 발견되고 내분비 호르몬과 그 외 자연현상의 과학적 발견이 있었다. 1920년대는 경기 침체기를 벗어나 미국이나 유럽에서 미용실이 성업을 이루었고, 화학물질을 이용하여 퍼머를 하기 시작한 것도 이 시기의 일이다. 1930년 후반에는 자외선 차단제가 개발되었으며, 1940년에는 호르몬 크림의 제조에 성공하였고, 에어로졸 용기도 선을 보였다. 1947년 프랑스의 바렛트 교수는 전기적 또는 기계적인 수단으로 피부 깊숙히 침투시켜 세포에 영양을 주면 신진대사에 영향을 미친다는 사실을 최초로 증명하였으며, 1950년대 접어들면서 피부관리와 보호를 목적으로 하는 제품이 다양하게 개발되었다.

(11) 21세기

Aromatherapy, 스파테라피, 림프드레니쉬, 마사지테라피 등의 피부미용 분야가 엄청나게 발전되었으며 기능성화장품 등의 개발이 크게 향상되었다.

의학이 전문화, 세분화 되듯이 헤어미용에 편중되었던 미용분야도 전문화, 세분화가 되어 피부미용이 급속도로 전문화 되어가고 있다.

2) 한국의 피부미용

(1) 고조선

한민족의 첫 거주지가 향나무인 박달나무 근처라는 단군신화에 의하면 향료가 생활과 밀접했고 피부미용에 이용된 것을 추정할 수 있다. 한민족은 고대부터 백색을 선호한 것으로 미루어 볼 때, 주거는 햇빛을 피해 동굴 속으로, 쑥과 마늘을 복용함은 그때 이미 백색 피부를 선호하였으며, 쑥과 마늘을 미백용 미용재료로 사용하였음을 알 수 있다. 피부 미백을 위하여 쑥을 달인 물에 목욕을 하거나 마늘을 으깨 꿀과 혼합하여 얼굴에 바른 후 씻어낸 기록이 있으며, 또한 추위로부터 피부를 보호하기 위해 돼지기름(돈고)을 사용하였는데, 이는 유럽에서도 햇빛 그을림과 눈 그을림의 예방 및 피부를 희고 부드럽게 하는 성분이 있다하여 피부 매뉴얼 테크닉(마사지)에 사용하였다. 특히 읍루인은 이것을 고약처럼 만들어 사용하였는데 이는 훌륭한 피부미용 수단이라 여겨진다. 또한 말갈인은 피부 미백효과를 위해 색다른 세안제로 오줌을 사용하였다. 이와 같이 한반도와 주변 거주민들이 피부보호와 피부미용에 관심을 갖고 있었음을 알 수 있다.

(2) 삼국시대

신라에서는 백분의 사용과 제조기술이 상당한 수준이었다. 신라의 한 승려가 서기 629년에 일본에서 연분을 만들었기에 상을 주었다는 일본의 한 고문헌의 기록이 있으며, 이로써 신라에서는 서기 629년 이전에 연분의 제조가 보편화되었음을 알 수 있다. 신라인들은 향수와 향료를 만들어 애용하였는데, 향기나는 꽃잎을 압착하여 향수를 얻거나 혹은 기름에 개어 얻은 화정유, 동식물 및 광물질을 기름에 용해시킨 향유를 사용하였다. 보편적인 방법으로는 향로에 향을 피워서 연기를 내거나, 향낭을 몸에 지니고 다녔다. 향은 의식을 위한 필수품이었으며, 청결이 강조되어 목욕이 대중화되었다.

고구려에서는 수산리 고분벽화를 보면 귀부인이 머리에 관을 쓰고, 뺨과 입술에 연지를 바르고 있다. 쌍영총의 고분벽화에 있는 여인상도 연지화장을 하고 있는데, 고구려 여인들은 얼굴이 보름달처럼 둥글고 눈썹화장에도 신경을 써서 짧고 뭉툭하게 그렸다. 또한 무인들은 머리카락을 뒤로 틀고 연지를 이마에 바르고 금당으로 머리를 꾸몄으며 신분과 빈부의 구별없이 치장을 즐겼다.

백제에서는 백제인들의 화장에 대해서는 구체적인 기록이 없지만. 일본서기 및 삼재도회에 "일본이 백재로부터 화장품 제조 기술과 화장법을 배워갔다"는 기록이 있는 것으로 볼때 진보된 미용기술을 백제인이 보유하고 있었음을 알 수 있다. 또한 백제인들은 분을 바르되 연지는 바르지 않았으며 전체적으로 엷고 은은한 화장을 좋아하였다.

(3) 고려시대

고려시대는 청결관념이 더욱 강조되어 전신목욕이 성행하였으며, 흰 피부를 가꾸기 위한 여러 가지 미용법이 발전되었다. 부유층에서는 부드러운 피부를 간직하기 위해 갓난아이를 복숭아 꽃물에 세수시키거나 전신목욕을 시켰으며, 부유층 여인들은 난초를 넣어 삶은 난탕에 목욕을하여 피부를 부드럽고 희게 하였으며 향내가 나도록 하였다. 요즘의 영양크림과 밀크로션의 중간 형태인 면약이라는 안면용 화장품을 남녀 모두가 사용함으로써 피부보호 및 미백 효과를 가졌다.

(4) 조선시대

고려시대의 사치와 퇴폐풍조에 대한 반작용으로 근검, 절약을 강조되어 내면의 아름다움이 강조되어 짙은 화장보다는 흰피부가 강조되었다. 선조 때에는 화장수가 제조, 판매되었고, 숙종 때에는 판매용 화장품이 있었다. 일본 광고 문안의 서두에 "조선의 최신 제법으로 제조된 화장수"라고 '일본의 아침 이슬'이란 상표명으로 화장수가 발매된 사실로 미루어 보아 임진왜란 전까지 조선에서 고도의 화장품이 제조되었음을 알 수 있다.

내면의 아름다움과 외면의 아름다움을 동시에 중요시하여 피부 청결을 중요시하였으며, 얼굴 본래의 생김새를 바꾸지 않는 범위 내로 눈썹을 그렸고 연지와 분을 사용했다. 또한 피부 청결을 위해 목욕을 자주하였으나 부분목욕의 발달로 대부분 부엌이나 헛간에서 대형 함지박이나 대야에 물을 받아 신체의 일부분을 씻었으며, 머리를 감기위한 액체세제 및 세안을 위한 가루세제 등 세제의 형태를 달리하였다. 피부를 가꾸기 위해 미안수(화장수)나 미안법(팩)을 하였으며, 오이를 얼굴에 문지르기도 하였다. 규합총서에는 조선여인들이 몸을 향기롭게 하는 법, 머리카락을 검고 윤기나게 하는법, 목욕법, 겨울철 피부관리법 등이 소개되어 있다.

(5) 개화기

개화 이후, 재래 화장품에 비해 포장과 품질이 우수하고 사용법이 간단한 화장품인 크림, 백분, 비누, 향수 등이 주로 일본이나 중국의 청나라에서 수입되어 큰 인기를 끌었고, 이러한 인기는 우리나라 화장품의 산업화를 촉진하였다. 1916년 서울 종로구 연지동에서 가내 수공업 규모로 제조된 박가분은 외제 백분보다 품질이 다소 뒤졌지만 재래 백분보다는 혁신적인 상품으로 전국에 인기리에 판매되었다. 관호 제1호인 박가분이 성공하자 서가분, 장가분 등 유사상품과 미용백분, 서울분, 서화분 등이 제조·판매되고 배달기름(머릿기름), 연부액(미백로션), 유액(밀크로션), 연향유, 밀기름 등이 뒤를 이어 시판되었다. 1920년 동아부인상회에서 '연부액'을 제조하여 미안수로 판매하였고, 조선부인약방의 '금강액'은 여드름과 주근깨, 마른버짐 등에 특효약이라 하였고, '유백금강액'은 미백소로 한방울로도 희고 고운 미인이 된다는 복합기능을 강조하였다. 또한 손수레에 크림을 싣고 다니며 필요한 양만큼 덜어서 판매하며 북을 둥둥쳤기 때문에 '둥둥구리므(구리므는 일본식 발음으로 크림을 말함)'라고도 하였다. 1960년대는 화장품산업이 본격화된 시기로 기초화장품의 종류가 다양해 졌다.

(6) 현대

1980년대는 피부관리 개념이 도입되어 피부 보습과 자극을 최소화하는데 중점을 두었고, 1990년에 들어오면서 자연 화장품 등장과 더불어 피부관리법에 아로마테라피 등의 자연요법이 중요시 되었다. 1980년대에는 YMCA 직업개발부와 정부의 노력으로 피부미용사 직종이 탄생되었으며, 1986년 CIDESCO(국제피부관리협회)에 가입하여 세계대회에 참가하였다. 2007년에는 한국피부미용사중앙회를 사단법인으로 최초로 국가에서 승인하였다. 또한 2008년 1월 1일 부터는 미용사(피부)와 미용사(일반)로 미용의 업무영역이 분리되었다.

2
피부분석 및 상담

피부분석은 피부상담이나 촉진, 확대경, 우드램프, 피부진단기기 등을 이용하여 피부 유형을 판단하는 것이다.

피부유형에 적합한 피부관리 프로그램을 시행하기 위해서는 피부유형 진단을 위한 상담 및 문진과 피부상태 분석을 우선적으로 해야 한다. 피부관리를 할 때 가장 중요한 작업은 정확한 피부유형을 분석하는 것이고, 피부분석 없이 피부관리를 하는 것은 의사가 질환을 진단하지 않고 약을 처방하는 것과 같다. 어떤 관리도 현재의 피부 상태에 대한 정확한 분석은 성공적인 피부관리를 위한 전제 조건이다.

고객과의 피부 상담과 정확한 피부분석을 위해서는 피부 관찰과 분석을 위한 충분한 지식과 상담능력이 필요하다. 따라서 유능한 피부미용사라면 피부분석 및 판별능력 그리고 상담능력을 반드시 보유해야 한다.

1. 피부분석의 목적 및 효과

피부유형에 적합한 관리 프로그램이 이루어지려면 무엇보다도 고객의 현재 피부 상태를 정확하게 분석해내는 것이 중요하며, 피부분석에 따른 적절한 제품 선정과 시술방법이 결정되면 피부관리가 성공적으로 이루어지게 된다.

목 적

피부분석의 목적

- 고객의 현재 피부상태를 정확히 파악하기 위해서이다.
- 피부 유형에 적합한 화장품 선정과 처방을 하기 위함이다.
- 피부분석을 통하여 피부상태 따른 적합한 관리를 하기 위해서이다.
- 정확한 피부분석으로 고객이 원하는 관리 목적을 이해하고 피부관리를 성공적으로 진행하기 위함이다.

요 소

피부 미용사가 갖추어야 할 요건

- 정확한 피부상태 분석과 판단능력
- 피부관리 전문 화장품과 성분에 대한 지식과 응용능력
- 효율적인 매뉴얼 테크닉 습득 및 보유
- 고객에 대한 사랑과 정성스런 관리
- 성공적인 상담을 위한 대화능력
- 피부미용에 대한 전문적 지식

효 과

피부분석의 효과

정확한 피부분석에 따른 피부유형별로 적합한 제품과 기기들을 적용하여 성공적인 피부관리를 할수 있게 함으로써 아름답고 건강한 피부를 갖게한다.

2. 피부상담

피부미용사는 진지한 관심으로 고객의 구체적인 질문이 없더라도 고객자신이 피부에 관한 문제를 이야기하도록 대화를 유도해야 한다.

성공적 고객 상담의 장점

① 고객이 가지고 있는 피부 및 체형에 대한 개인적 문제점을 발견할 수 있다.
② 고객의 피부에 대하여 진지한 관심을 가지고 있음을 보여줄 수 있다.
③ 고객에게 신뢰감을 줄 수 있다.
④ 어떤 유형의 고객인지 파악하여 고객관리 시 참고할 수 있다.
⑤ 상담을 통해 화장품 원료 등에 대한 앨러지 유무 등을 파악할 수 있다.
⑥ 고객의 질병유뮤를 파악할 수 있다.
⑦ 고객의 임신유무를 파악할 수 있다.

1) 문진을 통한 피부상태 분석 내용

피부상담 후 피부 상태 분석 카드에 고객의 신상과 피부분석을 위한 문진조사를 한다. 고객의 피부상태를 정확하게 파악하여 기록한다.

(1) 고객 신상 내용

① 성명
② 연령(생년월일)
③ 주소
④ 전화번호 및 휴대폰
⑤ 직업
⑥ 이메일 등

※ 알레르기 유무, 현재 사용하는 화장품, 홈케어 방법, 기호식품, 의약품 복용 유무, 피부관리를 받은 내용, 질병 유무, 운동 유무, 식습관, 햇빛 노출 시 예민 정도 등에 관하여 구체적으로 질문하고, 그에 대한 내용을 자세하게 기록한다. 전신관리시에는 체형분석도 하여 기록한다.

2) 피부 관찰 분석

일반적으로 피부 유형은 피지선에서 분비되는 피지의 양과 땀샘에서 분비되는 수분의 양으로 결정된다.

피지가 많이 분비되는 피부를 보면 대개의 경우 땀 역시 다량으로 분비되며 피지와 땀은 서로 자연적으로 친화되어 유화상태의 피지막을 형성하고 피부유형을 결정짓는 주요한 요인이 된다.

(1) 피부분석 방법

① 문진법

피부와 관련된 여러 가지 사항에 대하여 질문하고 판단하는 방법이다. 그밖에 식습관, 생활습관, 수면정도, 과로 상태, 성격, 생활환경 등을 파악 할 수 있다.

② 견진법

직접 눈으로 보거나 확대경을 통하여 피부를 관찰하고 분석하여 판단하는 방법이다.

각질 정도, 솜털의 양, 모공의 크기, 색소침착 상태, 건조 상태, 피지 분비 상태, 모세혈관 상태, 안색, 주름(눈가, 입가, 미간), 화농성 유무 등을 알 수 있다.

③ 촉진법

손으로 만져보거나 눌러서 판단하는 방법이다.

각질상태, 피지량 정도, 탄력정도, 피부두께, 민감상태 등을 알 수 있다.

④ 기기를 이용한 관찰법

기기를 가지고 피부상태를 분석하는 방법이다.

· 확대경

· 우드램프

· 피부진단기

· 수분측정기

· 유분 측정기

▶ **우드램프(Wood lamp) 측정**

우드램프를 통해 다양한 형광색으로 피부상태의 판독이 가능하며 반드시 어두운 공간에서 사용해야 정확한 형광색을 얻어 피부상태를 읽을 수 있다. 이때 고객의 눈보호를 위해 아이패드를 꼭 착용한다.

· 우드램프

피부상태	색(COLOR)
정 상	청백색
각 질	흰색
피 지	주황·노란색
건 조	보라색
민 감	짙은보라색
색 소	갈색
탈 수	자주

(2) 피부상태 분석 내용 및 관찰 방법

피부유형을 진단하기 위해서는 우선 메이크업이 제거된 상태에서 시행해야 하며 정확한 피부진단을 위해서는 확대경을 사용하여 다음과 같은 특징들을 관찰해야 한다.

① 피지량

유분으로 번들거리면 피지량이 많은 상태의 지성 피부로 본다.

② 탄력성

탄력성이 없는 피부는 아래로 늘어져 주름이 많이 형성되어 있다. 일반적으로 탄력성은 눈 밑의 피부를 손가락으로 잡아당겨 신축성 있게 제자리로 돌아가는 상태를 보고 판단한다.

③ 모공의 크기

확대경으로 이마, 코, 뺨, 입과 턱 주위를 잘 관찰한다. 큰 모공은 피부분비가 많음을 의미한다. 이러한 피부는 전형적인 지성피부이다. 그 이유는 큰 모공은 큰 피지샘을 가지고 있고 작은 피지샘은 피지를 적게 생산하므로 작은 모공을 가지고 있다.

T zone 부위의 모공이 볼보다 큰 것을 발견할 수 있는데 그 이유는 T zone의 피지선이 U zone 보다 더 크기 때문이다.

④ 각질상태

민감성피부와 생리적 노화피부는 각질 상태가 얇은편이다.

⑤ 민감상태

피부 예민성은 물리적인 자극을 주어 측정한다. 살짝 볼을 꼬집거나 스파츌러로 줄을 그어 자극을 준 후 시간이 경과하면서 붉은 상태가 오래 지속되거나 부풀어 오르면 민감성피부로 판단한다.

⑥ 기타 특성 관찰

피부에 특이한 이상이 있는가를 잘 관찰한다.

- ·여드름 - 면포, 구진, 농포, 결절, 낭종 등
- ·색소이상 - 백반증, 기미, 주근깨, 검버섯 등
- ·반흔(kelloid)
- ·사마귀, 점 등

(3) 홈케어(home care) 조언

인체의 섬세한 조직인 피부는 낮 동안 외기의 공해에 노출되므로 근육신경과 조직 등이 피로하게 된다. 결과적으로 먼지, 더러움, 피지 등의 피부 분비물과 메이크업 물질 등이 낮 동안 피부에 부착되고 쌓여 모공을 막게 되므로 특히 가정에서의 저녁 피부손질은 아주 중요하다. 고객에게 홈케어에 대한 중요성을 인지시킨다.

▶ 저 녁

① 건강하고 아름다운 피부의 항상성 유지를 위해 매일 저녁 꼼꼼한 클렌징을 하도록, 피부타입에 맞게 제품을 권한다.

② 세안 후 스킨토너로 정돈해야 한다(젖은 화장 솜에 화장수를 3~4방울 적셔 사용한다).

③ 밤 동안 재생, 복구, 영양 흡수 등의 피부대사 작용이 이루어지므로 피부대사 작용을 도울 유효성분이 함유되어 있는 에센스나 나이트 크림을 피부유형에 적합하게 조언한다.

④ 나이트 크림은 데이 크림보다 유분과 유효성분이 더 많이 함유되어 있는 것을 조언해 준다.

⑤ 1주일에 1~2회 정도 팩을 적용하고, 묵은 각질이 많은 고객에게는 딥클렌징을 조언한다.

⑥ 피부상태와 나이를 고려하여 아이크림 사용을 조언 한다.

▶ 아 침

① 피부 상태에 따라 미온수 또는 클렌징 제품으로 가볍게 세안하고, 마지막 헹굼시 찬물을 사용하게 한다.

② 세안 후 항상 스킨 토너로 정돈하도록 한다.

③ 낮 동안 피부가 외적 환경에 노출되는 것을 고려하여 낮 동안엔 피부보호와 보습을 위한 데이 크림을 권하고, 또는 에센스를 함께 사용할 수 있도록 도와준다. 유분이 적고 수분이 다량 함유된 크림을 추천하고 보통 수분이 많이 함유된 크림은 빨리 부패하므로 관리를 잘해야 함을 주지시킨다.

④ 자외선 차단제를 권한다.

⑤ 피부상태와 연령을 고려하여 아이크림을 조언한다.

3. 여러 가지 피부유형

1) 건강하고 아름다운 피부

건강하고 아름다운 피부란 정상피부와 유사한 특징을 가지는 피부유형이다.

① 피부결이 섬세하고 표면이 매끄럽다.
피지와 땀샘과 피지샘의 기능이 적절하여 건강한 피지막을 형성한다.

② 탄력이 있다.
피부긴장과 탄력은 진피층의 수분 함유량과 밀접한 관계가 있다.

③ 주근깨나 기미 등의 색소 침착이 없이 깨끗하고 투명하다.

④ 혈액순환이 원활하여 피부가 맑고 생기가 있다.

⑤ 피부가 촉촉하고 윤기가 있다.

각질화의 상태와 정도가 피부에 미치는 영향은 매우 크지만, 피지량과 보습량이 피부유형을 결정하는데 결정적인 영향을 미친다.

피부타입에 따른 적절한 화장품의 선택과 관리를 위해서는 피부의 상태를 정확하게 파악하는 것이 중요하다.

피부 타입은 크게 정상, 건성, 지성, 복합성피부로 나눌 수 있지만, 전문 관리를 위해서는 이외에도 민감성 피부, 노화피부, 색소 침착피부, 여드름 피부 등을 관리해야 한다. 그러나 동일한 피부 타입의 경우에도 유분과 수분의 양이 다소 상이할 수 있으며 피부는 성별, 연령, 신체조건, 유전인자, 음식섭취, 계절적 기후와 영향 등에 따라 다르며, 항상 내외적인 요인에 의하여 변화하므로 수시로 피부상태를 체크하여 관리해야 한다.

> normal skin을 중성피부라는 용어로 사용하는 것은 잘못된 것이다.
> 피부의 pH는 약 5.5이고 피부는 약산성이다.
> 중성은 pH 7을 의미한다.

2) 피부유형의 분류

피부는 피지선과 한선의 기능 상태에 따라 정상, 건성, 지성, 복합성피부로 대별되지만, 이러한 피부유형들의 상태가 더욱 나빠지면 민감성, 여드름, 노화, 모세혈관 확장 피부 등으로 변화한다. 일련의 다양한 피부 유형들을 개선시키고, 건강한 피부상태로 복원시켜주는 성공적인 피부관리 결과를 이끌어내자면, 각 피부유형의 원인, 특징 및 관리방법에 관한 이론들을 이해하여 실무에 적용해야 한다.

(1) 정상 피부(normal skin)

정상피부조직의 상태 또는 피부생리기능이 정상적인 활동을 하고 있어 피부 문제인 색소, 여드름, 잡티가 거의 나타나지 않는 경우이다. 이상적인 피부의 특징은 다음과 같다.

① 피부의 유·수분이 적절하게 분비되어 피부 표면이 매끄럽고 부드럽다.
② 모공이 섬세하다.
③ 탄력성이 좋다.
④ 피부 이상인 색소, 여드름, 잡티가 없다.
⑤ 피부조직이 변화되지 않은 상태여서 단단하고, 전반적으로 주름이 없다.
⑥ 모세혈관 내 혈액이 표피를 통하여 깨끗하게 드러나 보여 피부색이 분홍빛을 띤다.
⑦ 표피 두께는 적당하며 얇거나 두껍지 않다.

> 에스테틱의 궁극적 관리 목적은 여러 유형의 피부를 정상피부·상태로 회복, 재생시키는 것이다. 정상피부라 할지라도 계절, 화장품, 환경, 스트레스 등의 내·외적인자에 의해서 변화되므로 이상적인 피부상태를 유지하도록 피부 유·수분의 균형유지와 피부노화를 막기위해 규칙적인 피부관리를 하여야 한다.

(2) 건성피부(dry skin)

유년기에는 보통 정상피부이나, 나이가 들면서 주름이 형성되고 피부 건성화로 진행된다. 당김 현상 자체는 피부가 건조하기 때문이지만 피부의 건조화가 표피에서의 과다한 수분 증발인지 피부자체 수화기능에 문제가 있어서인지 규명하기 쉽지 않으며 건성피부도 여러 형태로 나타난다.

피부의 수분 공급 기능과 피지 분비 기능의 균형이 유지되지 못하는 피부유형이다. 피부의 건성화는 내·외적 인자가 작용하여 나타나며, 특히 볼 부위 피부가 심하게 당기고 조이는 현상을 나타낸다. 원인에 따라 표피 건성피부, 진피 건성피부, 일반 건성피부로 나눌 수 있다. 이런 피부는 표피가 항상 수분부족 상태에 놓이게 되는데, 나이가 들어감에 따라서 혹은 계절적으로 겨울이 되면 그 현상이 뚜렷하게 나타나며, 피지선과 한선의 활동이 둔해지므로 피부의 노화현상이 급속하게 진행된다.

피지의 분비량이 적어서 피부에 윤기가 없어 거칠어지기 쉬운 피부이다. 그러므로 유분이 있는 화장품을 사용하고 매뉴얼 테크닉(마사지) 적용과 팩관리 등의 피부관리을 자주 하여 피부를 건강하게 해야 한다.

유전적으로 피지선 기능이 활발하지 못한 경우와 나이가 들어감에 따라 피지선 자극 호르몬의 기능이 둔화되어 발생한다.

- 모공이 눈에 띄지 않는다.
- 피지선과 한선의 활동이 저하되어 유·수분이 부족하다.
- 심할경우 각질과 가려움을 동반한다.
- 소홀한 관리와 피부의 과다한 자극(바람, 햇빛, 추위, 자극성 비누세안)이 원인이다.
- 갱년기 여성의 경우 에스트로겐(estrogen) 호르몬의 부족으로 피부의 건성화와 노화가 더욱 초래된다.
- 피부 결은 섬세하고 잔주름이 잘 생긴다.
- 피부가 당기고 각질이 잘 일어난다.

(3) 지성 피부(oily skin)

피지선에서 과다하게 피지가 분비되어 피부가 쉽게 번들거리고, 화장이 잘 지워진다.

일반적으로 피지 분비량은 여러 요인에 의해 다르게 나타난다.

피지샘 크기와 분비량은 나이와 개인 호르몬 분비 상태에 따라 차이가 있고, 사춘기 때 피지 분비가 많아지고 성년기 때는 안정되고 장년엔 감소된다.

(4) 민감성 피부(sensitive skin)

피부의 탄력이 별로 없으며 피부표면이 얇게 보이는 피부이다. 피부조직이 정상 이상으로 섬세하고 얇아서 외부 환경적인 요인에 민감하게 반응하여, 가벼운 피부자극이나 물질에 의해서도 자주 피부 병변을 일으키는 피부타입이다.

▶ 관리 방법 및 조언

- 지나치게 높은 온도나 낮은 온도를 피한다.
- 가능한 한 추위, 바람, 햇빛 등에 노출시키지 않는다.
- 강한 핸들링을 이용한 매뉴얼 테크닉은 금한다.
- 가능한 한 천연 섬유를 권한다.
- 민감성의 최소화를 위해 무자극 제품을 사용한다.

(5) 복합성 피부(combination skin)

2가지 이상의 피부타입이 복합적으로 나타나는 피부이다.

(6) 노화피부(aging skin)

노화피부란 인체의 노화 진행과 더불어 피부에 나타나는 모든 자연적인 변화를 말한다. 피부노화도 노화에 미치는 요인에 따라 크게 생물학적 노화와 광노화 두 가지로 구분할 수 있다. 증가하고 있는 고령층의 적합한 피부관리를 위해서는 피부 노화의 원인이 되는 내적 및 외적 요소를 이해하는 것이 필요하다.

▶ **자연노화와 광노화의 차이점**

	자연노화	광노화
각질층두께	↓	↑
피부두께	↓	↑
콜라겐 & 엘라스틴	↓	↑ ↓
면역기능	↓	↓
색소	↑ ↓	↑
피부주름깊이	얕다	깊고 굵다

↓ 감소 ↑ 증가

(7) 여드름(acne)피부

① **종류**

㉠ 검은 면포(black head, open head)

모낭을 가득 채운 피지의 끝부분이 열린 모낭관 입구로 나와 있어 공기와 접촉하여 산화됨으로 피지덩어리 끝이 검게 된 상태의 면포로 블랙 헤드라고도 한다.

㉡ 흰 면포(white head, closed head)

모공이 피부로 덮여있기 때문에 피지가 공기와 접촉하지 못하므로 피지가 산화되지 않아서 피지 본래 색깔인 흰색을 띠고 있어 화이트 헤드라고 한다. 모공 입구가 폐쇄되어 있는 상태로 피지가 모낭 속에 가득 채워져 있으므로 마치 좁쌀이 피부 밑에 깔려있는 것처럼 피부 표면이 오돌 도톨한 모습을 보인다.

㉢ 구진성 여드름(papule)

만지면 피부표면보다 위로 올라오나 절대로 짜서는 안된다.

㉣ 농포성(pustule)여드름

구진에서 진전된 화농 상태의 여드름이다. 보통 농포성 여드름의 주위엔 붉은 현상이 나타나 피부가 벌겋게 보이게 되고 터지면 가피가 부착된다.

ⓜ 결절(nodule)

붉은 구진성 여드름과 농포성 여드름이 발전하여 구진보다 큰 단단한 덩어리를 형성함으로써 피부 표면 위로 돌출하거나 피부 내에 딱딱한 응어리를 형성하는 여드름이다.

ⓑ 낭종(cyst)

여드름 증상 가운데 화농상태가 가장 크고 깊으며 통증도 심하다. 피부 정상조직이 파괴되어 흉터를 남기게 된다.

여드름

1. 비염증성 여드름
   - Black Head(검은 여드름) : Open head
   - White Head(흰 여드름) : Closed head
2. 염증성 여드름
   - papule(구진)
   - pustule(농포)
   - nodule(결절)
   - cyst(낭종)
3. 여드름 등급
   - 1등급 : 몇개의 구진과 대부분 Black Head와 White Head가 있음.
   - 2등급 : 많은 구진과 Black Head와 White Head가 있음.
   - 3등급 : 구진과 농포를 포함하는 Black Head와 White Head가 있음.
   - 4등급 : 구진, 농포, 결절, 낭종과 함께 Black Head와 White Head가 있음. 4등급의 여드름 고객은 관리를 하지 말고 피부과 의사에게 치료를 받도록 조언한다.

(8) 과색소 침착 피부(hyper pigmentation)

피부가 자외선에 노출되어 자극을 받으면 피부를 보호하기 위한 작용으로 멜라닌 형성 세포는 다량의 멜라닌을 만들어 피부색을 진하게 만드는 작용을 한다. 이로 인해 피부가 자외선에 노출되면 피부가 검게된다.

광피부타입 분류	
피부타입	피부변화
I	항상 쉽게 화상을 입으나 타지 않으며 극심하게 태양에 민감한 피부 붉은머리, 주근깨 아이리쉬 - 스코트랜드인
II	항상 쉽게 화상을 입으며 매우 적게 타며 매우 태양에 민감한 피부 흰피부, 금발의 푸른눈을 가진 사람 백인
III	가끔 화상을 입으며 밝은 갈색으로 정상적으로 타며 태양에 민감한 피부
IV	극히 적게 화상을 입으며 항상 감색으로 타며 태양에 대한 민감성은 적은 편
V	거의 화상을 입지 않고 피부는 잘탄다. 태양에 민감하지 않은 피부
VI	화상을 입지 않으며 깊은 색소침착과 태양에 민감하지 않은 피부 흑인

※ 일반적으로 동양인은 피부상태에 따라 광타입 Ⅲ~Ⅴ로 분류된다.

(9) 모세혈관 확장 피부(cuperose)

실핏줄이 주로 코, 뺨의 중간, 콧망울 주위에 나타난다.

(10) 주사(rosacea)

로사시아는 20~30대에 처음 발생하고 주로 코, 뺨, 이마, 턱 등 얼굴 중심부위에 붉은 기운이 돌거나 벌겋게 달아오르는 것으로 시작하여 시간이 지나면서 붉은 기운은 더욱 뚜렷해진다. 지속적 홍반, 구진, 농포 등 코 주위에 실핏줄이 확장된 것에서부터 코, 입, 이마주위에 화농성의 붉은 구진 농포, 결절에 이르기까지 다양한 형태로 심화되며, 특히 남성들에게 있어 오랫동안 계속되는 염증은 코를 붉게 하고, 코주부처럼 코가 커지는 비류현상이 나타나 거부감을 일으키기도 한다.

※ 주사가 오래되면 딸기코가 특징인 비류가 된다.

4. 피부분석 기록카드

1) 안면분석챠트(Facial Analysis Chart)

고객이름		생년월일	성별 남 여
주 소		연락번호	이메일
병 력	□ 피부질환 □ 간질 □ 수술여부 □ 심장질환 □ 신장질환 □ 암 □ 기타 ( )		
약물치료	□ 간질치료제 □ 피임약 □ 혈압약 □ 당뇨약 □ 항암제 □ 호르몬제 ( ) □ 기타 ( )		
비적용증	□ 간질 □ 피부질환 □ 혈전증 □ 암 □ 금속이식 □ 고/저혈압 □ 임신 □ 심박동기 □ 기타 ( )		
앨러지	□ 있음 □ 없음	임신	□ 유 □ 무
사전관리여부	날짜 관리형태 횟수		
피 부 결	□ 곱다 □ 보통 □ 거칠다 □ 복합성 ( )		
피부보습	□ 좋다 □ 적당 □ 나쁘다 □ 아주 나쁘다 ( )		
피 지 량	□ 과다 □ 적당 □ 부족 □ 복합성 ( )		
모공크기	□ 매우확장 □ 확장 □ 작다 □ 복합성 ( )		
모세혈관확장	□ 있음 □ 없음		
색소침착	□ 점/모반 ( ) □ 주근깨 ( ) □ 기미 ( ) □ 색소결핍 ( )		
피부탄력	□ 좋다 □ 보통 □ 나쁘다		
여 드 름	□ 검은 여드름 □ 흰 여드름 □ 구진성 여드름 □ 농포성 여드름		
피부민감도	□ 정상 □ 예민 ( ) □ 매우 예민 ( )		
피부주름	□ 잔주름 □ 나이주름 □ 표정주름		
UV 예민도	□ Ⅰ □ Ⅱ □ Ⅲ □ Ⅳ □ Ⅴ □ Ⅵ		
피부타입 및 피부상태	□ 정 상 □ 건 성 □ 지 성 □ 복합성 지성 □ 복합성 건성 □ 예민성 □ 과색소 침착 □ 문제성(여드름) □ 모세혈관확장 □ 노화		
식 습 관	□ 좋음 □ 보통 □ 나쁨 □ 흡연 ( ) □ 음주 ( ) □ 카페인 ( ) □ 수분섭취량 (l)		
고객의 현재 홈케어 방법			
년 월 일 서명			

피부질환 / 문제점 등을 아래 그림에 표시하시오.

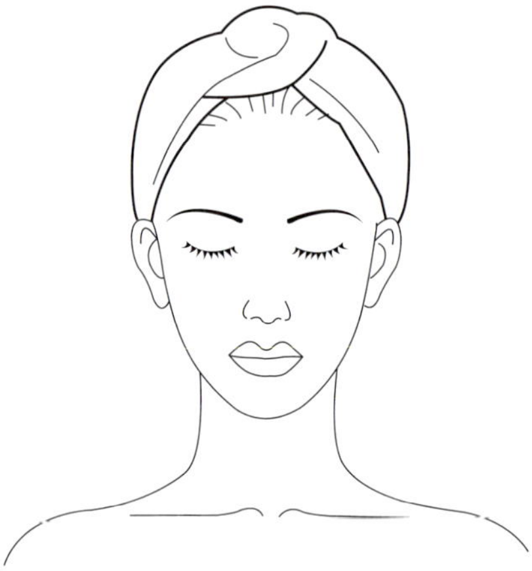

2) 관리계획표(Care Plan Chart)

관리목적	
기대효과	
클렌징	□ 오일 □ 크림 □ 밀크/로션 □ 젤 □기타 ( )
딥클렌징	□ 고마쥐(gommage) □ 효소 (enzyme peel) □ 크림 (cream peel) □ 아하(AHA)
안면관리기기적용	□ 이온토포레시스 □ 진공흡입(suction) □ 고주파기 □ 베포라이저(vaporizer) □ 브러싱(brushing) □ 기타 ( )
매뉴얼 테크닉	□ 오일 □ 크림 □ 젤 □ 앰플 □ 기타 ( )
매뉴얼 테크닉형태	□ 일반(Swedish) □ 한국형피부관리(경락) □ 에센셜 오일이용 □ 림프드레니쥐 □ 기타 ( )
마스크/팩 제품명 :	
고객의 관리에 관한 견해(comment)	
홈케어 조언 및 기타 견해	

3) 바디분석차트(Body Analysis Chart)

고객이름		생년월일	성별 남 여
주 소		연락번호	이메일
병 력	□간질 □암 □수술여부 □ 심장질환 □신장질환 □골절 □기타( )		
약물치료	□간질치료제 □피임약 □혈압약 □당뇨약 □항암제 □호르몬제( ) □기타( )		
비적용증	□ 간질 □ 암 □ 혈전증 □ 정맥류 □ 금속이식 □ 고/저혈압 □ 임신 □ 심박동기 □ 기타 ( )		
앨러지	□ 있음 □ 없음	임신 □ 유 □ 무	
사전관리여부	날짜 관리형태	횟수	
키(cm)	몸무게(kg)	허리둘레치수(cm/인치)	
체형분류	□ 비만형	□ 운동형	□ 허약형
식습관	□ 좋음	□ 보통	□ 나쁨
운동여부	□ 안함 □ 거의 안함	□ 가끔씩 함	□ 규칙적으로 함
운동형태			
근육톤	□ 탄력 있음 □ 보통	□ 탄력 없음	□ 긴장되어 있음
전신상태	□ 지방/ 부분비만 □ 셀룰라이트 □ 면도 □ 사마귀/점	□ 튼살 □ 기타 ( )	□ 울혈/멍

년 월 일 서명

바디질환 / 문제점 / 치수 등을 아래 그림에 표시하시오.

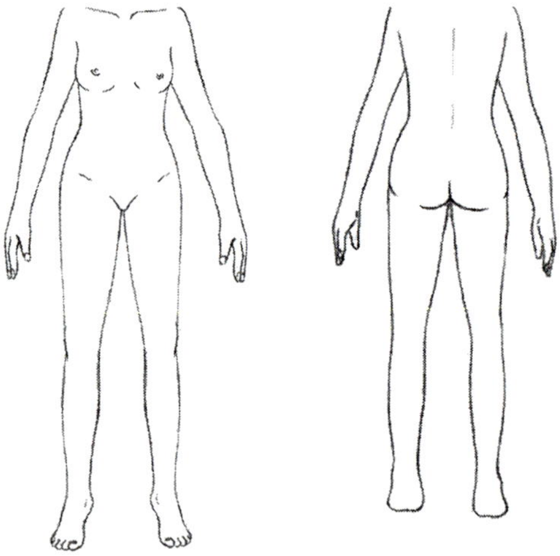

4) 관리계획표(Body Treatment Care Plan Chart)

관리목적	
기대효과	
클렌징	□ 오일 □ 크림 □ 밀크/로션 □ 젤 □기타 ( )
딥클렌징	□ 고마쥐(gommage) □ 효소필(enzyme peel) □ 크림필(cream peel) □ 기타 ( ) □ 스티머(steamer) □ 브러싱(brushing) □ 디스인크러스테이션 (disincrustation)
전신기기	□ 파라딕(faradic) □ 진공흡입(suction) □ 교차전류 (interferential) □ 기타 ( )
매뉴얼 테크닉	□ 오일 □ 크림 □ 젤 □ 앰플 □ 기타 ( )
매뉴얼 테크닉형태	□ 일반(Swedish) □ 한국형피부관리(경락) □ 에센셜 오일 이용 □ 림프드레니쥐 □ 기타 ( )
마스크/팩 제품명 :	
고객의 관리에 관한 견해(comment)	
홈케어 조언 및 기타 견해	

5) 고객관리 기록카드

피부관리가 끝나면, 당일 관리한 내용과 사용제품을 기입하여 차후 관리 시 참고 자료로 활용하도록 한다.

※ 관리기록에는 사용한 클렌징 제품, 딥 클렌징 제품, 앰플, 매뉴얼 테크닉 종류, 1차 팩 / 2차 팩제 종류, 기기사용 및 특수 관리, 홈케어 조언, 특이사항 등이 포함된다.

3 클렌징

1. 클렌징의 목적 및 효과

1) 클렌징(Cleansing)

피부관리에서의 클렌징은 모든 피부관리의 기본이 되는 단계로서 피부관리를 시작하기 전 가장 먼저 실시하며 피부에서 분비되는 피지, 각질, 땀 등의 노폐물과 기초 메이크업 및 색조 메이크업의 잔여물 등을 제거하는 과정이라 할 수 있다.

노폐물들을 적절하게 제거하지 못하여 피부에 남기게 된다면 피부의 정상적인 분비작용과 신진대사 등 생리적 기능이 원활하지 않아 여드름이나 피부트러블의 원인이 되기도 하고, 피부의 피지와 유성성분인 메이크업 잔여물은 공기 중에서 산화하여 과산화지질이 되어 피부의 노화를 촉진하는 원인이 되기도 한다.

또한 피부에 노폐물이 남아있는 상태에서는 피부에 바르는 유효성분이 효율적으로 흡수될 수가 없어 화장품의 효능도 제대로 볼 수가 없다.

클렌징은 아침세안과 저녁세안으로 구분할 수 있다.

① **아침세안(day cleansing)**

수분과 영양이 부족한 건성피부는 미온수로 가볍게, 피지가 많이 분비되는 지성피부는 클렌징 폼이나 클렌징 로션 등을 사용하여 세안한다.

② **저녁세안(night cleansing)**

하루 동안 피부에 쌓인 피지와 각질, 노폐물 등과 색조 메이크업의 잔여물을 제거해야 하기 때문에 눈이나 입술은 전용 메이크업 리무버를 사용하여 포인트 메이크업을 먼저 제거하고 피부유형에 맞는 클렌징 제품을 선택하여 전체적인 화장을 지워주며 마지막으로 미온수 등을 사용하여 꼼꼼하게 세안하여 마무리한다.

2) 클렌징의 목적

① 피부의 피지와 땀, 대기 중의 먼지와 공해물질, 메이크업 잔여물, 묵은 각질 등을 효과적으로 제거하고 피지막이나 수분성분을 완전하게 손상시키지 않으면서 피부를 청결하게 한다.
② 혈액순환으로 피부의 생리적 기능을 높인다.

3) 클렌징의 효과

① 청결 및 위생 : 피부의 피지와 땀 등의 노폐물, 먼지, 공해물질, 메이크업 잔여물, 묵은 각질을 아침과 저녁(1~3회)으로 세안해준다.
② 다음단계의 준비 : 클렌징을 한 다음 단계에서 사용하게 되는 유효성분들의 흡수를 돕는다.
③ 혈액순환과 신진대사를 촉진
④ 청량감 : 세안 시 느끼는 심리적, 정신적 청량감으로 상쾌한 기분 전환을 가져온다.
⑤ 건강한 피부상태 유지
⑥ 피부유형 분석을 돕는다.

2. 클렌징 제품

1) 특징

① 피부의 노폐물과 더러움을 제거하도록 한다.
② 피부의 보호막(피지막)을 유지하여야 한다.
③ 피부유형에 적절하여 자극이나 거부감이 없어야 한다.

2) 제품

(1) 포인트메이크업 리무버(point make-up remover)

눈과 입술화장을 지울 때 사용되는 전용 리무버로 눈에 들어가도 자극이 되지 않으며 유성의 색조화장을 효과적으로 제거할 수 있는 장점이 있다.

- 눈에 들어가도 자극을 주지 않아서 효과적이다.
- 색조화장을 지우는데 효과적이다.
- 피부자극이 적어 주름을 예방한다.
- 적은 면 패드에 적당량의 리무버를 적셔서 눈 주위의 아이섀도우, 마스카라, 아이라이너를 닦아낸다.
- 사용법은 눈 주위의 안쪽에서 바깥쪽으로, 위에서 아래쪽으로 원을 굴리며 닦아낸다.

※ 메이크업 잔여물이 조금이라도 남지 않게 꼼꼼하게 제거해야 한다.

(2) 클렌징 밀크(cleansing milk)

수중유형인 O/W(oil in water)로 친수성을 띠며 촉촉하고 끈적임이 없어 정상, 건성, 노화, 민감피부 등 모든 피부타입에 사용이 가능하며 수분과 유분이 적절하게 들어있는 타입으로 물에 쉽게 제거되므로, 이중세안이 필요 없어 피부에 자극을 주지 않는 것이 특징이다.

- O/W 로션으로 친수성을 띤다.
- 식물성 원료를 함유하여 자극적이지 않다.
- 건조를 방지하고 피부유형별 사용이 가능하다.
- 사용감이 편하고 친수성 타입이 대부분으로 사용 후에 물로 제거가 용이하다.
- 크림타입보다 세정력이 약하므로 옅은 화장에 사용한다.
- 크림타입에 비해 비교적 가격이 높고 장기간 보관이 어렵다.

(3) 클렌징 크림(cleansing cream)

대표적인 유중수형 W/O타입으로 유화된 유분과 수분의 용해 작용에 의해 유성 성분과 메이크업을 제거하는데 효과적이다. 또한 잔여물이 피부에 남을 경우 여드름이나 피부 트러블의 원인이 되기도 한다.

- 유분이 많이 함유된 크림이므로 이중세안이 필요하다.
- 짙은 화장지우기에 용이하다.
- 피부에 크림의 잔여물이 남아 있으면 모공을 막을 수도 있다.
- 예민 피부에 사용을 가급적 피한다.
- 사용 시 적당량을 덜어 젖은 면패드에 묻혀 사용한다.

(4) 클렌징 오일(cleansing oil)

완전한 오일 형태로 약간의 계면활성제와 에탄올이 함유된 클렌징제로 건성, 민감성, 노화피부에 적합하고 물에 잘 용해되는 친수성용 오일 제품이 많이 사용되어진다.

- 유성 원료와 친수성 계면활성제를 함유한다.
- 짙은 화장을 지우는 데 쓰이며 물에 유백색으로 쉽게 용해된다.

(5) 클렌징 젤(cleansing gel)

유성과 수성의 두가지 타입으로 구분되며 유성타입은 다량의 유분함유로 짙은 화장제거가 가능하며, 수성은 다량의 유분오일 성분이 함유되지 않은 시원하고 끈적임 없다.

- 수성타입은 유성 성분 없이 수성원료로 되어 있다.
- 흡착력이 좋아 오염물 제거가 잘 되며, 모공이 넓은 피부에도 좋다.
- 계면활성제와 점액질 성분이 함유되어 있어서 미온수로 간단히 제거된다.
- 유성 성분에 예민한 알레르기성 피부에 좋다.
- 사용 시 산뜻함과 청량감이 든다.
- 지성피부와 모공이 넓은 피부 및 여드름 피부에 효과적이다.

(6) 클렌징 워터(cleansing water)

화장이나 피부의 더러움을 가볍게 제거하는 목적으로 사용이 가능한 액상 형태로 산뜻하고 시원한 느낌의 워터타입 클렌징 제품은 수정 메이크업 또는 내츄럴 화장을 지우는데 효과적이다.

(7) 폼 클렌징(foam cleansing)

부드러운 크림 형태로 물과 함께 거품을 내어 사용한다. 비누성분과 피부에 자극이 적은 계면활성제에 글리세린, 솔비톨, 유성성분을 첨가하여 세정력을 조정한 것으로 세안 시 피부의 자극을 최소화하는 특징이 있다.

(8) 클렌징 티슈(cleansing tissue)

한 장씩 뽑아 쓸 수 있는 티슈타입은 가벼운 화장을 제거하거나 화장을 고칠 때 사용되며 간편하고 편리하게 사용된다. 메이크업을 자주 하는 모델이나 연예인들이 신속하게 화장을 지울 때도 널리 사용되며 성분에 따라 피부에 보습막을 형성하거나 피부를 진정시키는 효과를 내기도 한다.

3. 포인트메이크업 클렌징

※ 피부관리시에는 손소독을 철저히 하도록 한다.

1) 입술화장 지우기

① 물에 젖은 면패드(wet-cotton)에 포인트 메이크업 클렌징 제품을 묻혀 그림 3-1과 같이 입술위에 1~2분 가량 올려 놓는다

② 입술화장을 먼저 지우는 것은 립스틱이 여기저기 묻을 수 있기 때문이다.
(※ 그러나 입술화장 지우기와 눈화장 지우기는 순서가 바뀌어도 된다)
입술화장 지우기는 올려놓은 솜을 접어 깨끗한 부위를 입술꼬리에서 안쪽으로 입술 전체를 4등분하여 ⓐ 왼쪽 아랫입술 → ⓑ 오른쪽 아랫입술 → ⓒ 왼쪽 윗입술 → ⓓ 오른쪽윗입술 → ⓔ 위·아래 겹친 부분(입을 약간 벌리게 하여)를 꼼꼼이 지워준다.

2) 눈화장 지우기

① 물에 젖은 면패드(wet-cotton)에 포인트 메이크업 클렌징 제품을 묻혀 양쪽 눈 위에 1~2분 가량 올려 놓는다.

② 올려놓은 솜으로 전체를 살짝 살짝 눌러 찍어낸 후 깨끗한 부분을 이용하여 눈썹과 섀도우를 지워준다.

③ 마스카라를 두껍게 한 경우에는 눈을 위로 뜨게 한 후 속눈썹을 들어올려 젖은 솜을 반달형으로 아래 속눈썹에 깔고 눈을 감게 한다.

④ 아이라인을 지워준다(이때 면봉을 사용해도 좋다).

⑤ 위·아래 속눈썹 마스카라를 깨끗이 지워준다(이때 면봉 사용해도 좋다).

⑥ 다시 한번 깨끗한 젖은 면패드나 화장솜으로 마스카라나 아이라니이 묻어나오지 않을때까지 꼼꼼하게 지워준다.

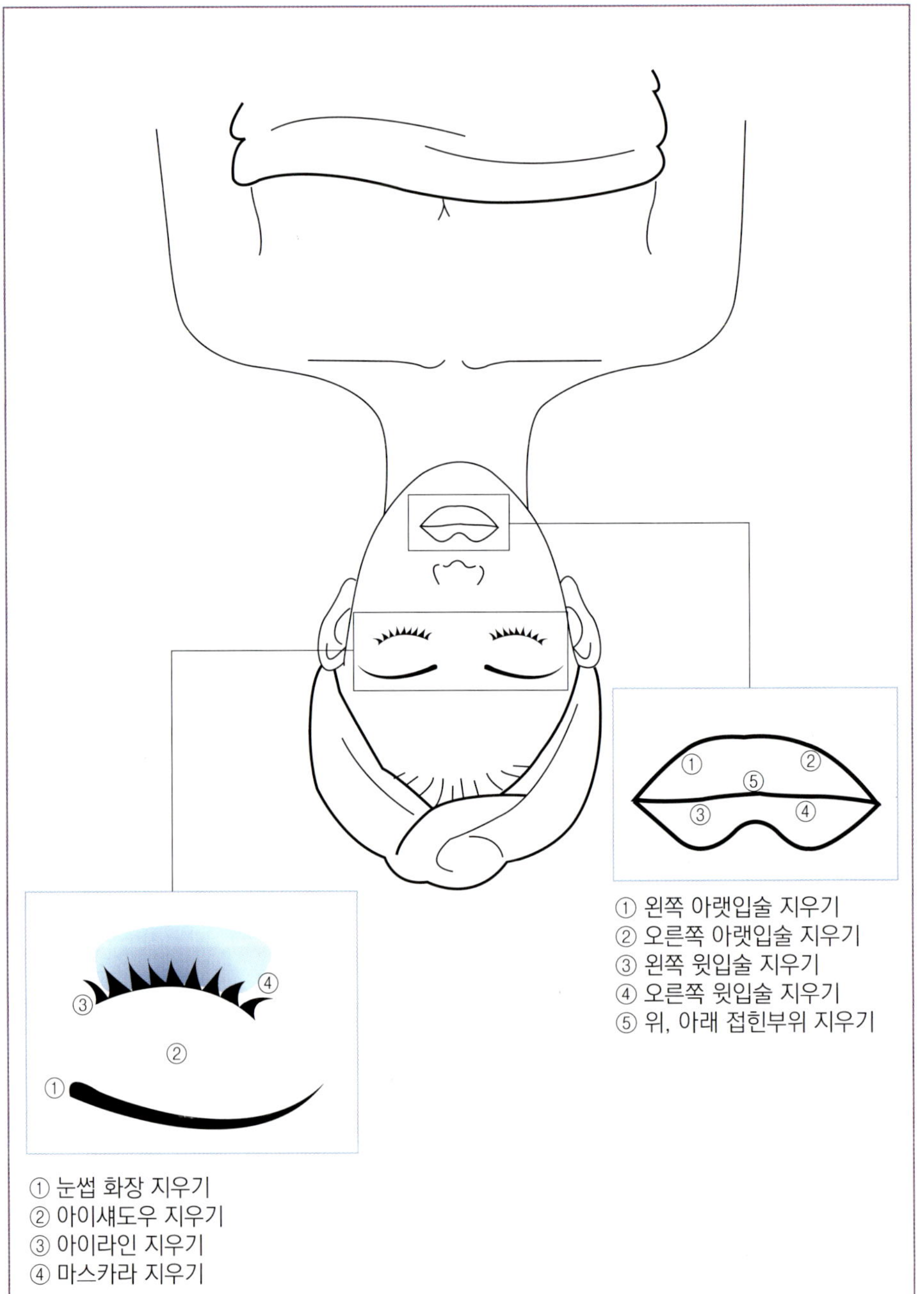

① ② ③ ④ ⑤
① 왼쪽 아랫입술 지우기
② 오른쪽 아랫입술 지우기
③ 왼쪽 윗입술 지우기
④ 오른쪽 윗입술 지우기
⑤ 위, 아래 접힌부위 지우기
① ② ③ ④
① 눈썹 화장 지우기
② 아이섀도우 지우기
③ 아이라인 지우기
④ 마스카라 지우기

그림 3-1

4. 안면 클렌징

피부타입에 맞는 클렌징제품을 선택하여 젖은 면패드에 묻힌다.

▶ 시술과정

①~③ 중앙에서 왼쪽 데꼴테와 목선부위를 3등분 나누어 3회씩 닦아준다.

④~⑥ 오른쪽도 ①~③과 똑같이 닦아준다.

⑦ 턱선을 중앙에서 왼쪽으로 3회씩 닦아준다.

⑧ 턱선 오른쪽도 ⑦과 같이 닦아준다.

⑨ 왼쪽 뺨을 3등분 나누어 근육결을 따라 3회씩 닦아준다.

⑩ 아랫입술와 턱선사이를 3등분 나누어 3회씩 닦아준다.

⑪ 오른쪽 뺨을 ⑨와 같이 닦아준다.

⑫ 코밑과 입술 사이를 왼쪽부위 3번, 오른쪽부위 3위씩 밖에서 안쪽으로 닦아 준다.

⑬ 왼쪽 콧망울과 왼쪽 코 부위를 3번 닦아준다.

⑭ 오른쪽도 ⑬과 같이 닦아준다.

⑮ 콧등에서 왼쪽 눈썹부위를 3회 닦아준다.

⑯ 오른쪽도 ⑮과 같이 닦아준다.

⑰ 이마중앙에서 이마 왼쪽부위를 3등분 나누어 닦아준다.

⑱ 오른쪽부위도 ⑰과 같이 닦아준다.

⑲ ⓐ왼쪽눈꼬리에서 시작하여 눈 아래부위를 지나 눈위부위를 돌아 ⓑ 눈꼬리에서 다시 눈 전체를 바깥에서 안쪽으로 5등분하여 닦아주고 ⓒ 눈머리에서 눈 아래부위를 지나 왼쪽 관자놀이에서 살짝 압을 주면서 멈춘다.

⑳ 오른쪽 눈꼬리도 ⑨번과 같이 닦아준다.

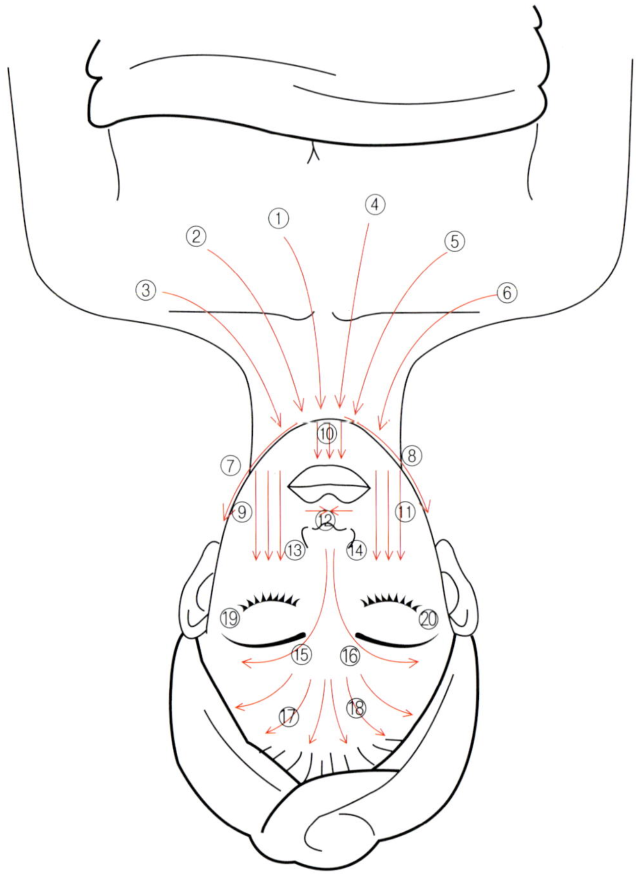

a

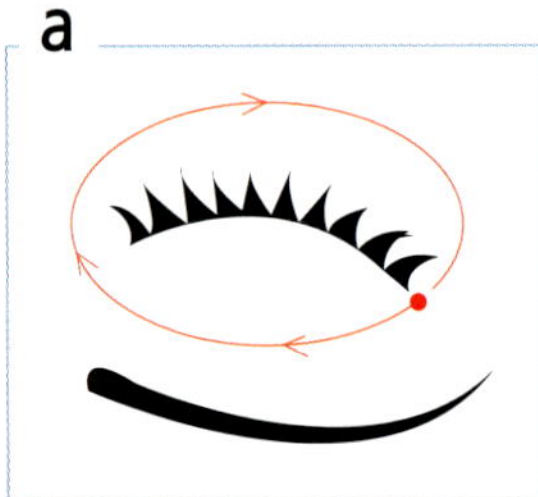

wet cotton으로 눈꼬리에서 눈밑을 돌아 눈꼬리 부위까지 타원형으로 돌리면서 닦아준다.

b

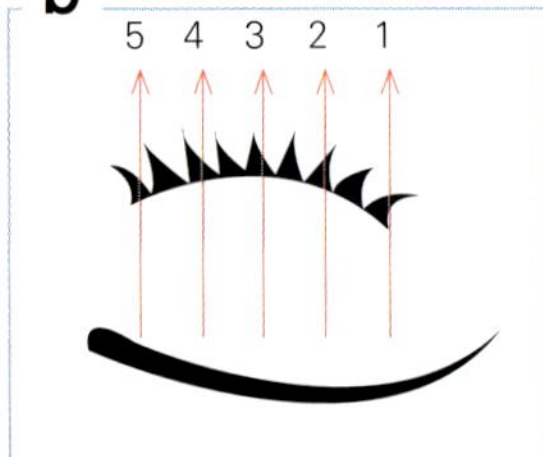

눈꼬리부터 눈머리 방향으로 위에서 아래로 5등분하여 닦아준다.

c

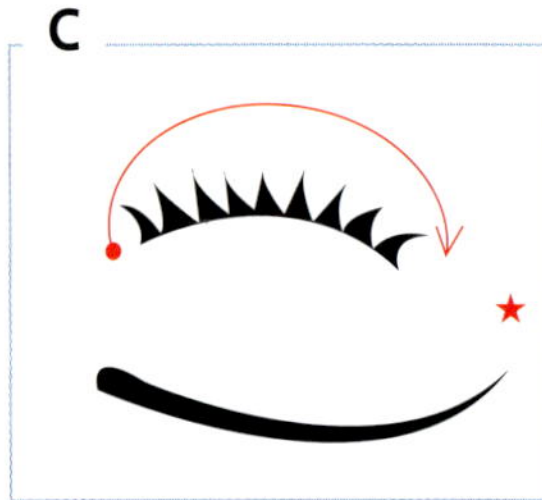

눈머리에서 눈아래 부위를 거쳐 관자놀이에서 살짝 압을 주면서 멈춘다.
★ 관자놀이

4

딥 클렌징

1. 딥 클렌징(Deep cleansing)의 목적 및 효과

피부의 각질층은 일정한 시간이 지나면 자연스럽게 떨어져 나가는데 피부는 묵은 각질을 제거하고 새로운 피부를 생성하는 재생작용을 끊임없이 되풀이 하고 있다(※ 묵은 각질을 제거하지 않으면 피부가 칙칙하고 두꺼워진다).

딥 클렌징의 목적은 오래된(혹은 묵은) 각질 제거를 통해 피부 층의 흡수장벽을 완화하여 화장품의 피부흡수를 도와주기 위함이다.

건강한 피부는 주기적으로 표피의 기저층에서 생성되는 세포가 각화 작용에 의해 최종적으로 노후한 각질이 비듬처럼 떨어져 나가는데, 이러한 묵은 각질이 제거되지 못하고 쌓이면 피부가 거칠어지며, 안색이 칙칙해진다. 따라서 딥 클렌징은 피부 표면의 묵은 각질과 모공내의 이물질, 피부에 있는 화장품의 찌꺼기 등을 제거 및 과다하게 쌓인 각질 세포의 강한 응집력을 완화시켜 자연스러운 박리를 유도하여 화장품의 흡수를 돕는다.

딥 클렌징은 1차 클렌징 끝난 후 하며 vaporizer로 스팀을 제공하거나 15분 전후 온습포 적용 후 모공이완을 시킨 후 하면 효과가 좋다.

※ 화농성 여드름피부, 모세혈관확장피부, 민감성피부와 노화피부 중 각질층이 얇은 경우 주의를 요하여 피부상태를 고려한 딥 클렌징을 적용한다.

1) 딥 클렌징의 효과

(1) 청결 및 위생
(2) 묵은 각질제거로 인해 다음 단계에서 사용하게 되는 유효성분을 돕는다.
(3) 안색 정화 : 불필요한 각질을 제거함으로써 칙칙한 피부톤을 맑게 해준다.
(4) 피지 조절 : 피지 분비가 원활하도록 도와준다.

2. 딥 클렌징 제품

1) 특징

① 과다한 피지와 노폐물을 제거할 수 있도록 세정력이 좋다.
② 묵은 각질제거로 인해 피부의 안색을 맑게 한다.
③ 피부조직과 피부의 장벽에 손상이 되지 않아야 한다.

> 무분별한 딥클렌징은 정상피부를 민감성 피부로 만드는 원인이 된다.

2) 제품

(1) 물리적 딥 클렌징

물리적 딥 클렌징이란 물리적인 방법 즉, 알갱이가 들어있는 그래뉼(granul) 형태나, 고마쥐, 브러싱 기기 등를 이용하여 묵은 각질들을 정리해주고 막힌 모공을 열어주어 피부 생리의 활성화를 돕는다. 물리적인 방법은 알갱이나 기기로 피부를 자극시키므로 지나치게 각질이 얇은 피부, 외부 자극에 민감한 민감성 피부, 모세혈관 확장 피부, 염증성 여드름 피부는 주의를 필요로 한다. 묵은 각질이 많고 두꺼운 피부에 좋다. 스크럽(scrub), 고마쥐(Gommage), 엑스폴리에이션(exfoliation), 크림(cream)등의 제품 타입과 브러싱(brushing)이나 석션(suction) 등의 기기가 사용된다.

① **스크럽(scrub)**

살구씨, 아몬드, 옥수수 속대, sea salt, 폴리에틸렌, 분쌀 등이 사용된다. 스크럽 입자들이 묵은 각질층을 정리해 준다.

최근에는 알갱이가 작고 스크럽 효과는 강화된 제품이 출시되고 있어 사실상 알갱이 크기로 효과를 비교하는 것은 의미가 없다.

- 살구씨, 아몬드, 밀기울, 조개껍질 가루, 인조알갱이 등이 있다.
- 세정력이 좋으나 알갱이로 인해 자극이 될 수 있다.
- 나선형으로 근육결을 따라 러빙(rubbing) 해주고 필요 시 적당량의 물을 함께 사용한다.

※ 사용 시 알갱이가 눈이나 코에 들어가지 않도록 주위하며 제품이 잔류되지 않도록 깨끗이 제거한다.

② **폼 클렌징**(Foam cleansing : wash off type)

손이나 스폰지에 덜어서 충분히 거품을 낸 후 가볍게 문지른다.

얼굴에 거품 또는 세안제가 남아있지 않도록 깨끗이 닦아주는 것이 중요하며 눈이나 코, 입 등에 거품이 들어가지 않도록 주의한다.

- 물과 함께 거품을 내어서 사용한다.
- 비누성분과 피부에 자극이 적은 계면활성제에 글리세린이나 솔비톨 및 유성성분이 첨가 되어 세정력 좋다.

③ **고마쥐**(Gommage)

각종 동식물성 효소의 각질 간 접착제 분해 작용과 건조된 제품을 밀어내는 과정에서 묵은 각질을 정리해 준다.

크림타입이 대부분이나 젤 타입의 제품도 있다. 고마쥐는 프랑스어로 '문지르다'라는 뜻으로 제품을 도포하고 약간 덜 건조된 상태까지 방치한 후 근육 결 방향으로 문질러 벗겨낸다. 고마쥐는 염증성 여드름 피부에는 피해야 하는 제품으로 건조되어 러빙할 경우 자극적일 수 있으며 예민한 피부에 적용할 때에는 건조가 되기 전에 제거하거나 젖은 면 패드(wet cotton)로 닦아내는 요령이 필요하다.

제거 시 제품의 가루가 코, 입, 눈에 들어가지 않도록 주의하고 주위 정돈을 위해 티슈나 타올을 깔아 시술하면 마무리 정리가 용이하다.

④ 머드

머드는 "물기가 있어 질척한 흙"이란 뜻으로 보통 진흙을 함유한 점토성 물질과 동식물의 분해산물과 토양, 염류 등이 퇴적되어 오랜 세월동안 지질학적, 화학적 작용을 받고 미생물의 분해 작용을 받아 형성된다. 카올린, 벤토나이트 등이 주성분인 피지 흡착제로 사용되며 물기가 있는 상태로 피부에 도포하면 팩제가 마르면서 강력한 피지 흡착작용을 한다.

머드는 여러 종류가 있지만 그 중에서도 이스라엘 사해산, 캐나다 콜롬비아 해안의 빙하토, 러시아 바이칼(Baikal), 캘리포니아 클레어(Clare) 머드, 뉴질랜드 화산머드가 많이 알려져 있으며 우리나라에서는 보령 머드팩이 알려져 있다.

- 머드의 청정력과 미네랄로 안색을 맑게 한다.
- 세부조직을 유연하게 하고 각질을 부풀린다.
- 살균력이 높고 생리작용을 활성화한다.
- 안면의 눈 주위와 입 주위를 제외한 부위에 도포 후 건조하면 젖은 면패드(wet cotton)를 사용하여 제거한다.

⑤ 페이셜 브러싱(facial brushing)

페이셜 브러싱이란 피부에 자극이 적은 천연모(양모)를 이용하여 묵은 각질과 노폐물을 제거해준다.

- 천연양모 소재로 만들어진 브러쉬의 다양한 크기를 이용하여 클렌징, 딥클렌징, 필링, 매뉴얼 테크닉의 효과를 얻을 수 있다.
- 워시오프타입(wash off type)의 클렌징 제품을 얼굴에 도포한 후 브러쉬를 이용하여 가볍게 안면 근육결에 따라 러빙한 후 깨끗이 닦아낸다.
- 민감한 부위는 자극이 있으므로 회전속도를 낮추어 주의하며 사용한다.
- 피부표면과 수직으로 적용한다.
- 화농성 여드름 피부와 심한 민감성 피부에는 적용해서는 안된다.

(2) 화학적 딥 클렌징

각실층의 각질세포와 세포간 지질의 결합력을 와해시키고 피지를 가수분해하여 점도를 저하시키거나 이온화를 일으켜 분해하는 것을 화학적 딥 클렌징이라 한다. 좁은 의미에서 화학적 딥 클렌징은 화학적으로 합성된 유효성분들을 함유한 화장품을 사용하여 시술하는 것으로 동물과 식물에서 추출한 단백질 분해효소를 함유하고 있어 자극 없이 노화된 각질과 노폐물을 제거할 수 있는 장점을 가지고 있다. 단백질 분해효소를 이용할 때는 효소활성을 위해 적당한 온도와 습기가 있어야 효과가 크다.

화학적 딥 클렌징 제품의 대표적인 것으로 효소와 AHA, 크림필링제 등이 사용되며 디스인러스테이션(disincrustation) 과정을 위해 피부미용기기를 사용할 수도 있다.

① 효소(enzyme)

화학변화를 만들거나 가속화 시킬 수 있는 동물이나 식물에서 기원한 생물학적 촉매제로 열과 습기를 줄 수 있는 스티머(Vaporizer)나 온습포 등을 사용한다.

단백질 분해효소(트립신, 판크레아틴 등)와 파파인 효소(파파야 열매에서 추출, 단백질 용해시키고 조직을 연하게 함)가 주로 사용된다.

- 효소의 활동조건은 35~45℃의 온도와 70%의 촉촉한 습도, pH 7~8에서 가장 활발하다.
- 효소는 일반적으로 단백질 분해 효소(트립신, 판크레아틴 등)와 파파인 효소가 사용된다.

② **아하(AHA ; Alpha Hydroxy Acid)**

과일, 사탕수수, 우유 등에서 추출한 천연 과일 유기산 성분으로 10% 이하의 저 농도에서는 각질제거효과가 있다.

AHA는 각질층의 묵은 각질을 스스로 탈락시키는 피부의 생리과정을 촉진시킨다.

- alpha hydroxy acid로 여러 가지 천연산이다.
- 분자구조가 가장 적은 글리콜릭산(Glycolic acid)이 가장 많이 사용된다.
- 브러쉬나 스파츌러(spatula)를 이용하여 근육결 방향대로 신속하고 균일하게 도포한 후 일정시간 지나면 스폰지나 면 패드(wet cotton)를 사용해 닦아내 준다. 반드시 냉습포를 적용한다.
- 다소 자극적일 수 있으므로 고객에게 느낌을 미리 설명한다.
- 눈, 코, 입이나 예민한 부위를 제외하고 도포한 후 고객의 옆에서 반응을 지켜본다.
- 도포 전 반드시 아이패드를 올려 놓는다.

③ **크림필링(cream peeling)**

제품설명서에 따라 적용시간을 달리한다.

3) 기기를 이용한 딥 클렌징

① **진공흡입기(vacuum suction)**

진공관(Ventouse)를 이용하여 불필요한 노폐물을 제거하며 동시에 혈행을 촉진시키고 매뉴얼 테크닉 효과도 갖는다. 벤토즈(Ventouse)는 사용부위별로 크기가 다양하며 심한 민감성과 농포성 여드름피부는 사용을 금한다.

- 사용 시 반드시 크림이나 오일을 바르고 적용한다(단, 면포 추출시에는 오일을 바르지 않는다).
- 벤토즈 컵은 유리, 플라스틱, 금속 등으로 만들어져 있으며 필요에 따라 진공상태를 조절할 수 있도록 한다.
- 클렌징을 물론 매뉴얼 테크닉, 경혈점을 자극하는 효과를 낼 수도 있다.

② **디스인크러스테이션(disincrustation)**

갈바닉(Galvanic)전기를 이용한 방법으로 피지 등의 노폐물을 유화시키는 과정이다. 갈바닉은 60~80V의 미세한 직류전류로 70% 이상의 수분을 함유하고 있는 피부를 통과할 때 성질이 다른 음극(-)과 양극(+)에 의한 작용을 하는 기기로 디스인크러스테이션을 적용하기 위해서 음극(-)에서 일어나는 알카리 반응을 이용하여 피지 침전물이나 분비물의 찌꺼기를 부드럽게하고 배출을 용이하게 한다. 지성피부와 여드름피부에 효과적이다.

- 피지를 녹여준다.
- 세정작용을 한다.
- 음극은 알칼리 반응이 일어난다.

③ **전동 브러쉬(brushing machine)**

전동 브러쉬 클렌징 제품을 도포하고 피부에 자극이 적은 다양한 크기의 천연모를 기기에 연결시켜 회전속도를 조절하며 적용한다. 피부표면의 피지와 각질을 제거하기 위한 클렌징 단계에서 사용한다. 시간적 여유가 없는 고객의 경우에는 단시간에 딥 클렌징(deep cleasing)의 용도로 브러쉬 기계를 사용하는 것이 좋다.

피부상태에 따라 브러쉬의 회전 속도를 달리하며 보통 정상피부는 300~400 rpm/min이고, 건성이나 민감성 피부는 200~250rpm/min으로 회전하고, 지성피부는 400~450rpm/min으로 하며 필링을 적용하는 경우 더 높은 rpm으로 조절한다(rpm은 1분 동안의 브러시 회전 속도).

- 사용 용도에 적합한 브러쉬를 선택하여 피부타입이나 부위별 적용이 가능하다.
- 피부 타입에 따라 브러쉬의 회전속도를 조절할 수 있다.
- 브러쉬를 90° 직각으로 사용하며 물리적 자극에 의해 혈행이 촉진되고 신진대사가 활발해지는 효과를 얻을 수 있다.
- 클렌징 제품으로 얼굴, 어깨 상단과 앞 가슴부위까지 도포하고 브러쉬를 적용한 후 wet cotton를 사용해 제거해 준다.
- 브러쉬의 종류는 크기나 모양, 효능이 다양하므로 민감부위에는 가늘고 부드러운 솔을 사용한다.

3. 딥 클렌징 시술

딥 클렌징은 피부에 자극을 주기 쉬우므로 피부의 유형과 제품에 따라 사용방법이 다소 다르나 낭포성 여드름, 모세혈관 확장피부와 민감피부에는 사용하지 않도록 한다.

딥 클렌징을 할 때는 눈주위와 입술을 피하고 피부에 트러블이 생겼을 때도 피하는 것이 좋다. 피부상태에 따라 사용량, 사용횟수, 사용부위를 조절하여 사용해 준다.

4. 딥 클렌징 시 주의사항

딥 클렌징은 지성피부에는 효과적이지만 여드름이나 염증 부위에 사용하면 증상을 악화 시키므로 주의해야 한다. 클렌징 제품으로 피부를 자주 또는 심하게 문지르거나, 여드름 치료제와 함께 사용할 경우에는 피부가 아주 건조해 지고 피부가 갈라지기도 한다. 심할 때는 모세혈관 확장증을 유발시키므로 피부상태에 따라 적절히 사용하는 것이 중요하다. 또한 상처난 피부나 점막부위에 사용해서는 안된다.

필링이나 딥 클렌징제로 피부의 각질을 제거한 후 자외선이 피부에 직접 닿지 않도록 관리 후에 자외선 차단제 등을 꼭 발라주어야 한다. 피부에 도포 시 피부 유형에 알맞은 것을 선택하여 패치 테스트한 다음 브러쉬나 스파츌러로 눈, 입 주위 등 민감한 부위는 피해서 필요한 부위에 얇게 바르고, 제품 설명서에 의해 시간을 정확히 지켜 피부에 자극이 되지 않도록 하며, 확장된 모공은 다시 수축시켜 주지 않으면 모공 확장의 원인이 될 수 있으므로 세심한 주의가 필요하다.

과도한 딥 클렌징은 오히려 피부에 수분과 유분을 부족하게 만드는 원인이 될 수도 있다.

5. 딥 클렌징 후 피부 관리법

딥 클렌징 후에는 스킨, 로션, 에센스로 기초 손질을 해주어야 한다. 딥 클렌징을 하면 각질층이 떨어져 나가면서 수분 보호막도 함께 없어지며, 이로 인하여 수분 증발이 심해져 피부가 당기게 되므로 충분한 수분 공급이 필요하다.

또한 자외선이 피부에 직접 닿지 않도록 관리 후에 자외선 차단제를 꼭 발라주고 가급적 햇빛을 피하는 것이 좋기 때문에 외출을 삼가고, 부득이 외출을 할 때는 자외선 차단제 등으로 피부를 보호하고, 창이 넓은 모자를 쓰는 등 세심한 주의가 필요하다.

5

피부유형별 화장품도포

화장품은 인류문명이 생기면서부터 사용하기 시작한 것으로 화장품은 미적 본능을 만족시키기 위한 수단으로 인간이면 누구나 갖고 있는 공통된 심리이다.

또한 주술적·종교적 욕구를 충족시키기 위한 방법으로 성별, 사회적 지위, 소속 집단을 표현하기 위해서이다. 일반적으로 사람의 머리형태는 남녀 성별을 가장 잘 나타내고 있으나 화장법은 성별을 나타내기 위해 시작한 경우가 많음을 알 수 있다. 신체의 보호나 태양으로부터 보호하기 위한 화장품을 사용하기도 하였다.

과학기술이 급속도로 발달한 현대에 이르러서는 종교적인 목적이나 신분을 나타내기 위한 목적에서의 화장은 거의 사라지고 신체의 청결유지, 자신의 미화, 심리적 만족수단, 자외선이나 건조한 기후로부터의 피부보호, 그리고 더 나아가서는 피부의 생리기능 활성 등의 목적으로 화장품이 사용되고 있다.

1. 화장품 도포의 목적과 효과

화장품은 화장행위에 사용되고 있는 인체에 무해한 물질로서 사람의 신체를 청결하게 하고 아름답게 하며 매력을 증가시키며 용모를 변화시키도록 하며 또한 피부와 모발을 건강하게 보호하기 위하여 신체에 도포(바르는 방법), 산포(뿌리는 방법) 등의 목적으로 사용되어지는 물질로서 인체에 대한 작용이 무해한 것이어야 한다.

화장품은 피부를 청결히 하며 건강하게 유지 보전시키기 위해 물질을 도포하여 세정(피부의 더러움과 노폐물제거), 피부정돈 및 피부를 보호해주는 목적이 있다.

우리들의 실생활에 사용되고 있는 화장품은 사용대상, 사용목적, 사용기능 등 건강한 사람을 대상으로 하여 일상생활에 있어서 매일 또는 오랜기간에 걸쳐 반복 사용되는 것이기 때문에 사용상 안전하여야한다.

화장품 도포의 효과는 피부의 더러움을 제거하는 세정효과, 얼굴이나 목 등에 도포하여 피부의 색조를 조정함과 피부의 결점을 보완하는 효과, 피부를 촉촉하게 유지하고 보호하는 효과, 피부에 활력을 증진시키며, 자외선 차단과 미백효과를 준다.

- 화장품을 사용함으로써 인체를 청결하게 유지한다.
- 인체의 결점을 보완하고 장점을 돋보이게 치장한다.
- 인체의 노화를 지연시켜 건강한 아름다움을 유지한다.
- TPO에 맞는 모습으로 사회적 지위에 따른 자기연출을 하며 자연환경으로부터의 피부 및 모발을 보호하도록 한다.

2. 피부유형별 화장품종류 및 선택

1) 피부유형별 화장품의 종류

현대에 들어서 화장품이 사용목적에 따라 더욱 세분화되어지고 있다. 연령에 따라 피부유형별로 관심도가 다른데 20대에는 주로 여드름피부나 지성피부 개선을 위한 관심, 30대 후반에는 기미나 노화시작에 따른 관심, 40~50대에는 노화피부관리에 높은 관심을 나타낸다. 한국을 비롯한 동양인들은 특히 미백에 대한 관심은 전 연령에 걸쳐 높다.

화장품의 요건은 안전성, 사용성, 유효성, 안정성의 4가지 요건을 갖추어야 한다.

화장품은 사용목적에 따라 분류하면 기초화장품, 메이크업화장품, 모발화장품, 기능성화장품, 방향화장품 및 바디화장품 등으로 나눌 수 있다.

① **피부화장품 종류**

기초화장품(세정제, 화장수, 크림, 유액, 팩제, 파우더)
기능성화장품(화장품법 제2조 2항 화장품 제정법(2000. 7. 1))
메이크업화장품(파운데이션, 파우더, 색조용류)
손발톱용향장품

정의(화장품법 제2조 2항 화장품 제정법(2000. 7. 1))
- 피부의 미백에 도움을 주는 제품
- 피부의 주름개선에 도움을 주는 제품
- 피부를 곱게 태워 주거나 자외선으로부터 피부를 보호하는데 도움을 주는 제품

범위(화장품법 시행규칙 제2조)
- 피부의 멜라닌색소 침착을 방지하는 제품
- 착색된 멜라닌 색소의 색을 엷게하는 제품
- 피부 주름을 완화 또는 개선하는 제품
- 피부를 곱게 태워주는 제품
- 자외선을 차단 또는 산란시키는 제품

② **모발 화장품 종류**

샴푸제, 헤어린스제, 정발제, 탈색제, 퍼머넌트웨이브용제

③ **그외 종류**

방향제품, 데오도런트 제품, 여드름용 화장품, Waxing용품, 목욕용품 등

2) 화장품 원료

화장품은 성분의 배합에 따라 제품의 종류가 매우 다양하다. 화장품의 성분은 크게 수성과 유성으로 구분되는데 수성성분은 물에 녹으며 유성성분은 기름에 녹는 성분이다.

화상품은 피부 유형별로 보습효과뿐만 아니라 피부미백, 노화방지 개념으로 점점 진화 되고 있어서 피부유형별로 선택하여 사용되어야한다.

화장품에 사용되른 성분들은 정제수, 알코올, 오일 등으로 이루어져 있다.

① **정제수**

물은 피부를 촉촉하게 화장수, 크림, 로션의 기초 물질로 사용된다.

② **에탄올**

에틸알코올, 피부에 청량감과 가벼운 수렴효과, 살균, 소독작용 화장수, 아스트린젠트, 헤어토닉, 향수 등이 있다.

③ **오일**

천연오일(식물성오일, 동물성오일, 광물성오일)과 합성오일(고급 지방산과 저급 알코올간의 에스테르 결합을 통해 얻어지며 천연오일에 비해 안정하다)이 있다.

④ **왁스**

기초 화장품이나 메이크업 화장품에 널리 사용된다.

고형의 유형성분, 고급 지방산에 고급 알코올이 결합된 에스테르 형태이다.

※ 식물성 왁스 - 카르나우바 왁스, 칸델라 왁스
※ 동물성 왁스 - 밀랍과 라놀린

⑤ **계면활성제**

한 분자내에 친수성기와 친유성기를 함께 갖는 물질, 즉 물과 기름의 경계면, 계면의 성질을 변화시킬 수 있는 특징이다.

※ 친수성기의 이온성에 따라 양이온성, 음이온성, 비이온성, 양쪽성계면활성제

· 양이온성 계면활성제 - 살균, 소독작용, 헤어린스, 헤어트리트먼트
· 음이온성 계면활성제 - 세정작용, 기포형성작용, 샴푸, 클렌징폼
· 비이온성 계면활성제 - 화장수의 가용화제, 크림의 유화제, 클렌징크림의 세정제
· 양쪽성 계면활성제 - 세정작용, 저자극 샴푸, 베이비샴푸

⑥ **보습제**

피부를 촉촉하게 하는 작용이 있다.

※ 폴리올 - 글리세린, 프로필렌 글리콜, 솔피톨
※ 천연보습인자 - 아미노산, 요소, 젖산염
※ 고분자 보습제 - 히아루론산염, 가수분해콜라겐

⑦ **방부제**

부패억제, 배합량이 많으면 피부트러블을 유발, 파라옥시안식향산메칠, 파라옥시안식향산프로필 등이 있다.

⑧ **색소**

염료와 안료로 구분된다.

※ 염료 - 물 또는 오일에 녹는 색소로 화장품 자체에 시각적인 색상효과 부여에 사용

※ 안료 - 무기안료(색상이 화려하지 못하나 빛, 산, 알칼리에 강하다)
예) 마스카라, 아이라인
유기안료(색상이 화려하나 빛, 산, 알칼리에 약하다)
예) 아이섀도우, 립스틱
레이크(마그네슘, 칼슘염 등을 가해 물과 오일에 녹지않게 만든 것)

3) 피부유형별 화장품 선택

① **세정제는 피부유형에 알맞은 제품을 선택하여야한다.**

② **피부유형에 따른 화장수 선택**

▶ **유연화장수**

· 유연화장수에는 NMF 등의 보습성분과 유연성분이 특히 많이 함유되어 건성 또는 노화피부에 효과적으로 사용된다.

· 완전 액체 형태이거나 또는 가벼운 젤 형태로 각질층에 보습막을 형성시켜 피부를 촉촉하고 부드럽게 하며, 다음 단계에 사용되는 제품의 흡수를 용이하게 한다.

▶ **수렴화장수**

·흔히 아스트린젠트(astringent)라 불린다.

·약산성 상태로 피부의 pH를 조절해 주며, 피지가 과잉분비되는 것을 억제한다.

·주로 정상, 지성, 복합성 피부에 사용되며, 모공이 확장되고, 피지, 땀에 오염되기 쉬운 여름철에는 모든 피부에 사용된다.

·각질층에 NMF 등 보습성분을 통해 피부에 수분을 공급하고 모공을 수축시켜 피부결을 섬세하게 한다.

③ **피부유형별 화장품 선택방법**

건성피부용 화장품은 유분과 보습제를 많이 함유된 제품을 선택해야하며, 정상피부용은 유분과 보습제를 적절히 함유하며, 지성피부용은 유분을 적게 함유

하며 알코올 함량이 다소 높아야 한다. 복합성 피부용은 정상 피부용에 가까우나 피지의 분비를 조절할수있는 피지 컨트롤 파우더와 천연식물추출물 등을 함유해야한다. 민감성 피부용은 저자극성 성분을 사용해야 하며 향, 알코올, 색소, 방부제를 적게 함유한 제품을 선택해야한다.

㉠ 스킨케어 화장품

기초화장품의 기능은 피부의 유·수분 공급으로 피부건조를 방지하고 유연성을 주어 매끄럽고 촉촉한 피부로 아름답고 건강한 피부를 유지하는 것이다.

피부에 수렴효과와 피지조절작용, 피부보호작용, 유·수분의 밸런스를 유지시킨다.

유화, 가용화 형태로 구성되어 있으며 기능별, 용도별 다양한 종류를 가진다.

㉡ 메이크업 화장품

기초화장품 사용 후 얼굴에 색채를 사용해 피부결점을 커버하고 피부를 아름답게 표현 한다. 얼굴전체의 피부색을 균일하게 정돈하거나 피부결점을 커버하는 베이스 메이크업, 부분적으로 사용하여 입체감과 색채감을 아름답게 표현하는 포인트 메이크업 화장품이 있다.

㉢ 바디 화장품

- 피부에 부착된 먼지나 오염물질, 피지나 땀, 사용한 화장품 세정 기능이 있다.
- 자외선 차단, 땀방지, 제모 등의 기능이 있다.
- 전신을 탄력 있고 아름답게 만드는 기능이 있다.

㉣ 모발 화장품

- 두피와 두발에 있는 피지, 땀, 비듬, 각질, 먼지, 화장품 잔여물 등을 세정하는 기능이 있다.
- 두발을 보호, 재생, 육모 하는 트리트먼트 효과가 있다.
- 헤어스타일 효과와 두발색상 변화 효과, 웨이브 효과 기능을 가진 것도 있다.

㉤ 방향 화장품

향을 이용하여 아름다움을 표현한다.

3. 피부유형별 화장품도포

· 피부의 유형은 건성, 정상, 지성, 복합성 등으로 분류된다.
· 피부의 유형은 개인의 연령, 성별, 유전인자, 신체조건, 심리상태, 음식물과 계절, 지리조건 등에 따라 다르며 변화한다.
· 피부관리의 목표는 궁극적으로 모든 피부기능이 정상적인 정상피부상태를 지향한다.
· 아름다운 피부를 가꾸기 위해서는 정신의 안정, 균형 잡힌 식사, 생체리듬의 유지, 자외선 보호, 화장품의 올바른 사용, 적절한 유수분 공급 등이 수반되어야 한다.

1) 건성피부와 화장품도포

건성피부는 모공이 눈에 띄지 않아 외관상으로는 좋아 보이나 피지선의 기능이 원활하지 못하거나 피지와 땀의 분비가 적고 이에 따라 피부표면은 항상 건조하고 윤기가 없다.

· 세안 시 탈지력이 강한 비누사용은 삼가고 무자극의 클렌징제를 택한다.
· 사우나에서 오랜 시간 보내는 것을 피한다.
· 물을 충분히 마신다.

2) 정상피부와 화장품도포

① 피지선과 한선의 활동이 이상적인 피부상태로서 피부의 생리기능이 모두 정상적인 활동을 하는 피부를 의미한다.
② 피부결이 섬세하고 표면이 매끄러우며 가볍게 윤기가 흐른다. 피부의 탄력성과 혈색이 좋고 촉촉하다.
③ 세균에 대한 저항력이 있고 화장도 잘 받아 오랫동안 화장이 지속된다. 세안 후에 피부 당김이 약간 나타나나 곧 사라진다.

· 1주일에 한 번 정도 딥클렌징을 한다.
· 피부상태에 알맞은 팩을 주 1회 실시한다.
· 유분과 수분의 균형유지하도록 한다.

3) 지성피부와 화장품도포

① 피지분비의 증가(남성 호르몬인 안드로겐의 증가 등)로 정상보다 과다한 피지분비로 인하여 피부가 번들거리고 칙칙해 보인다.

② 스트레스, 불안, 초조감, 잘못된 다이어트, 육체적 피로감 등도 가능한 한 피하는 것이 좋다.

· 신선한 과일과 야채를 많이 섭취하도록 한다.

· 화장수는 수렴을 시키는 것을 사용한다.

· 클렌징에 중점을 둔다.

4) 복합성피부와 화장품도포

① 2가지 이상의 피부상태가 복합적으로 나타난다.

② T zone은 다른 부위보다 피지분비가 많다.

· 피부상태에 알맞은 제품을 선택한다.

5) 민감성피부와 화장품도포

(1) 물리적, 화학적 자극에 민감하여, 추위, 더위, 바람 등 외부환경에 자극을 쉽게 받을 수 있다.

(2) 피부의 민감도는 눈 주위가 가장 높다.

· 반드시 민감성 피부에 알맞는 화장품을 사용한다.

6) 여드름피부와 화장품도포

· 여드름피부는 사춘기 때 나타나기 시작한다.

· 과도한 피지 분비로 인해 모공 내 염증이 유발된 상태이다.

· 마스크 제거 후 냉타올을 적용한다.

· 진정, 살균용의 팩으로 피지조절을 도우며 자극을 없앤다.

· 필요에 따라 딥 클렌징을 한다(AHA, 효소 등이 있다).

· 피부관리 시 AHA는 10% 이하로 사용한다.

6

매뉴얼 테크닉 (Manual Technique / Massage)

1. 매뉴얼 테크닉(Manual technique/Massage) 목적 및 효과

매뉴얼 테크닉의 어원은 'Masso'라는 그리스어에서 유래되어 오늘날 'Massage'라는 말로 명칭되었으며 인체조직의 기능회복을 위해 신체를 마찰하거나 두드리거나 주무르는 행위를 의미한다. 원시시대에 아픈 곳을 쓰다듬고 문지르는 동작을 행하여 통증을 완화시키고 질병을 치료했던 풍습에서 전래되어 오늘날 피부미용마사지에 이르렀다. 피부미용마사지는 손이나 기기를 사용하여 물리적인 자극을 통해 인체의 기능을 회복시키거나 지속시키기위한 행위로 대개의 경우, 화장품을 바르고 동작을 실시한다.

올바른 매뉴얼 테크닉를 행하기 위해서는 인체의 생리학, 해부학, 피부학을 우선 이해하고 이러한 지식을 토대로 하여 과학적이고 체계적인 기술을 습득하여야 한다.

1) 목적

① 신진대사 촉진
② 혈액순환 증진
③ 스트레스 완화
④ 심신 안정

⑤ 전신피로의 완화
⑥ 체혈관리

2) 효과

(1) 매뉴얼 테크닉이 인체에 미치는 효과

① **피부**
· 피부의 감각 수용기를 자극하여 피부표면의 순환을 촉진시킨다.
· 각질을 제거한다.
· 피지선 분비를 촉진시킨다.

② **결합조직**
· 근막의 유연성을 증가시킨다.

③ **순환계**
· 국소적인 순환을 촉진시킨다.

④ **근육계**
· 근육을 이완시킨다.

⑤ **분비계**
· 통증경감 물질인 엔돌핀을 증가시킨다.

⑥ **면역계**
· 림프순환을 촉진시킨다.
· 스트레스 감소로 면역기능을 개선시킨다.

⑦ **소화기계**
· 대장 내용물의 유동성을 증가시킨다.
· 이완과 함께 소화를 증진시킨다.

⑧ **신경계**
· 심신을 이완시키며, 안정감을 준다.

3) 매뉴얼 테크닉의 정의와 역사

'매뉴얼 테크닉(마사지)'의 어원은 아라비아어의 mass 또는 mass'h에서 기원하는 것으로 '부드럽게 누른다'는 뜻이다. 히랍어로 massage는 'knead'(주무르다)는 의미이고 불어의 masser는 'massage'(마사지한다)는 뜻이다. 매뉴얼 테크닉은 우리인체의 엔돌핀(endorphin)생성을 촉진시켜 우리의 근육을 이완시키고 산소 운반능력을 10~15%나 증진시켜 이를 통해 혈액순환을 촉진시키고 림프 순환을 도와 노폐물을 배출시키며 피지선의 분비를 도와준다. 또한 두통을 없애고 생리통완화와 정신적 긴장 완화와 근육경직이완에 도움을 주며, 행복감 고취 및 스트레스를 경감시킨다.

(1) 고대의 매뉴얼 테크닉

고대의 동굴벽화에서 매뉴얼 테크닉의 증거를 찾을 수 있고, 그 당시는 물건에서도 기름과 오일의 흔적이 발견된 것으로 미루어 매뉴얼 테크닉이 치료와 통증을 가라앉히고 외모를 아름답게 가꾸는데 이용된 것으로 보인다.

BC 3,000년경 중국에서는 치료와 건강 증진을 위해 매뉴얼 테크닉을 하였다. 고대 중국 서적에 보면 매뉴얼 테크닉이 묘사되어 있고, 일반 건강을 증진시키는 방법이 구체적으로 나와있다. 어떤 특별한 포인트를 기술적으로 눌렀을 때 효과를 볼 수 있다는 사실을 발견했다. 이렇게 시작된 매뉴얼 테크닉은 지압과 침술로 발전하였고, 누르는 테크닉이 효과가 있음을 파악하였다.

이러한 매뉴얼 테크닉은 일본에 전해지게 되었고, 일본에서는 이것이 주보(tsubo)라고 불리는데 현재는 '시아추'라고 알려지고 대중화되었다.

인도에서는 매뉴얼 테크닉이 위생적인 목적으로 사용되었다. [아율 베다(Ayur veda)]라는 책은 BC 1,800년경에 쓰여졌는데 샴푸하는 것과 문지르는 것이 피로를 감소시키고 청결과 안녕을 증진시킨다고 되어있다.

이집트와 페르시아에서는 치료와 화장의 두 가지 목적으로 매뉴얼 테크닉이 이용되었다. 클레오파트라가 우유 목욕을 하고 아로마 오일과 크림으로 매뉴얼 테크닉을 받았다는 기록이 있으며, BC 500년경에 동방에서 유럽으로 매뉴얼 테크닉 기술이 전해진 기록이 있다.

그리스인들은 건강한 몸에 건강한 정신이 있다는 것을 믿고 전체적인 접근을 시도하였다. 목욕과 매뉴얼 테크닉 춤이 행해졌으며 신체의 균형을 찾기 위해 체조와 운동을 하였다. 운동 전에는 능률을 증진시키고 운동이 끝난 후에는 피로회복을 위해 매뉴얼 테크닉을 시행하였다. 검투사와 군인들은 전쟁에 나가기 전에 매뉴얼 테크닉을 했는데 이는 활력과 건강 증진을 위함이었으며 전투 후에는 피로회복을 위해 매뉴얼 테크닉을 하였다.

호모의 '오디세이(odyssey)'라는 시에는 그리스 병사들은 오일을 가지고 몸을 문지르고 아름다운 여자들은 오일을 피로회복을 위해 바른다고 묘사되어 있다.

BC 500년경, 그리스 의사인 헤로디쿠스(Herodicus)는 오일과 허브를 이용하여 매뉴얼 테크닉으로 환자를 치료하였다. 헤로디쿠스의 제자이자 현대의학의 아버지라 불리는 히포크라테스는 매뉴얼 테크닉의 효과에 대한 연구를 시작했는데, 강하게 문지르는 것은 근육을 긴장시키고 부드럽게 문지르는 것은 근육을 풀어주고, 많이 문지르는 것은 근육을 소모시키지만 적당히 문지르는 것은 근육의 원기를 회복시켜 준다는 사실을 발견하였다. 그리고 심장 방향으로 매뉴얼 테크닉을 해야 효과적이라는 것도 알아냈다.

로마시대의 목욕탕에는 스팀방, 체육관, 매뉴얼 테크닉 장소가 있어 부유한 로마인들은 씻고, 운동하고, 몸을 풀고, 사교하기 위해 매일 목욕을 했다.

(2) 중세에서 르네상스 시대

암흑시대인 중세에는 로마제국이 멸망한 AD 500년부터 AD 1,400년까지의 900년간은 매뉴얼 테크닉에 대하여 별로 알려진 것이 없다. 그러나 1450년경 르네상스 시대의 시작으로 예술과 과학이 꽃피워지면서 건강에 대한 관심이 되살아났다. 16세기에 프랑스 외과의사인 암브로즈빠레(Ambroise Pare, 1517~1590)는 매뉴얼 테크닉을 개발하고 발전시켰다. 그는 매뉴얼 테크닉을 부드러운 매뉴얼 테크닉, 중간 매뉴얼 테크닉, 강한 매뉴얼 테크닉의 3단계로 분류하였다. 오늘날도 수딩(soothing), 릴렉싱(relaxing), 제너럴(general), 그리고 자극(stimulating)과 같은 방법을 사용한다. 여러 의사들이 그의 매뉴얼 테크닉 방법을 배워 의학적으로 확립하였다.

4) 현대 매뉴얼 테크닉의 발전

현대 매뉴얼 테크닉은 스웨덴의 생리학자인 헨리크 링(Henrik peter Ling, 1776~ 1839)이 발전시켰다. 그는 스웨덴 치료 체조라고 알려진 것에서 수동적인 것과 능동적인 시스템으로 분류했는데, Effleurage, Petrissage, Vibration, Friction, Rolling, Slapping이라는 용어를 사용하였다.

네델란드 의사인 요한메즈그너(Johann Mezgner, 1839~1909) 박사는 재활에 매뉴얼 테크닉을 사용하였고 많은 질병 치료에 효과적으로 사용하였다. 그는 해부학과 생리학적인 관점에서 매뉴얼 테크닉 적용시켰는데 과학적인 원리에 근거한 그의 이론은 의료적인 행위로 인정되었고 독일과 미국에서 많은 추종자들이 생겼다.

영국에서는 존그로스베너(John Grosvenor)라는 의사가 관절 치료에 매뉴얼 테크닉을 이용하였다. 관절염과 통풍, 그리고 뻣뻣한 관절 치료에 매뉴얼 테크닉이 사용되었고, 간호사들은 환자 치료에 매뉴얼 테크닉을 적극적으로 사용할 수 있도록 의사의 지도하에 집중적인 교육을 받았다.

5) 20세기

영국에서는 1차 세계대전 중에 부상자를 치료하기 위한 매뉴얼 테크닉 수요가 많아서 많은 매뉴얼 테크닉 치료사가 배출되었다. 1943년에 'Chartered Society of Physiotherapy'라는 단체가 국가에 등록되어 병원에서 진료할 수 있는 정식자격을 발급하기 시작했고, 이 자격이 없으면 매뉴얼 테크닉을 이용한 치료행위를 할 수 없었다. 전기치료법의 발전과 더불어 의료적 매뉴얼 테크닉은 감소하였으나 병원과 휘트니스 센터, 그리고 레저 센터에서는 매뉴얼 테크닉의 수요가 더 늘어났다.

1966년 런던의 뷰티테라피 코스에는 정식 매뉴얼 테크닉 코스가 들어갔다. 이것은 철저한 훈련과 기본 지식을 겸해야 했기 때문에 인정된 전문자격이 주어졌다. 1968년에는 대학 과정에서 정식으로 교육이 처음으로 시작되었고, 영국 뷰티테라피스트 협회, 국제건강 및 피부미용협회 등에서 정식 코스를 개발하여 자격증과 수료증을 주기 시작하였다.

대체의학과 건강에 대한 총체적인 접근방식이 확립됨에 따라 잘 훈련된 매뉴얼 테크닉 기술자의 수요가 증가하였고, 아로마테라피와 발반사요법, 시아추 등을 통해 매뉴얼 테크닉에 대한 수요가 늘어났다.

2. 매뉴얼 테크닉 종류

미용상의 결점을 보완하거나 개선, 아름다움이나 건강함을 유지, 건강증진 등을 위해 실시되며 피부관리실에서 실시된다. 피부미용매뉴얼 테크닉의 분류는 사용되어지는 방법이나 기술의 차이에 따라 다음과 같이 구분되어진다.

1) 스웨디쉬 매뉴얼 테크닉(Swedish massage)

매뉴얼 테크닉의 역사는 인류의 역사만큼이나 오래되었지만, 스웨디쉬 매뉴얼 테크닉의 역사는 근세에 이루어졌다. 이 매뉴얼 테크닉은 스웨덴 사람인 헨리크 피더 링(1776~1839)에 의해 발전되었다. 그는 전 유럽을 여행하면서 프랑스식 에플라쥐(Effleurage ; 쓰다듬기), 페트리사지(Petrissage ; 주무르기), 마찰(Friction ; 마찰하기), 고타법(Tapotment ; 두드리기) 외의 관절 스트레칭, 바이브레이션, 근육 흔들기 등 다양한 방법을 고안하였다.

스웨디쉬 매뉴얼 테크닉은 이집트, 중국, 인도와 같은 나라의 동양적인 매뉴얼 테크닉 방법까지 사용하여 발전시켰으며, 1913년 스톡홀롬 왕실 중앙 체육연구소에서 스웨디쉬 매뉴얼 테크닉을 체계화 시켰다. 머리부터 발끝까지 멈춤없이 에플라지 같은 5가지 기본 동작을 사용해 끊임없이 이어지는 전신 매뉴얼 테크닉의 개념이다.

스웨디쉬 매뉴얼 테크닉의 다양한 동작과 자세는 신체의 문제점을 개선시키기 위한 운동기법으로 사용되었다. 링은 치유를 위해서는 혈액과 림프액의 순환의 중요성을 새로이 발견하게 되었다. 그는 자신의 팔꿈치의 통풍을 자신의 테크닉으로 치료했다. 스웨디쉬매뉴얼 테크닉은 정신과 치료나 스포츠 의학과도 결합하여 사용되었고 두통과 불면증, 등 하복부 통증 등의 완화에도 널리 이용되어 왔다.

2) 시아추 매뉴얼 테크닉(Shiatsu massage)

지압점을 자극함으로써 혈액순환을 원활히 하는 방법이다.

3) 한국피부미용 경락 매뉴얼 테크닉(Korean Esthetic Gyunglak massage)

전통적으로 내려오는 한국피부미용경락 매뉴얼 테크닉은 경락선을 따라 유기적으로 연결되어 있는 인체전신의 세포결합 부분을 자극함으로써 아름답고 건강한 피부를 만들어준다.

4) 타이 매뉴얼 테크닉(Thai massage)

부드럽게 신체조직을 눌러주고 당겨주고 비틀어 주는 동작을 주로 사용한다. 신체 각 부분의 관절과 근육의 활동 범위와 각도에 맞는 적절한 기법을 이용하기 때문에 매뉴얼 테크닉을 받는 사람이 고통이나 피로함을 느끼지 않는다.

5) 자켓 매뉴얼 테크닉(Dr. Jacquet movement)

닥터 자켓이 창안한 매뉴얼 테크닉으로 주로 꼬집듯이 집어주는 동작을 사용한다. 모공속의 노폐물 배출 및 여드름 피부 관리시 효과적이다.

6) 림프드레니쥐(Lymph drainage technique)

림프의 방향대로 가볍게 문지르는 동작으로 부종 및 노폐물 배출에 사용한다.

7) 발반사요법(Foot reflexlogy)

발에는 인체의 오장육부에 해당되는 반사부위가 있어 반사구를 매뉴얼 테크닉함으로써 혈액순환 촉진 및 건강을 다스려 주는 매뉴얼 테크닉이다.

3. 매뉴얼 테크닉의 기본 요소 및 기본기법

1) 매뉴얼 테크닉 기본 요소

매뉴얼 테크닉의 효과를 높이기 위해서는 매뉴얼 테크닉의 기본요소에 대한 정확한 이해가 필요하다. 즉 균등한 리듬의 유지, 적당한 속도, 해당 부위에 정확한 손동작, 적당한 자세를 유지, 조직의 종류에 따라 규칙적인 압박을 한다. 이러한 요소는 올바른 매뉴얼 테크닉을 실행하기 위하여 반드시 주의 깊게 관찰되어야 한다.

(1) 리듬

리듬은 매뉴얼 테크닉의 실행에 있어서 중요한 요소로 균등한 리듬을 유지하여야 한다.

(2) 매뉴얼 테크닉율

매뉴얼 테크닉은 처음에는 천천히 부드럽고 쓰다듬기(effleurage)로 시작해서 점점 빠르고, 강하게 진행하다가 다시 속도를 낮추어 천천히 부드럽게 쓰다듬기(effleurage)로 마무리 한다.

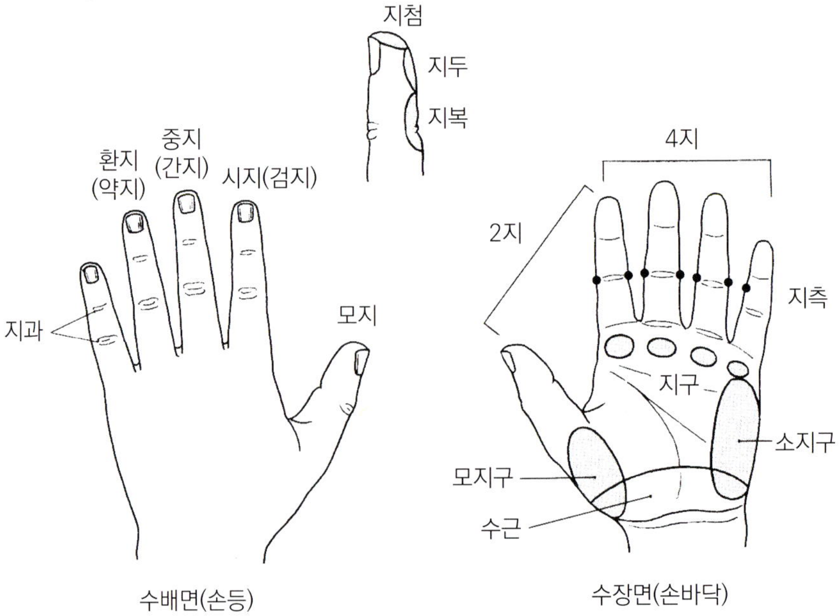

그림 6-1. 손의 각 부위별 명칭

(3) 손의 유연성

매뉴얼 테크닉의 기술을 쉽게 습득하기 위해서는 항상 손을 부드럽고 유연하게 유지 할 수 있도록 노력하여야 한다. 손의 유연성을 유지하기 위하여 지속적이고 충분한 손동작 운동이 필요하다.

(4) 손의 압박과 밀착감

매뉴얼 테크닉은 손을 피부에 직접 접촉, 밀착해야 한다. 따라서 에스테티션의 접촉에 대한 감각과 오랜 경험이 규칙적이며 정확한 압박을 할 수가 있다.

(5) 동작의 연결성

매뉴얼 테크닉시 양손이 고객의 몸에서 동시에 떨어져서는 안되며, 모든 매뉴얼 테크닉동작을 행할 시 연결해서 동작을 함으로 보다 고객들은 편안한 관리를 받을 수 있다.

2) 매뉴얼 테크닉의 기본 기법

매뉴얼 테크닉의 기본기법은 5가지로 이루어져 있다.

(1) 경찰법(effleurage : 쓰다듬기)

매뉴얼 테크닉의 시작이나 마무리할 때 사용하는 것으로 피부표면을 쓰다듬고 어루만지는 방법이다.

(2) 유연법(petrissage : 반죽하기), 유날법(kneading)

매뉴얼 테크닉 기법 중 가장 강한 동작으로 손가락 전체를 이용하여 피부를 집어 깊게 밀착감있게 압력을 가하면서 반죽하는 동작이다.

(3) 강찰법(friction : 강하게 마찰하기)

손가락 끝 부분을 피부에 대고 원을 그리면서 조금씩 이동하는 동작으로 손가락을 이용하여 피부내층에 적절한 압력을 가하면서 문지르는 동작으로 경찰법보다는 강하며, 유연법보다는 강도가 약하다.

(4) 고타법(tapotement : 두드리기)

손가락 끝, 손의 측면, 손바닥, 주먹, 손 저체를 사용하며 두드리는 동작으로 두드림의 강도에 따라 피부에 강하게 또는 약하게 작용할 수 있다. 손가락 끝으로 두드리기는 안면 매뉴얼 테크닉에 사용되고, 손의 측면 또는 주먹과 손 전체로 두드리기는 전신 매뉴얼 테크닉에 사용된다.

· 손의 측면 또는 손등으로 두드리기(hacking)
· 손을 컵 모양으로 하여 두드리기(cupping)
· 손가락 측면으로 두드리기(slapping)
· 손가락으로 피아노 치듯이 두드리기(tapping)
· 가볍게 주먹을 쥐어 두드리기(beating)

(5) 진동법(Vibration : 떨기)

양팔에 힘을 가해 손 또는 손바닥을 진동시켜 마사지 한다. 근육의 릴렉션 효과를 가져와 긴장완화에 좋다.

매뉴얼 테크닉 마무리 단계에서 한다.

4. 매뉴얼 테크닉을 적용해서는 안 되는 경우

1) 매뉴얼 테크닉 부적용

· 심한 민감성 피부
· 농포성 여드름 피부
· 염증이 있는 경우
· 개방성 상처가 있는 경우
· 정맥류가 있는 경우
· 악성종양, 전염성 피부질환을 가진 피부
· 일광화상을 입은 피부

2) 매뉴얼 테크닉 시 유의사항

· 주변환경은 조용하고 쾌적하게 하여 고객에게 최적의 휴식시간을 제공한다.
· 시술자의 손톱은 항상 짧고 깨끗하게 정돈하고 반지나 팔찌, 시계 등은 착용하지 않는다. 매니큐어 같은 제품 역시 피부 자극의 원인이 되므로 사용을 금한다.
· 시술자의 손은 고객의 피부에 직접 접촉되므로 매뉴얼 테크닉 전 따뜻한 상태를 유지하는 것이 좋다. 항상 손 관리에 신경을 쓴다.
· 매뉴얼 테크닉 동작은 너무 빠르지 않도록 주위하며 손의 밀착력을 높여 리듬감있게 시행한다.
· 매뉴얼 테크닉 시 사용되는 제품은 피부분석을 반드시 한 후 피부상태에 맞는 적절한 제품을 사용하도록 하며, 관리 시 제품이 눈, 코, 입에 들어가지 않도록 유의한다.
· 매뉴얼 테크닉 시 반복횟수와 압을 조절하여 피부에 자극이 되지 않도록 한다. 지나치게 강한 압은 오히려 피부탄력을 저하시키는 원인이 되며, 심할 경우 모세혈관이나 림프관을 손상시킬 수도 있다.
· 임신 중이거나 생리 중에는 매뉴얼 테크닉을 할 때 주의를 요한다.

5. 머리와 얼굴(두부와 안면)의 근육 (Muscle of the head and face)

머리의 근육은 얼굴근육(안면근, facial muscles)과 깨물근육(저작근, muscles of mastication)으로 나눈다.

1) 얼굴근육(안면근, facial muscles)

얼굴근육(facial muscle)은 얼굴과 머리피부에 존재하며 머리뼈에서 기시하여 피부에 부착하므로 피부근육(피근, cutaneous muscle)이라고도 하며 특히 입주위에 발달되어 있다.

수축하면 얼굴의 일정 부위의 피부가 당겨져서 감정을 표현하므로 표정근육(표정근, muscles of expression)이라고도 한다. 모두 얼굴신경의 지배를 받는다.

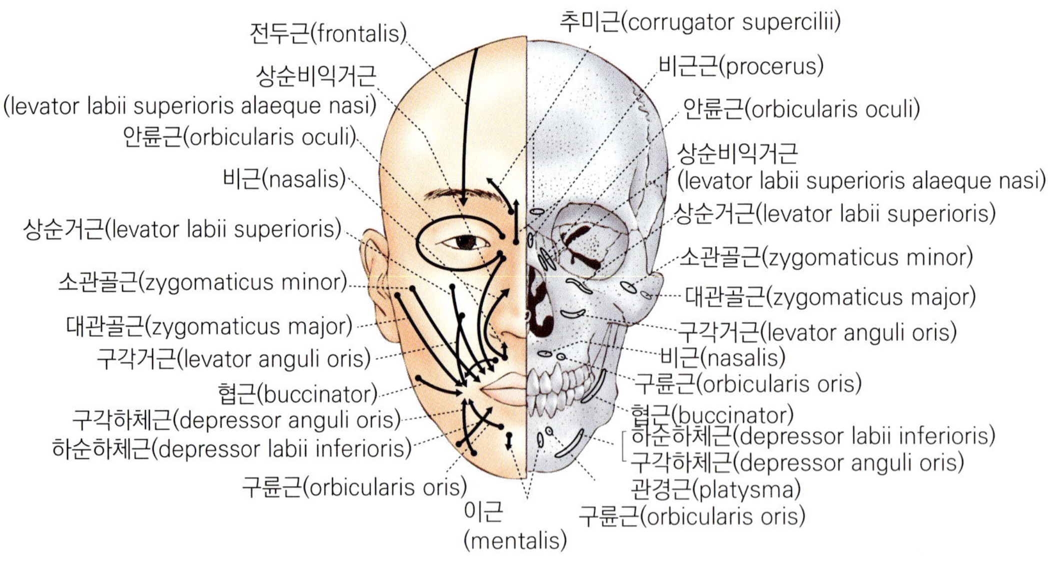

그림 6-2. 얼굴근육의 기시와 주행

2) 머리덮개근(두개표근, muscles of scalp)

(1) 뒤통수이마근(후두전두근, occipitofrontalis)

이마힘살과 뒤통수힘살이 머리덮개널힘줄(모상건막, galea aponeurotica)에 의해 연결되어 머리피부를 움직이는 근육이다. 이마뼈에서 기시하는 이마힘살(전두근, frontalis(frontal belly))은 머리덮개널힘줄(모상건막)에서 미부까지 연결되어 있으며 이마에 주름을 만든다. 뒤통수뼈(후두골)에서 기시하는 뒤통수힘살(후두근, occipitalis(occipital belly))은 맨위목덜미선에서 머리덮개널힘줄에 붙어 있으며 머리덮개널힘줄을 뒤쪽으로 당겨 이마에 주름을 없앤다.

(2) 관자마루근(측두두정근, temporoparietalis muscle)

위귀바퀴근에서 기시하여 머리덮개널힘줄에 정지하며 머리덮개널힘줄을 옆으로 당긴다.

3) 눈의 근육(안부의 근, muscle of eye)

(1) 눈둘레근(안륜근, oribicularis oculi)

눈꺼풀(안검)을 닫는 유일한 근육이며 눈꺼풀을 둥글게 싸는 근육으로 안쪽 눈확모서리와 안쪽 눈꺼풀에서 기시하며, 눈확의 피부에 정지하고 눈꺼풀을 가볍게 감는데 관여하는 눈꺼풀부분(안검부, palpebral part), 눈꺼풀을 꽉 감게하는 눈확부분(안와부, orbital part), 눈물주머니 주위에 있는 눈물주머니부분(누낭부, lacrimal part)로 구성되어 있다. 마비시 눈꺼풀을 닫을 수 없어 먼지에 의해 염증이 일어나 토끼 눈처럼 빨갛게 되므로 토끼눈(red eye)이라 한다.

(2) 눈썹주름근(추미근, corrugator supercilii muscle)

이마뼈코부위에서 기시하며 눈썹의 안쪽 1/2 피부에 정지하고, 눈썹을 속아래쪽으로 당기고 좌우 미간에 주름을 만든다.

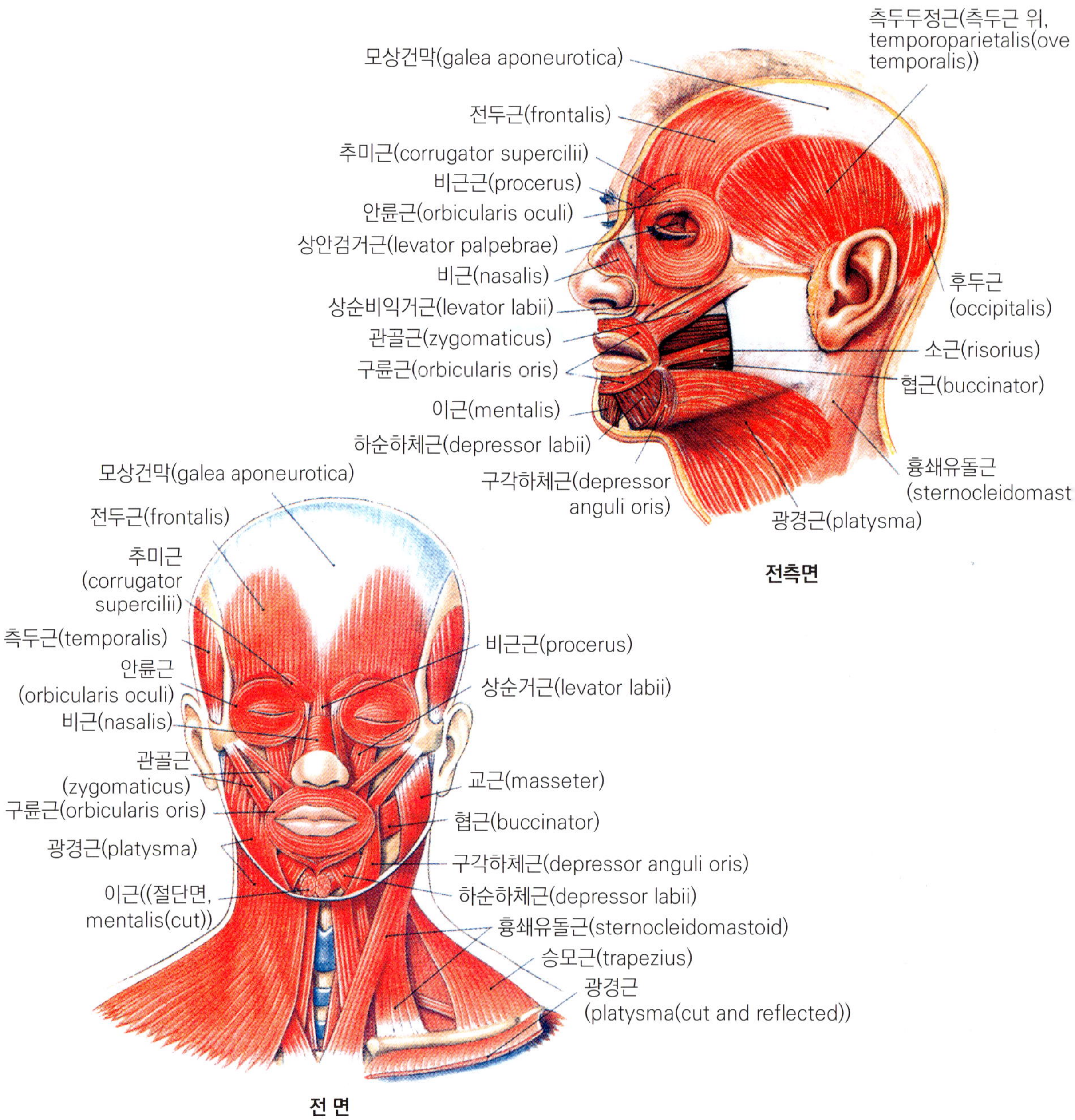
모상건막(galea aponeurotica)
전두근(frontalis)
추미근(corrugator supercilii)
비근근(procerus)
안륜근(orbicularis oculi)
상안검거근(levator palpebrae)
비근(nasalis)
상순비익거근(levator labii)
관골근(zygomaticus)
구륜근(orbicularis oris)
이근(mentalis)
하순하체근(depressor labii)
구각하체근(depressor anguli oris)
측두두정근(측두근 위, temporoparietalis(ove temporalis))
후두근 (occipitalis)
소근(risorius)
협근(buccinator)
흉쇄유돌근 (sternocleidomast
광경근(platysma)
전측면
모상건막(galea aponeurotica)
전두근(frontalis)
추미근 (corrugator supercilii)
측두근(temporalis)
안륜근 (orbicularis oculi)
비근(nasalis)
관골근 (zygomaticus)
구륜근(orbicularis oris)
광경근(platysma)
이근((절단면, mentalis(cut))
비근근(procerus)
상순거근(levator labii)
교근(masseter)
협근(buccinator)
구각하체근(depressor anguli oris)
하순하체근(depressor labii)
흉쇄유돌근(sternocleidomastoid)
승모근(trapezius)
광경근 (platysma(cut and reflected))
전 면

그림 6-3. 안면근

표 6-1. 안면근(muscles of face)

근 명	기 시	정 지	지배신경	작 용
전두근(복)frontalis 후두근(복)occipitalis	미간 또는 피부 최상항선	모상건막 모상건막	안면신경 안면신경	이마에 주름만듬 이마주름 없앤다
측두두정근 temporparietalis	상이개근	모상건막	안면신경	모상건막을 옆으로 당김
안륜근 orbicularis oculi	내측안와연 내측안검인대	외측안와연의 피부·안검부	안면신경	눈을 감는 운동, 눈물 흐르게
추미근 corrugator supercilii	전두골비부	눈썹의 내측 1/2 피부	안면신경	눈썹을 내하방으로 당기고 좌우미간에 주름 만듬
대관골근 zygomaticus major	관골궁	구각	안면신경	구각을 위로 당겨 미소지음
소관골근 zygomaticus minor	관골의 전면	상순외측부	안면신경	상순을 위로당겨 부정적 미소 (비웃는 미소)
구각하체근 depressor aunuil oris	하악골하연	구각	안면신경	구각을 밑으로 당겨 슬픈표정
소근 risorius	교근근막	구각	안면신경	구각을 외방으로 당겨 볼에 보조개 형성
상순비익거근 levator labii superior alaegulnagim	상악골의 전두돌기	상순·비익	안면신경	상순을 위로 당겨 코구 멍을 넓히고 코에 주름 만듬
구륜근 orbicularis oris	구각근 (입술피부)	입주위피부	안면신경	입을 닫고 휘파람 촛불을 끌때의 작용
협근 buccinator	상·하악골의 치조골기 후부	구각	안면신경	볼을 치아에 밀착시켜 혀와 함께 음식을 씹는 일을 도움

4) 코의 근육(비부의 근, muscles of nose)

비부 주위에는 눈살근(비근근, procerus muscle), 코근(비근, nasalis muscle), 코중격내림근(비중격하체근, depressor septum)이 있으며 그 중 코근은 코등으로 가는 가로부분(횡부, transverse part)과 콧방울로 가는 방울부분(익부, alar part)이 있으며 콧구멍을 넓이는데는 코근의 방울부분과 코중격내림근육이, 좁이는데는 코근의 가로부분이 관여한다.

5) 입의 근육(구부의 근, muscles of mouth)

입 주위에 근육들로 입을 열고 닫는데 관여한다.

(1) 입을 여는데 관여하는 근육

① 큰광대근(대관골근, zygomaticus major) : 광대활에서 기시하여 위입술부터 입꼬리부위에 걸친 피부에 정지하며 입꼬리 위로 당겨 미소 짓는 모습을 한다.

② 작은광대근(소관골근, zygomaticus minor) : 광대뼈의 앞면에서 기시하여 위입술 가쪽부위에 정지하며 위입술을 바깥위쪽으로 끌어당겨 비웃는 미소를 짓게 한다.

③ 입꼬리내림근(구각하체근, depressor anguli oris) : 아래턱뼈 아래모서리에서 기시하여 입꼬리부위에 정지하며 입꼬리를 밑으로 당겨 슬픈 표정을 짓게 한다.

④ 입꼬리당김근(소근, risorius) : 천재성으로 깨물근근막의 표층에서 기시하여 입꼬리 피부에 정지하는 근육으로 입꼬리를 가쪽으로 당겨서 보조개를 만든다.

⑤ 위입술콧방울올림근(상순비익거근, levator labii superior alaeque nasi) : 위턱이마돌기에서 기시하여 위입술, 콧방울에 정지하며 위입술을 위로 당겨 코구멍을 넓히고 코등에 주름을 만든다.

(2) 입을 다무는데 관여하는 근육

① 입둘레근(구륜근, orbicularis oris) : 입 주위를 싸고 있는 근육으로 입꼬리근에서 기시하여 입주위 피부에 정지하며 안쪽의 근육은 입을 가볍게 닫고 가쪽의 근육은 강하게 닫는다. 휘파람 또는 촛불을 끌 때 입술을 앞으로 내민다.

② 볼근(협근, duccinator) : 위·아래턱뼈의 이틀돌기뒤부위에서 기시하여 입꼬리에 정지하며 입꼬리를 가쪽으로 당겨 트럼펫(trumpet)을 불 때 공기를 내보내는 작용과 입안속 음식물을 치아쪽으로 보내는 작용을 한다.

6) 씹기근육(저작근, muscles of mastication)

(1) 씹기근육(muscles of mastication)

턱관절을 움직여 입을 열고 닫는 일을 하는 근육으로서 광대활(광골궁)과 관자뼈(측두골) 및 나비뼈(접형골)에서 기시하여 아래턱뼈에 정지하는 4쌍의 근육이며 지배신경은 모두 삼차신경의 셋째가지 아래턱신경(하악신경, mandibular nerve)이다.

(2) 깨물근(교근, masseter)

광대활에서 기시하여 턱뼈각의 가쪽면에 정지하며 인체에서 가장 강한 근육에 속한다.

곡예사가 밧줄을 끄는 것은 깨물근의 힘이다. 오랜 투병간에 뺨이 야위는 것은 깨물근 앞에 있는 지방조직의 감소 때문이다.

(3) 관자근(측두근, temporalis)

관자뼈 관자오목에서 기시하여 아래턱뼈의 근육돌기에 정지하는데 깨물근과 함께 수축하면 아래턱을 강력하게 닫히게 된다.

(4) 안쪽날개근(내측익돌근, pterygoideus medialis)

깨물근과 나란히 달리는 4각형의 두꺼운 근육으로 나비뼈의 날개돌기 안쪽면에서 기시하여 턱뼈각의 안쪽에 정지하며 깨물근, 관자근과 더불어 위·아래턱뼈를 합치는 역할을 한다.

(5) 가쪽날개근(외측익돌근, pterygoideus lateralis)

나비뼈의 날개돌기 가쪽면에서 기시하여 아래턱뼈의 턱뼈목에 정지하며 양쪽근육이 동시에 작용하면 아래턱뼈를 앞아래쪽으로 당기고 각각 한쪽이 작용하면 아래턱뼈를 옆으로 왔다 갔다 움직이게 한다.

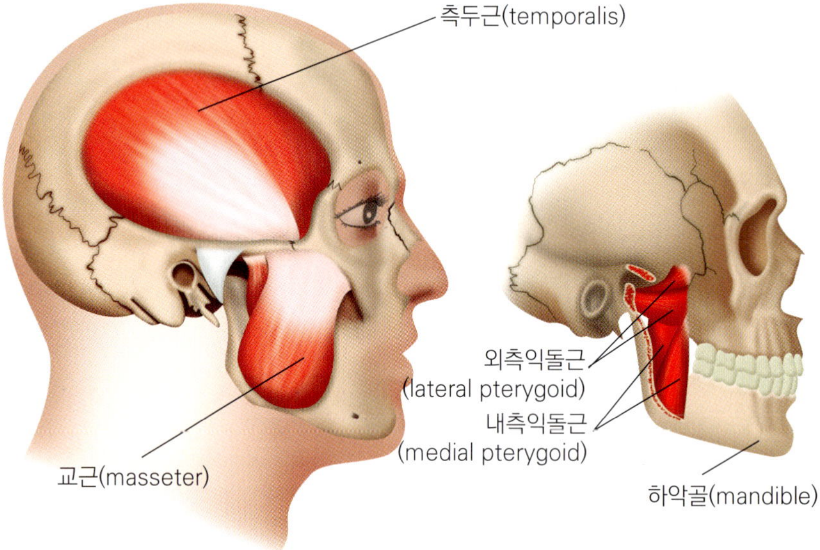

그림 6-4. 저작근

표 6-2. 저작근(muscles of mastication)

근 명	기 시	정 지	지배신경	작 용
교근 masseter	관골궁	하악골의 외측면	하악신경	하악골을 위로 당긴다
측두근 temporalis	측두와	하악골의 근돌기	하악신경	하악골을 위로 당긴다
내측익돌근 preygoideus medialis	접형골 익돌와	하악각의 내측면	하악신경	하악골을 위로 당긴다
외측익돌근 pterygoideus lateralis	익상돌기 외측면 대익하면	하악경 전방	하악신경	전하방으로 당긴다.

7) 목의 근육(경부의 근, Muscles of neck)

목의근육은 얕은목근육(천경부근), 앞목근육(전경부근), 가쪽목근육(외측경부근), 뒤목근육(후경부근)으로 구분한다.

(1) 얕은 목근육(천경부근, superficial cervical muscle)

① 넓은 목근(광경근, platysma)

앞목부위로부터 가쪽목부위에 걸쳐서 피부밑으로 얇게 넓게 퍼져있는 넓은목근은 둘째갈비연골과 봉우리를 잇는 선상에서 기시하여 아래턱뼈에 정지하는데 지배신경은 얼굴신경이며 목에 주름을 잡고 입꼬리를 아래쪽으로 당겨 슬픈 표정을 짓게 하며 앞목부위의 피부를 긴장시키는데 유용하다.

② 목빗근(흉쇄유돌근, sternocleidomastoideus)

목빗근은 가쪽목부위근에 속하며 목빗근의 복장갈래(흉골두, sternal head)는 복장뼈자루의 앞면 위쪽에서 기시하여 꼭지돌기의 가쪽면에 정지하고 빗장갈래(쇄골두, clavicular head)는 빗장뼈 안쪽 1/3의 위모서리와 앞면에서 기시하여 뒤통수뼈의 목덜미선에 정지하는 강대한 근육이다.

머리를 옆으로 돌리는데 중요한 근육이며 양쪽이 동시에 작용하면 머리가 앞아래쪽으로 수그러지고 한쪽만이 작용하면 얼굴은 반대쪽 위쪽을 향한다. 목빗근의 지배신경은 더부신경(부신경)과 목신경(경신경)이다.

(2) 앞목근육(전경부근, anterior cervical muscle)

이곳에 있는 근육무리는 목뿔뼈와 관계를 갖고 입을 열거나 연화작용에 관여하고 있다. 목뿔뼈를 중심으로 입안바닥으로 향하는 4쌍의 근육을 목뿔위근육(설골상근군), 복장뼈부위로 향하는 4쌍의 근육을 목뿔아래근육(설골하근군)이라고 한다.

① 목뿔위근육(설골상근군, suprahyoid muscles)

목뿔뼈 윗쪽에 있으면서 목뿔뼈와 혀를 움직여 입을 열거나 음식물을 삼킬 때 또는 소리를 낼 때 아래턱을 아래로 당기거나 목뿔뼈 및 혀를 위로 끌어올리는 작용을 한다.

목뿔위근육무리에 속하는 근육은 4쌍으로 두힘살근(악이복근, digastricus), 턱목뿔근(악설골근, mylohyoideus), 붓목뿔근(경돌설골근, stylohyoideus) 및 턱끝목뿔근(이설골근, geniohyoideus)이다.

② 목뿔아래근육(설골하근군, infrahyoid muscles)

목뿔아래부위에 위치하며 목뿔뼈와 방패연골, 복장뼈 및 어깨뼈사이에 걸쳐 있는 4쌍의 작은 근육이며 이들은 음식물을 삼킬 때 또는 소리를 낼 때에 목뿔뼈 및 후두를 끌어내리고 목뿔위근육을 도우며 목과 머리를 구부리게 한다.

목뿔아래근육무리에 속하는 근육은 복장목뿔근(흉골설골근, sternohyoideus), 어깨목뿔근(견갑설골근, omohyoideus), 복장방패근(흉골갑상근, sternothyroideus) 및 방패목뿔근(갑상설골근, thyrohyoideus)이며 모두 혀밑신경의 지배를 받는다.

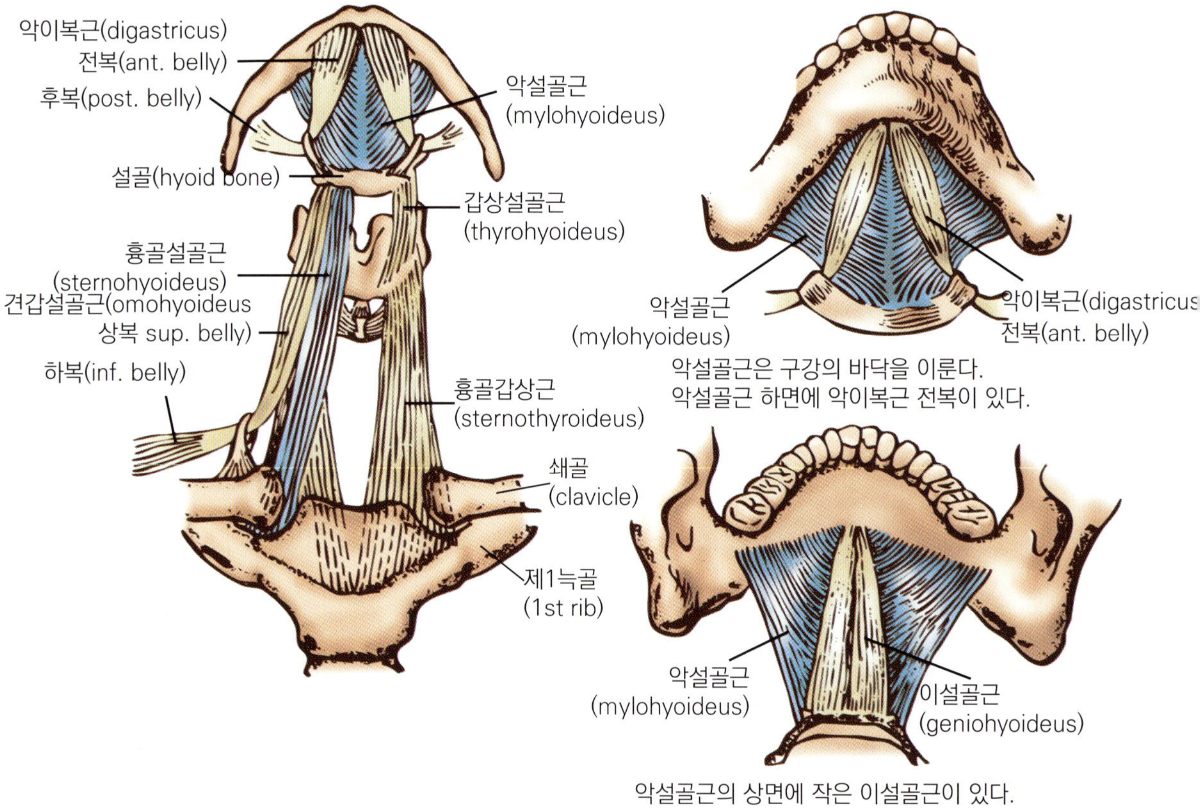

그림 6-5. 설골상근 및 설골하근

표 6-3.

근 명	기 시	정 지	지배신경	작 용
척경근과 외측경근 광경근 platysma	제2늑연골과 견봉선상	하악골	안면신경	목에 주름, 안면의 표정변화 전경부의 피부긴장
흉쇄유돌근 sternocleido mastoid - 흉골두 - 쇄골두	흉골병의 전면상부 쇄골의 내측 1/3, 전면	유양돌기 외측면 후두골의 상항선	부신경 경신경	양측이 작용하면 얼굴을 위로 한쪽이 작용 하면 얼굴을 반대로
설골상근 suprahyoid muscles **악이복근** digastricus - 전복 - 후복	하악체의 내면 유양돌기의 내측	중간건	하악신경 안면신경	설골과 혀를 위로 당기고 하악골을 밑으로 당긴다
악설골근 mylohyoideus	하악골 악설근선	설골	하악신경	설골과 혀를 끌어올린다
경돌설골근 stylohyoideus	경상돌기	설골	안면신경	설골을 후방으로 당긴다 동시에 혀를 밀어올린다
이설골근 geniohyoideus	하악골이극	설골	설하신경	설골을 위로 당기고 혀를 앞으로 당긴다
설골하근 infrahyoid musclse 흉골설골근 sternohyoideus	흉골병과 쇄골내측단	설골하연	설하신경	설골 및 혀를 밑으로 내린다
견갑설골근 omohyoideus	견갑골 상연	설골하연	설하신경	결골과 후두를 밑으로 당긴다
흉골갑상근 sternothyroideus	흉골병 후면	갑상연골	설하신경	갑상연골과 후두를 밑으로 당긴다
갑상설골근 thyrohyoideus	갑상연골	설골대각	설하신경	설골을 아래로 당기고 갑상연골을 위로 당긴다

6. 안면 지압점

1) 안면 지압점

(1) 머 리

① 백회 : 머리정중선과 양귀를 연결했을 때 교차점. 전발제에서 뒤로 5촌, 후발제에서 앞으로 7촌
- 피부미용적효과 : 모발윤택, 탈모방지

② 전정 : 백회 전방 1.5촌

③ 상성 : 오장의 정기가 위로 머리에 모여 코, 눈, 머리의 이상증상에 사용되는 중요한 혈, 전발제 후방 1촌

④ 신정 : 전발제 후방 0.5촌

⑤ 후정 : 백회후방 1.5촌

(2) 눈

① 찬죽 : 눈썹머리 시작점, 눈썹머리 낸측에 약간 들어가 있는 곳
- 피부미용효과 : 눈가 주름완화

② 사죽공 : 눈썹 바깥끝의 함요부
- 피부미용적효과 : 안면근육의 경직 완화, 잔주름 예방

③ 정명 : 눈머리 지압점, 맑고 아름다운 눈유지에 효과적
- 피부미용적효과 : 눈가주름완화, 눈을 맑게 함

④ 동자료 : 눈꼬리 지압점, 외측 눈꼬리의 들어간 곳

⑤ 관자놀이 : 편두통, 어지럼증, 피로회복

(3) 귀

① 이문 : 이주 부위 앞의 함요처
- 피부미용적효과 : 안면근육의 경직이완, 턱선의 비대경감

② 청궁 : 귀의 이주부위 바로 앞 함요처
- 피부미용효과 : 안면주름, 광대뼈 돌출방지

③ 청회 : 모든 귀와 관련된 증상에 좋으며 입을 벌리고 누르면 움푹 들어가는 부위에 있다. 귀밑 지압점
- 피부미용적효과 : 안면근육경직이완

(4) 코, 볼, 턱

① 영향 : 콧망울 지압점, 코 양옆 0.5촌
② 인중(수구) : 콧날아래의 도랑으로 상 1/3
③ 승읍 : 동공 바로 아래 눈구멍 위쪽에 위치
· 피부미용적효과 : 눈가주름완화, 눈가 늘어짐 방지
④ 사백 : 동공의 바로아래 1촌
· 피부미용적효과 : 안면근육의 경직이완, 눈가주름완화
⑤ 거료 : 얼굴 중앙의 튀어나온 뼈 밑의 함요부, 눈을 똑바로 뜬 상태에서는 눈동자 아래로 이은선과 영향의 가로선이 만나는 곳
· 피부미용적효과 : 볼처짐방지
⑥ 지창 : 입술 양쪽끝 지압점, 구각외측 0.4촌
· 피부미용적효과 : 입꼬리처짐 방지
⑦ 승장 : 턱 중앙지압점, 정중선상에서 아래 입술 바로 아래
· 피부미용적효과 : 안면의 경직이완

2) 후두부 지압점

① 아문 : 후발제 함요처인데 경추의 정중앙 머리가 나기 시작되는 곳으로 설근과도 연결되어 있어서 이 곳에 침을 놓으면 발음을 순조롭게 하고, 말더듬을 해소하는 문이 되므로 아문이라 한다. 제 1, 2경추 극돌기 사이에 위치
② 천주 : 아문에서 양방 1.3촌
· 피부미용적효과 : 어깨 근육의 경직이완
③ 풍지 : 승모근과 흉쇄유돌근 상단 사이의 함요처, 독맥과 풍부와 같은 선상에 있다.
④ 완골 : 귀 뒤쪽에 볼록 튀어나온 뼈뒤의 오목한 곳, 유양돌기 후면의 함요처
· 피부미용적효과 : 턱선의 늘어짐방지, 어깨의 경직이완
⑤ 예풍 : 유양돌기와 하악골 사이의 함요처
· 피부미용적효과 : 얼굴근육의 경직이완

7. 메뉴얼 테크닉 시술

1) 안면 매뉴얼 테크닉 시술사례 I

(1) 눈 매뉴얼 테크닉

1

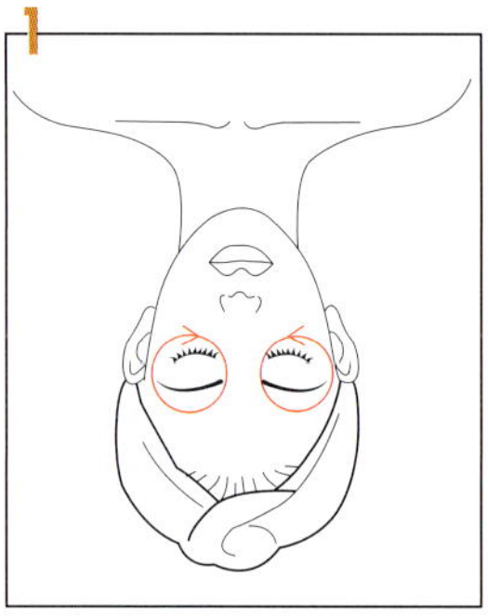

① 원그리기

양 엄지손가락을 눈썹 끝에서 시작하여 동시에 눈밑으로 돌아 눈 주위를 원을 그린다.

2

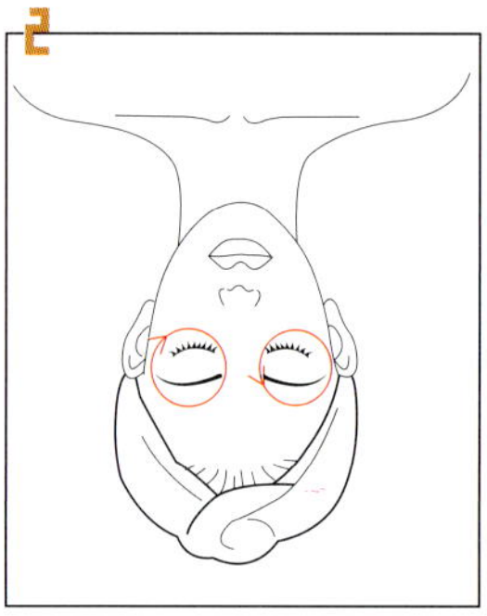

② 어긋나게 원그리기

양 엄지손가락을 눈썹 끝에서 시작하여 어긋나게 눈밑으로 돌아 눈주위를 원그린다.

3

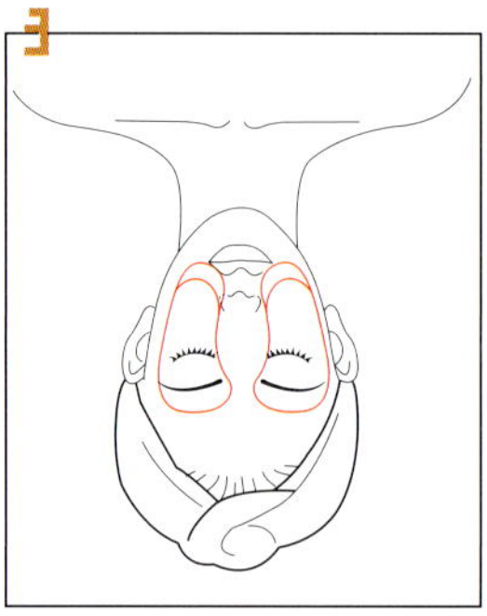

③ 작은원, 중간원, 큰원 그리기

눈 주위 작은원, 영향까지 중간원, 지왕까지 근원을 그려주고 눈썹 1, 2, 3 잡아주기

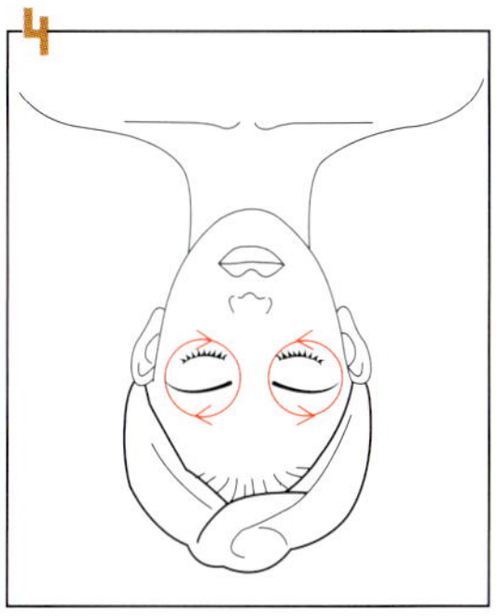

④ **8자 그리기**

왼손은 왼쪽 관자놀이에 고정하고 오른손 엄지손가락으로 오른쪽 눈밑, 왼쪽 눈썹 돌아 눈밑으로 오른쪽 눈썹으로 올라와 오른쪽 눈밑으로 내려온다.

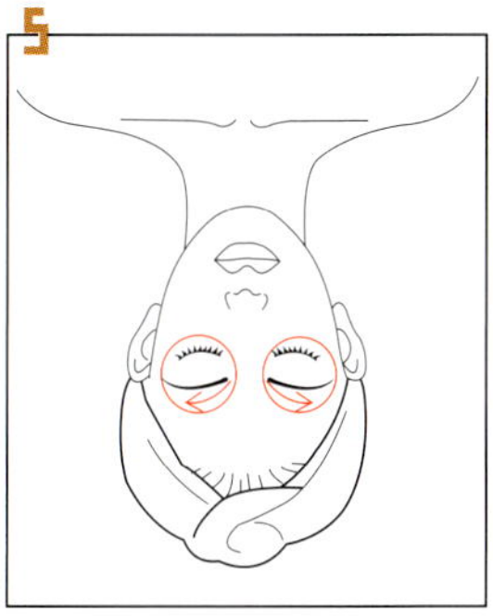

⑤ **눈썹 쓸어주기**

왼손 엄지손가락으로 왼쪽 눈 주위를 원을 그리면 오른쪽 중지, 약지로 눈썹머리에서 꼬리를 향해 눈썹을 쓸어준다. 반대로 오른쪽 눈썹도 손을 바꾸어 같은 방법으로 쓸어준다.

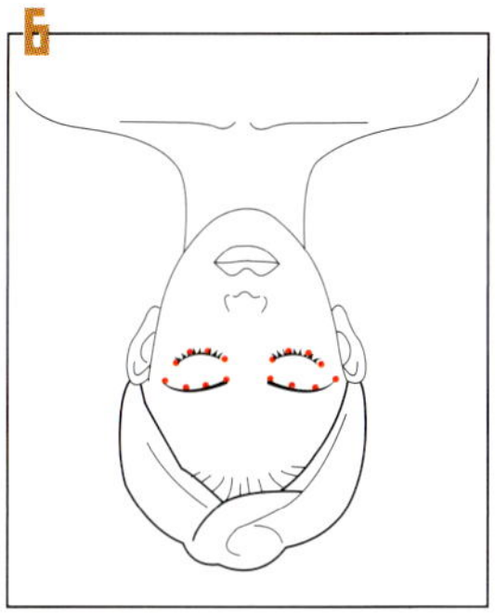

⑥ **눈썹집기**

중지, 약지로 눈밑 4점 압준 후, 찬죽에 압을 준 후 눈썹 주위를 잡아서 압을 준다.

(2) 이마 매뉴얼 테크닉

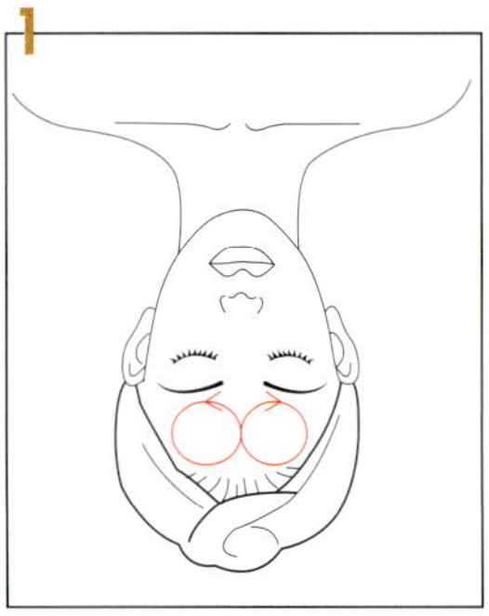

① 8자 그리기

깍지 끼고 네 손가락 마디를 이용하여 이마 전체에 8자를 그려준다.

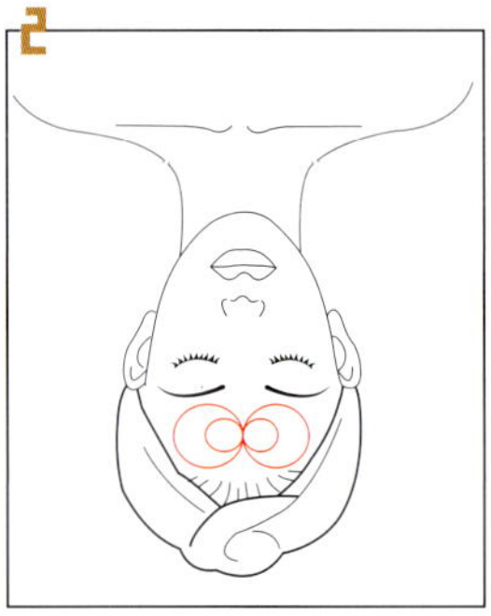

② 작은원 큰원 그리기

작은원, 큰원 모양으로 8자를 그려준다.

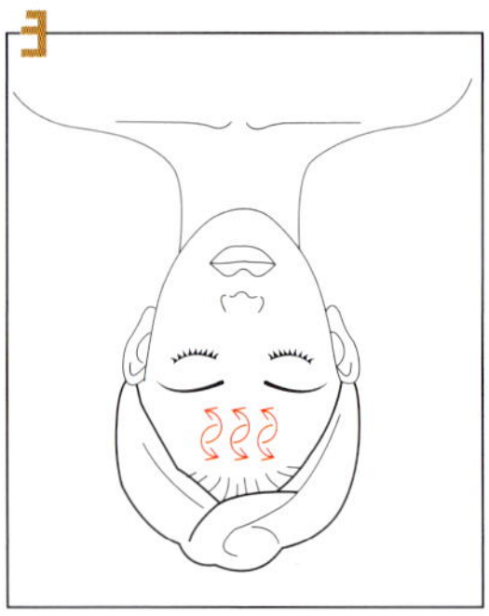

③ 지그재그 동작

이마 좌에서 우로 중지와 약지를 이용하여 지그재그 동작을 실시한 후 관자 놀이 부분을 쓰다듬어 준다.

역시 우에서 좌도 같은 방법으로 지그재그 동작을 실시한다.

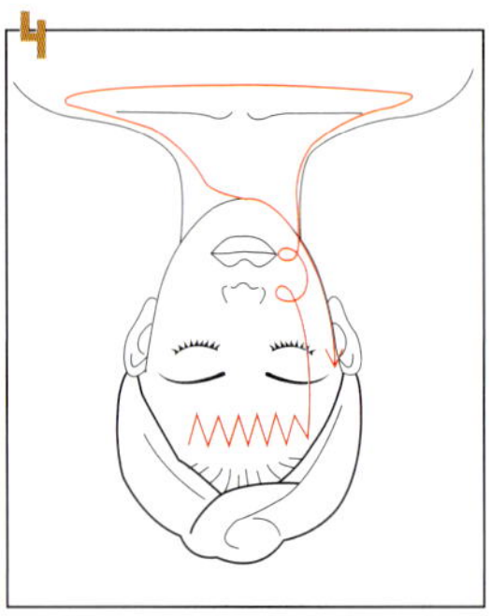

④ 위아래 동작

중지, 약지를 이용하여 세로 방향으로 위, 아래 동작을 좌에서 우로 이동한 후 오른쪽 관자놀이 에 도착하면 왼손으로 이마를 짚고 오른쪽 중지, 약지로 코 옆, 입 옆을 나선형으로 원을 그리고, 볼타고 목타고 내려가 어깨 감싸고 앞가슴을 횡단하여 왼쪽 어깨를 감싸고 턱밑에서 오른쪽 볼로 올라와 관자놀이에서 만난다. 역시 우에서 좌도 같은 방법으로 아래 동작을 실시한다.

5

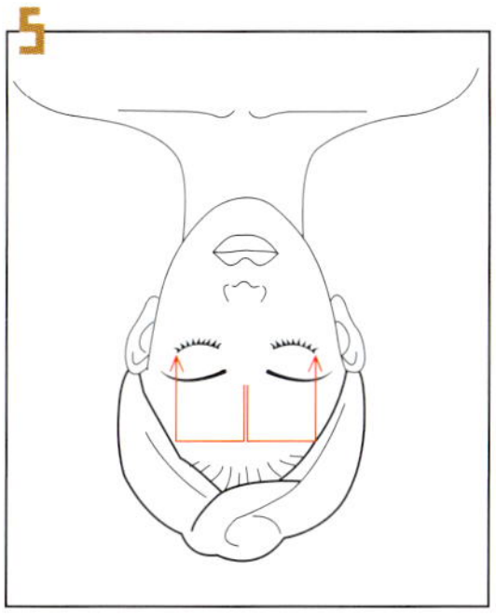

⑤ **이마 다림질**

왼손을 관자놀이에 고정시키고, 오른손 엄지를 감추고 주먹을 쥐고 이마 중앙을 위로 들어올리고 90도로 꺾어 다림질 하듯 관자놀이에 가서 압을 준다. 양손 교대로 실시한다.

6

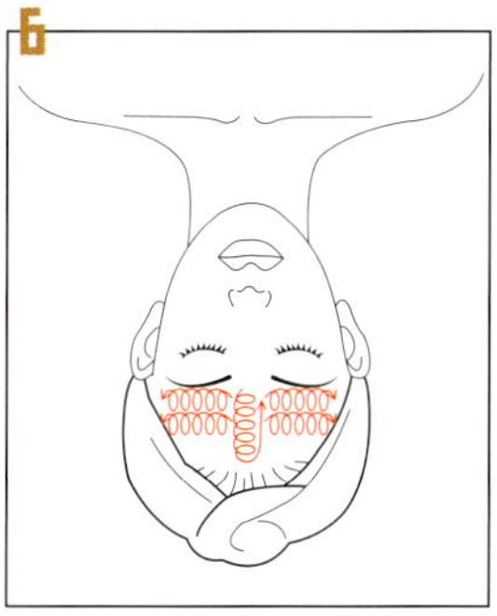

⑥ **마찰하기**

왼손 검지, 중지로 미간을 고정시키고 오른손 중지로 압을 주어 내회선 방향으로 원을 돌리면서 들어갔다가 나올 때는 슬라이딩하듯 일자로 나온다(이마 중앙, 왼쪽 2부위, 오른쪽 2부위).

7

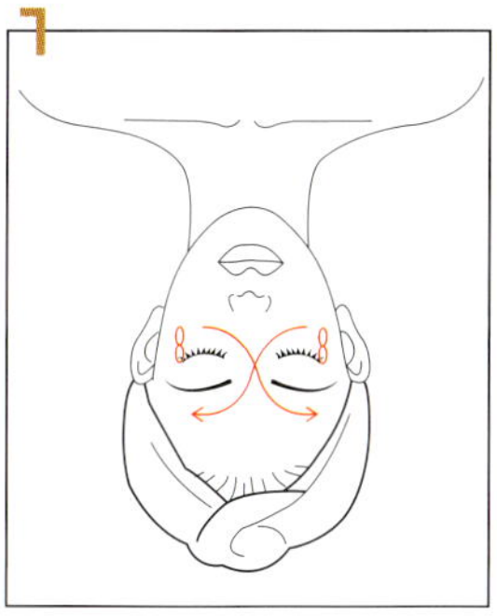

⑦ **관자놀이 주변 8자 그리기**

왼손 엄지와 중지를 왼쪽 눈썹 위에 협골 밑에 고정시키고 오른손 중지로 관자놀이 주변 8자를 그리고 눈밑 돌아 청명압주고, 오른쪽 관자놀이 압주고, 오른손 고정 후 같은 방법으로 반복한다.

8

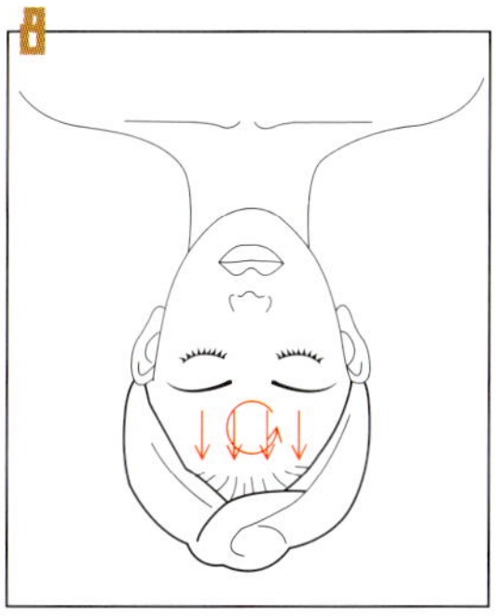

⑧ **원 그리고 쓰다듬기**

왼손으로 원그리고 그 부위를 왼손으로 쓰다듬는다.

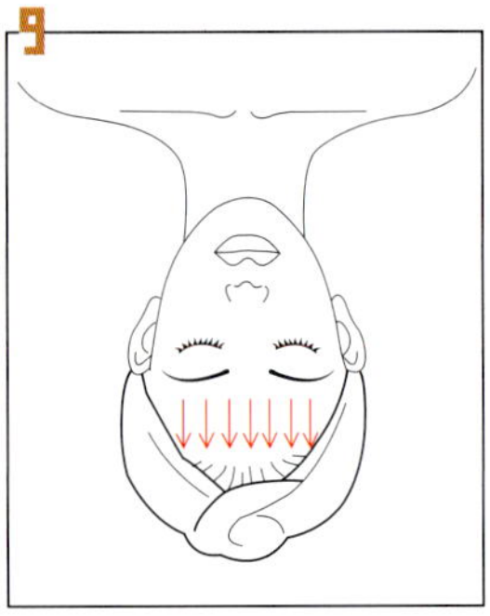

⑨ 쓸어주기

왼쪽부터 손바닥 전체를 이용하여 오른쪽으로 쓸어올려 준다.

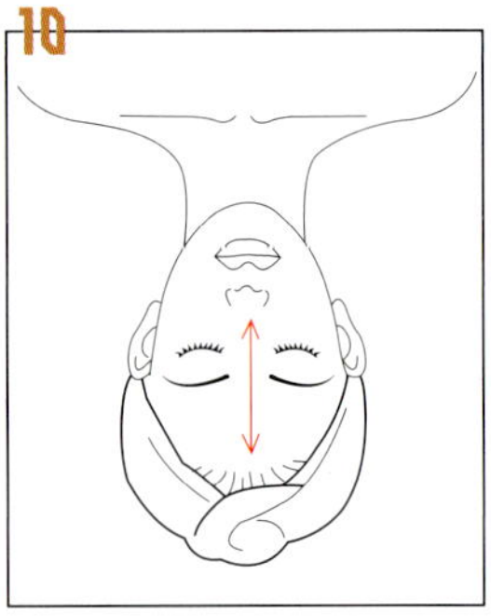

⑩ 이마-콧대 쓸어주기

양손 중지를 한마디 정도 겹쳐서 이마에서 코끝까지 힘주지 말고 부드럽게 내려갔다가 다시 콧등을 거쳐 미간에서부터 이마까지 압을 주어 끌어올린다.

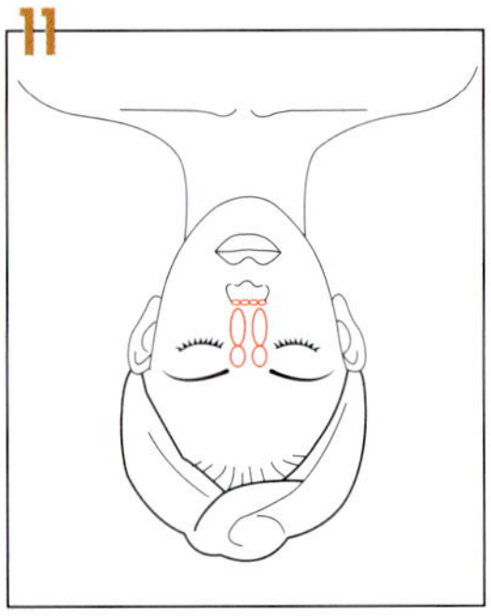

⑪ 코 옆, 콧방울 8자 그리기

중지를 이용하여 콧방울, 코 전체를 압을 주어 8자를 그리면서 쓸어준다.

(3) 볼·턱 매뉴얼 테크닉

1

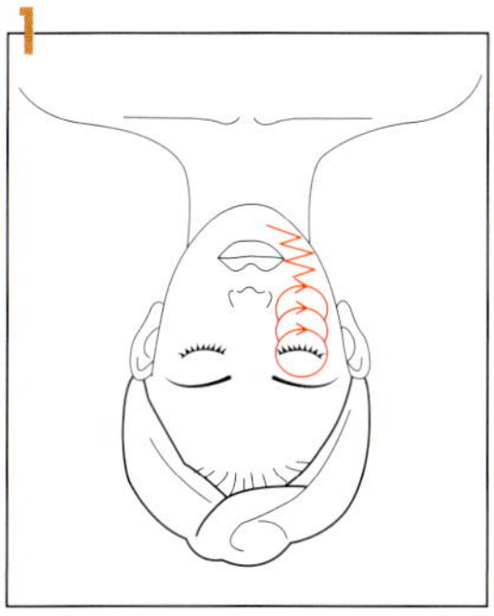

① 빗방울 동작

네 손가락을 이용하여 빗방울 또는 피아노 치는 듯한 동작으로 패팅(두들겨주는)시켜준다.

2

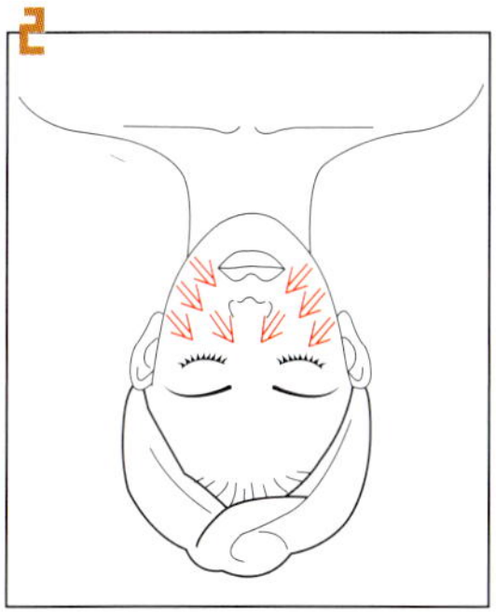

② 집어주기

엄지와 중지, 약지를 이용하여 뺨을 탄력있게 퉁겨준다.

3

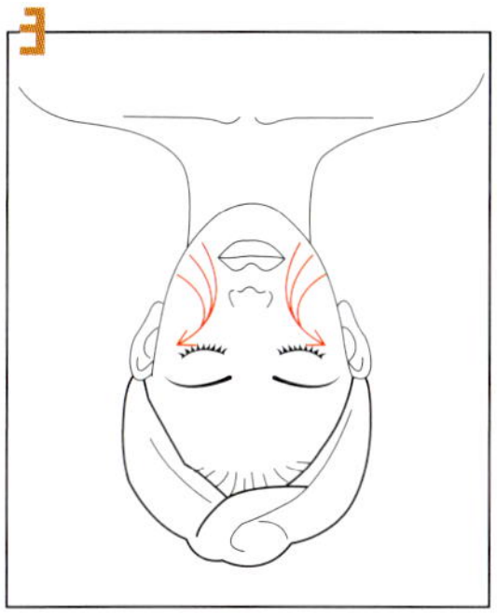

③ 볼, 턱 퉁겨주기

손가락을 이용하여 볼을 탄력있게 부채살 모양으로 퉁겨준다.

4

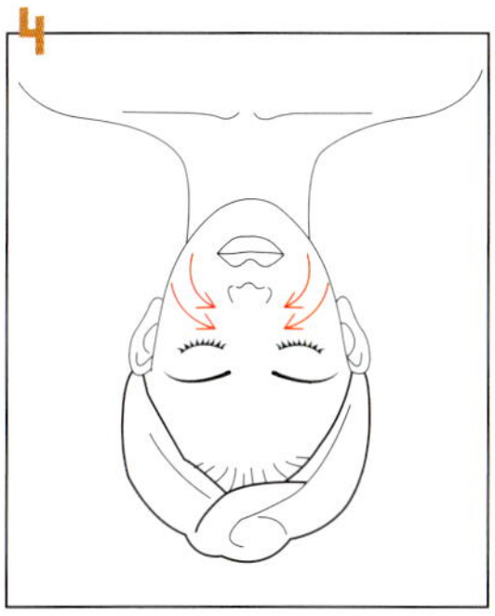

④ 쓸어주기

왼쪽, 오른쪽 쓸어주기(왼쪽부터)볼 왼쪽부터 양손 이용하여 쓸어올려준다.

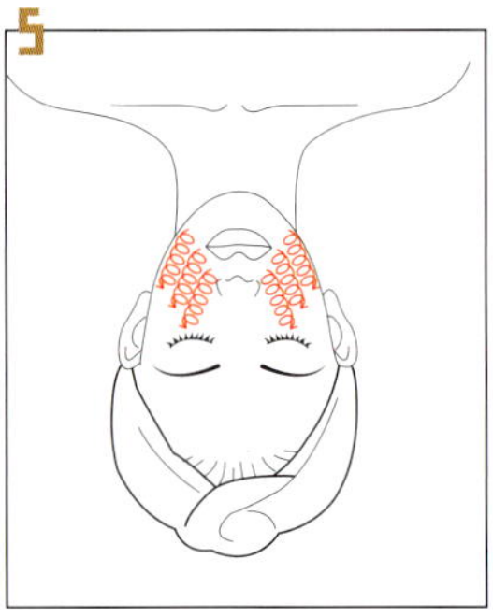

⑤ 3단계 둥글려주기

손가락 등쪽을 이용해서 외회전 방향으로 압주며 둥글려준다.(턱끝-하악각 끝, 지창-귀문 앞, 영향-관자놀이)

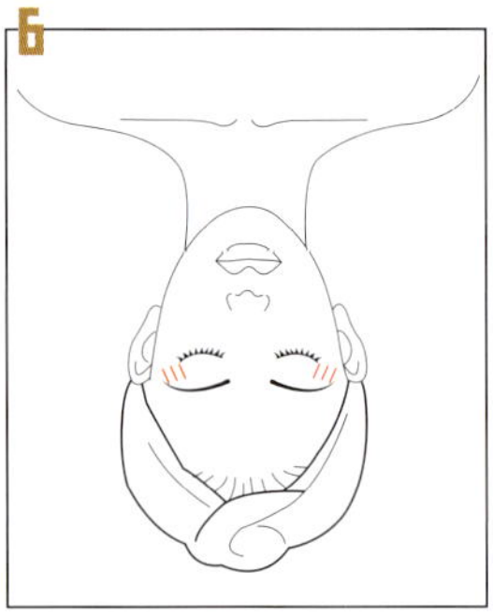

⑥ 관자놀이 압주기

관자놀이에 검지, 중지, 약지를 이용해 45도 각도로 앞쪽에서(눈쪽) 뒤쪽으로(3등분) 조금씩 이동하면서 압을 준다.

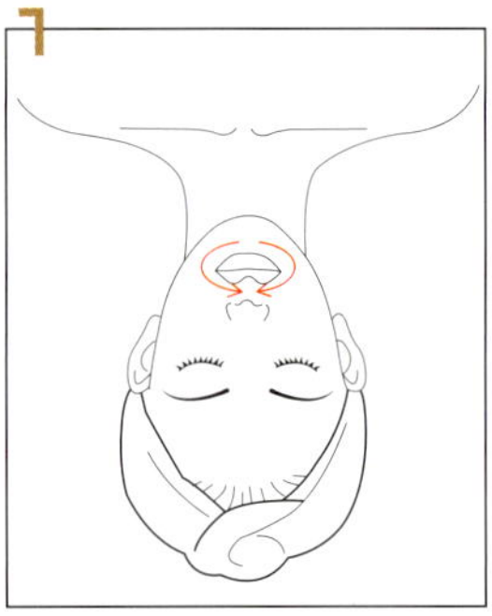

⑦ 구륜근 둥글리기

네 손가락을 턱 밑에 고정시키고, 엄지를 이용하여 승장에서 지창검으로 올라와 인중에서 마주쳐서 엄지가 마주치면 다시 승장으로 내려와 같은 동작 3회 반복한다.

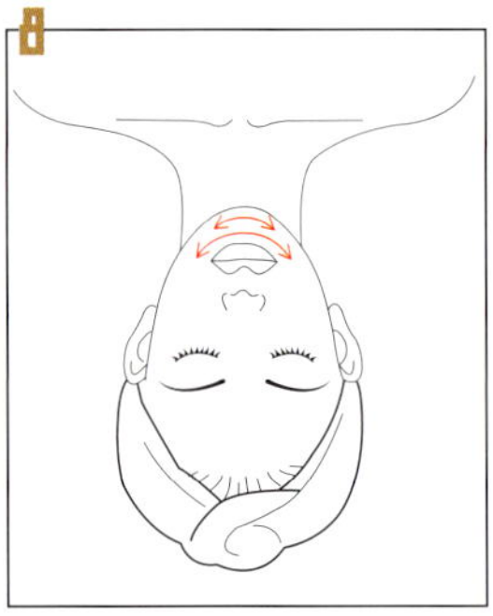

⑧ 턱고랑 동작

턱 밑에 받치고 있던 손가락중 중지를 지창까지 끌어올려 손을 횡으로 교차시켜 안착이 되게 하여 압을 주며 하악각까지 나갔다가 들어올 때는 힘을 주지 말고 부드럽게 들어와 다시 교차시켜 같은 방법으로 3회 반복한다.

9

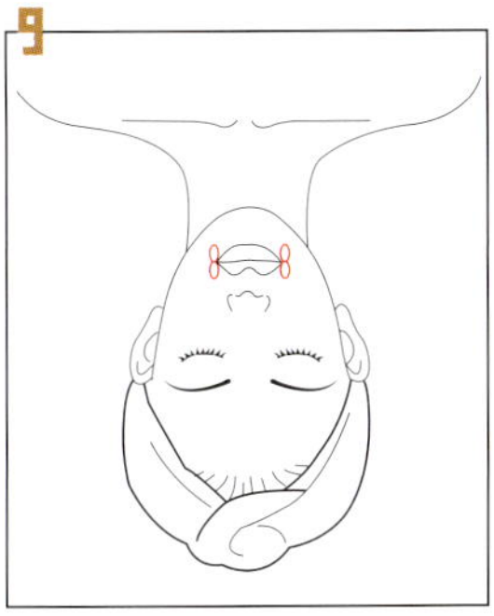

⑨ 입주위 8자 그리기

중지로 지창 부위를 8자를 그리면서 입 주위 주름을 펴주듯 시술한다.

10

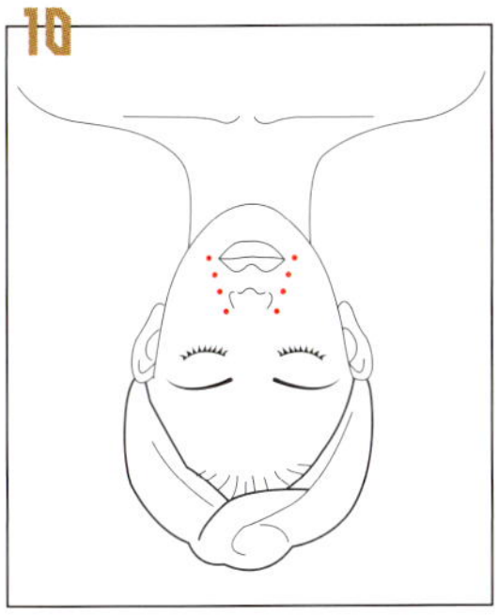

⑩ 비순구 주름 마찰하기

지창에서 영향까지 네 지점으로 나누어 중지를 이용하여 내회전 방향으로 돌리면서 압주고 끌어올린다.

11

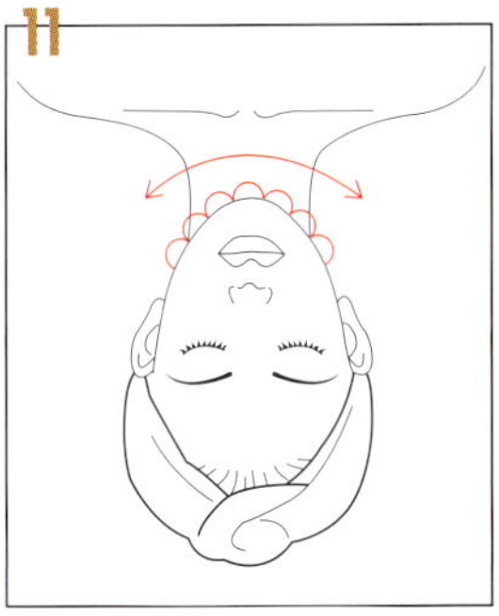

⑪ 게모양 굴리기 1

손가락 등을 이용하여 엄지를 교차시킨 상태로 손가락을 재각기 움직여 턱선을 끌어올려 준다.

12

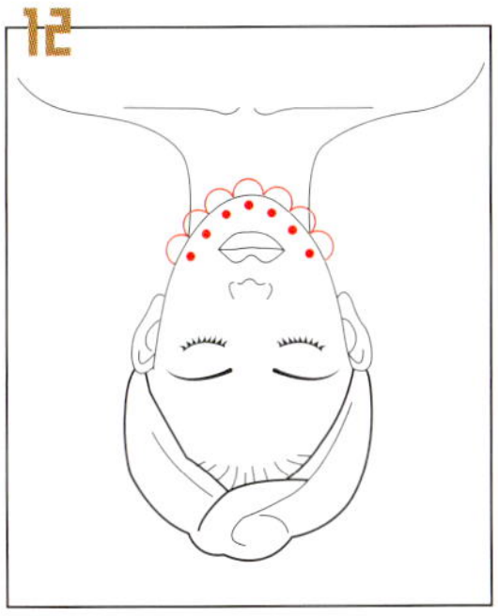

⑫ 게모양 굴리기 2

손가락을 접은 상태에서 엄지를 이용하여 왼쪽 하악각에서 시작하여 승장을 지나 오른쪽 하악각까지 동전 크기 모양으로 외회전 방향으로 돌려준다.

(4) 목 매뉴얼 테크닉

1

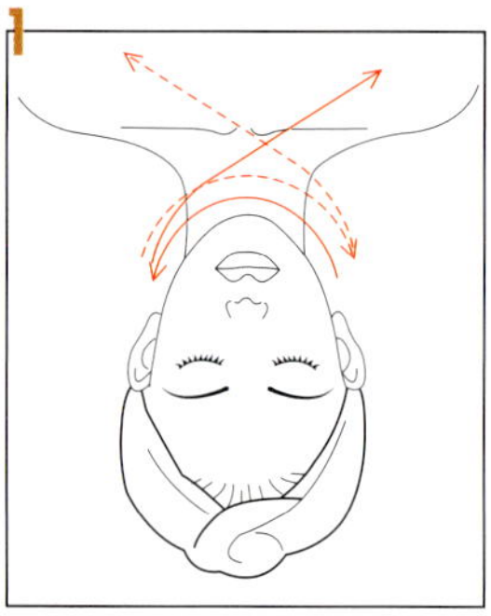

① 턱 감싸서 쓸어주기

왼손은 왼쪽 하악각에 고정시키고, 오른손은 오른쪽 하악각에서 시작해 목을 감싸지나 쇄골 밑에서 정지하고, 왼쪽도 같은 방법으로 정지한 후, 양손 어깨 돌려 풍지 지압한다.

2

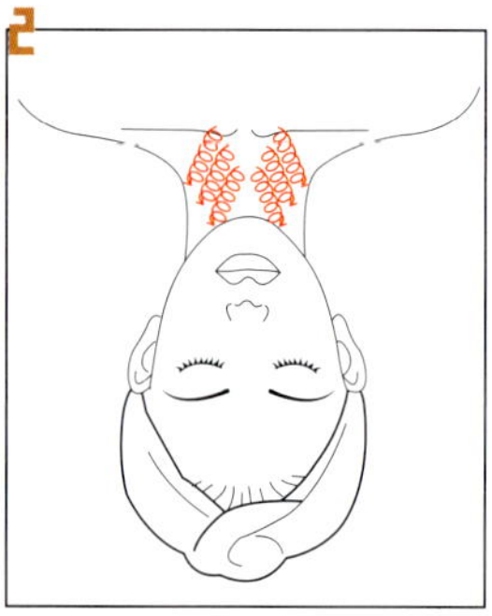

② 3단계 둥글리기

목을 양 방향으로 3등분하여 중지, 약지로 외회전 방향으로 원을 그려준다.

3

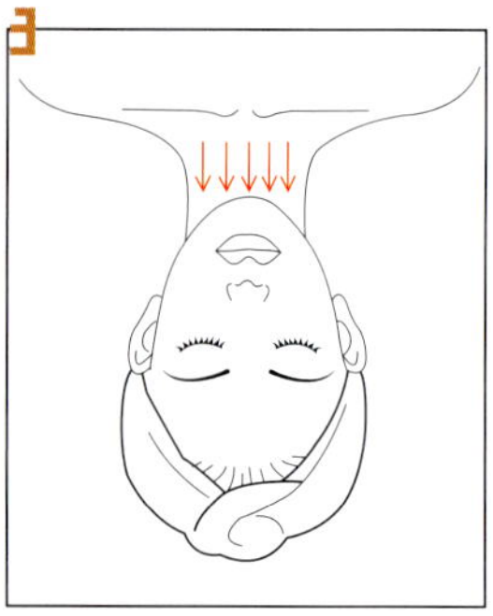

③ 목 쓰다듬기

목의 좌측부터 쓸어올리는 동작으로 왕복 3회 실시한다.

4

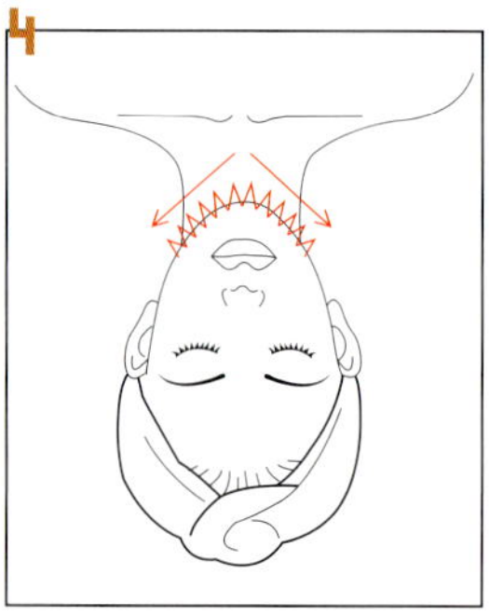

④ 떨어주기

턱선 중앙에 양손을 겹쳐서 귀뒤 쪽으로 흔들면서 빼준다.

2) 안면 매뉴얼 테크닉 시술사례 II

(1) 클렌징(cleansing)

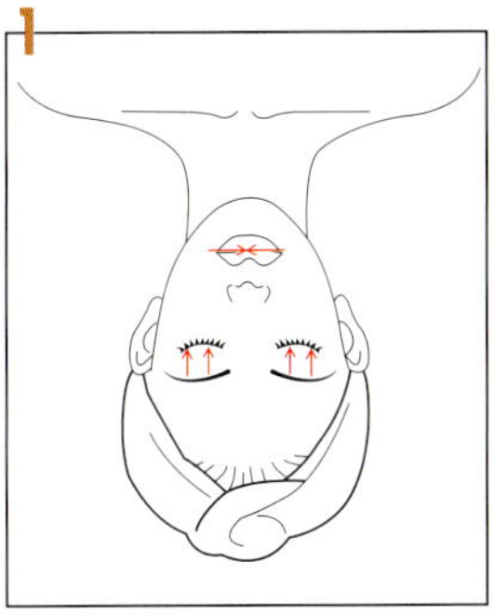

① 입술과 눈부위를 포인트메이크 클렌징 방법대로 제거한다. 입술과 눈부위 클렌징은 순서를 바꾸어서 해도 된다. 입술은 입술 라인으로부터 안쪽 방향으로 제거하므로써 입술화장이 번지지 않게 한다.

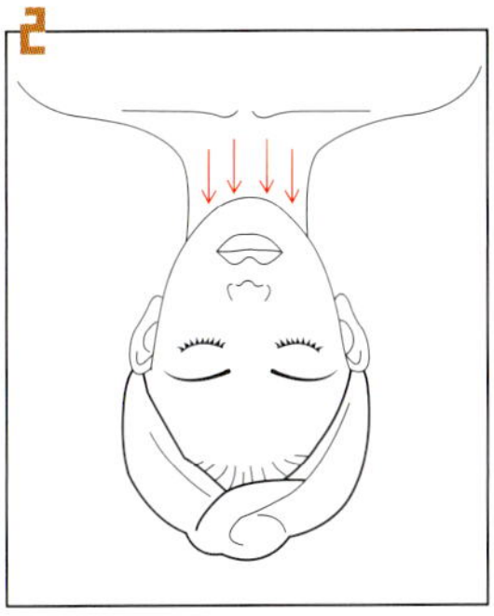

② 젖은 라운드 패드(wet round cotton)에 클렌징 제품을 발라 잘 퍼지게 한 다음 목의 아담스 애플(Adam's apple)을 누르지 않도록 주의하면서 화살표 라인을 3회 반복 클렌징 한다.

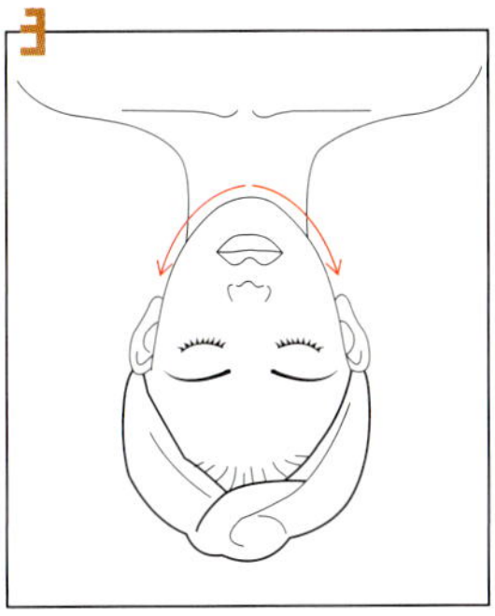

③ 턱선을 3회 반복 클렌징 한다.

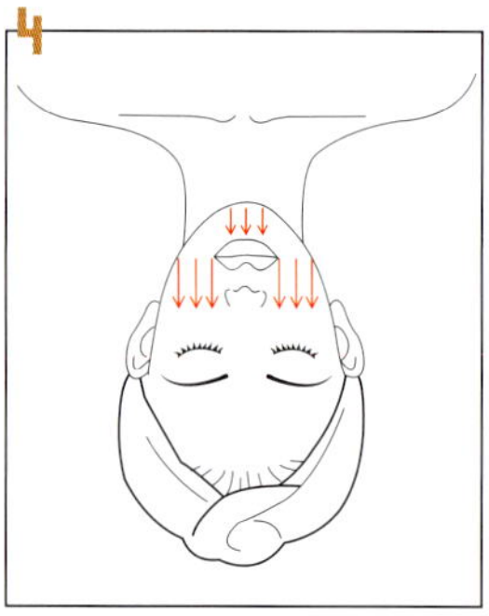

④ 왼쪽 뺨 ⓐ 입술 밑과 턱선사이 ⓑ 오른쪽 뺨 ⓒ 부위를 3회 반복 클렌징 한다.

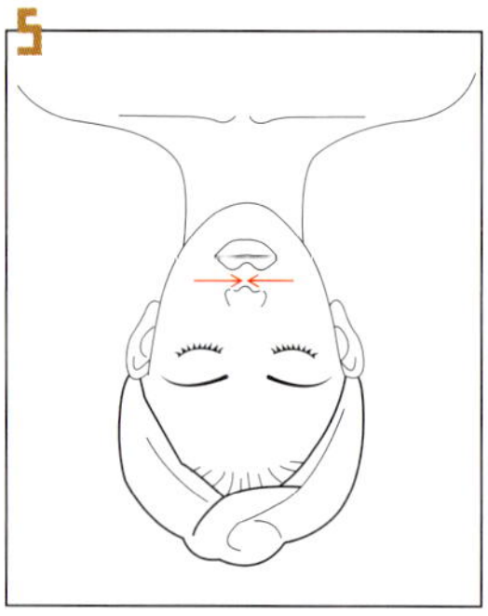

⑤ 코 밑부분을 3회 반복 클렌징 한다.

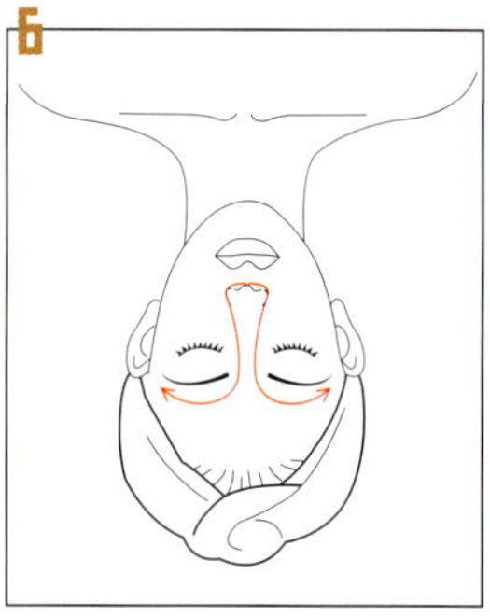

⑥ 코 밑, 콧망울에서 눈썹부분까지 3회 반복 클렌징 한다.

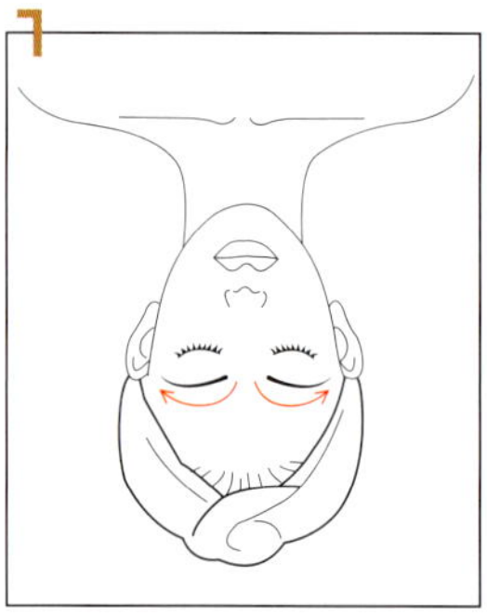

⑦ 눈썹부분을 3회 반복 클렌징 한다.

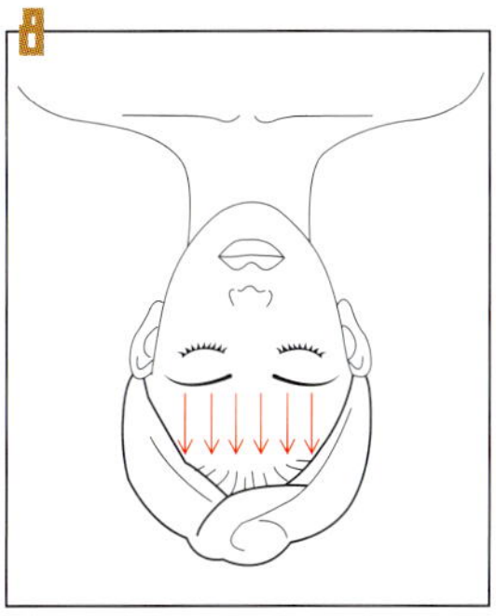

⑧ 이마를 가운데부터 왼쪽 부분까지 3회 반복 클렌징 한 후 가운데부터 오른쪽 부분까지 3회 반복 클렌징 한다.

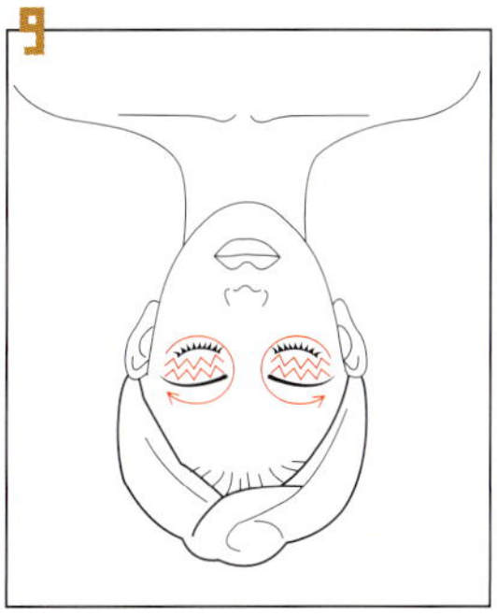

⑨ 라운드 패드의 깨끗한 부위를 이용하여 눈꼬리에서 눈 밑을 돌아 눈꼬리 부위까지 타원형으로 돌리면서 제거 한 후 눈꼬리에서 눈머리 방향으로 5부위로 나누어 위에서 아래로 닦아준 후 눈머리에서 눈 아래 부위를 돌아 관자놀이에서 멈춘다(이미 ①에서 point make up cleansing을 했으므로 다시 아이라인과 마스카라를 지울 필요는 없다).

⑩ 라운드 패드의 지저분한 부위를 뜯어내어 버리고 패드 가운데를 이등분하여 양손에 끼우고 스킨로션을 3~4방울 젖힌 후 목선부터 좌·우를 동시에 닦아준다.

(2) 매뉴얼 테크닉(massage)

① 쓰다듬기(effleurage)로 시작해 쓰다듬기로 끝낸다.
② 손은 가능한 한 최대한으로 밀착되어야 한다.
③ 강약, 박자 등 리드미컬하게 움직인다.
④ 연결 동작을 항상 염두에 두어야 하며 연속적으로 지속되어야 한다.

※매뉴얼 테크닉의 기본동작

쓰다듬기 (경찰법, effleurage)	피부의 표면을 약하고 부드럽게 쓸어주는 동작으로 피부표면의 넓은 부분은 손바닥을 사용하고 좁은 부위는 손가락을 이용하여 움직인다.
강하게 마찰하기 (강찰법, Friction)	손가락의 면(지복)으로 원형운동을 행하여 피부표면을 문지르는 동작이다.
반죽하기 (유연법, Petrissage)	강찰법보다는 강하고 피부와 근육을 손가락으로 집거나 주무르는 방법으로 숙련이 필요한 동작이다. 근육을 신장하고 피로한 근육을 회복시키는데 도움을 준다.
두드리기 (고타법, Tapotement)	피부를 손가락이나 손의 측면을 이용하여 리드미컬하게 두드리는 방법이다. 근육의 수축력을 높이는게 도움을 준다.
떨기(진동법, Bibration)	손 또는 손가락들을 이용하여 피부를 진동시키는 방법이다.

(3) 매뉴얼 테크닉 1단계

① 살살 두드리기(Tapping)

젖은 솜을 스프 스푼(soup spoon) 모양으로 만들어 그림 1~6과 같이 살살 두드려 주면서 리프팅(lifting) 시킨다.

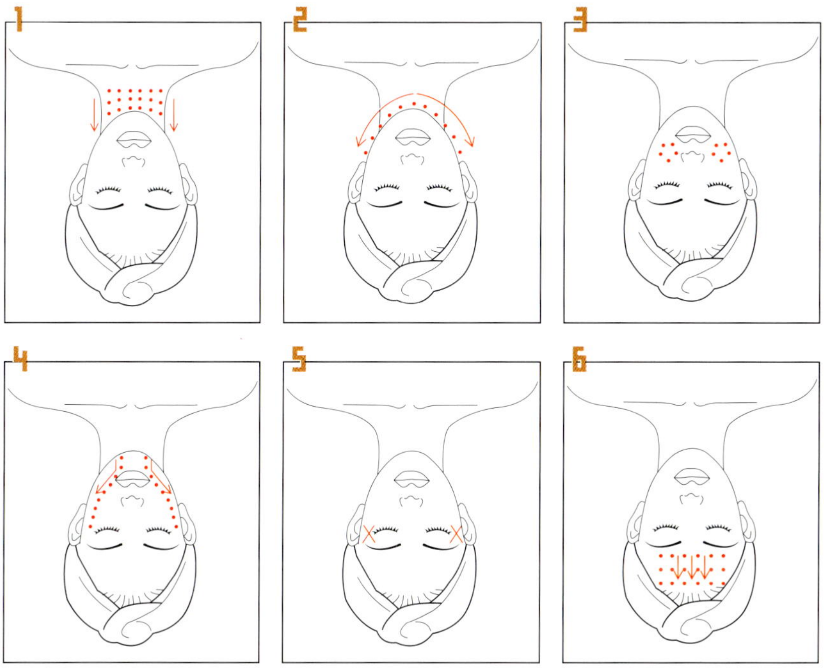

② 처진 피부 들어올리기

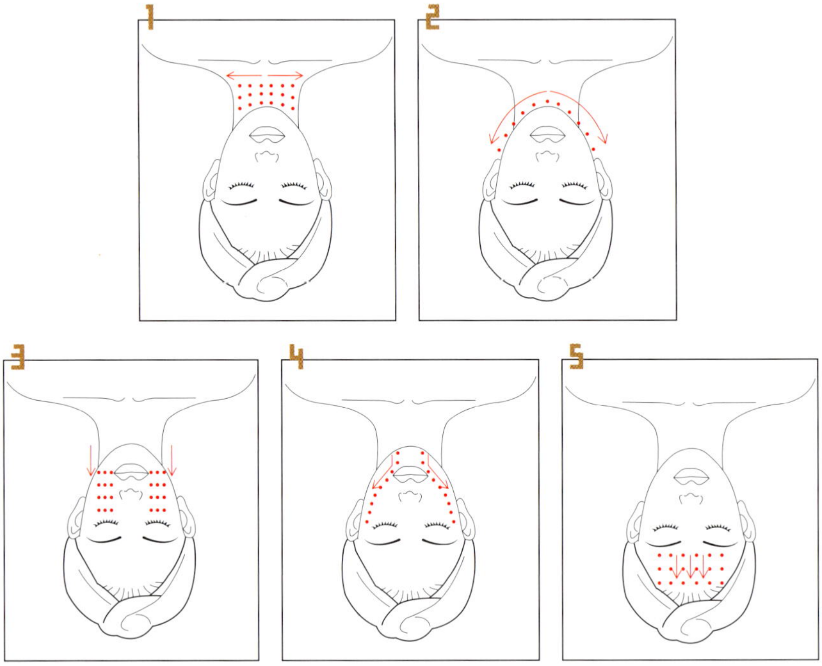

(4) 매뉴얼 테크닉 2단계

1

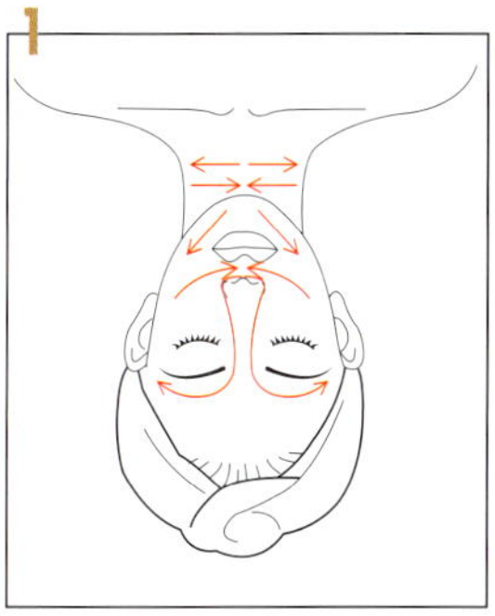

① 매뉴얼 테크닉을 하기 위해 손바닥에 매뉴얼 테크닉 제품을 스파츌러(spatula)를 이용해서 떠서 잘 비벼서 따뜻하게 녹인후 그림 1과 같이 도포한다(약 1분소요).

2

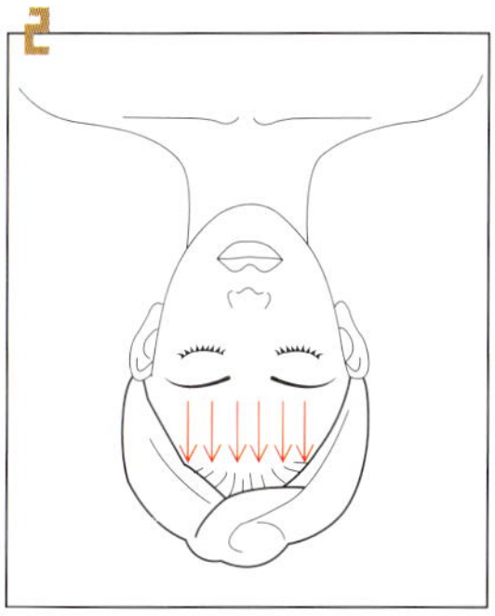

② 이마부위를 부드럽게 경찰법으로 중앙에서 왼쪽으로 중앙에서 오른쪽으로 쓰다듬는다.

3

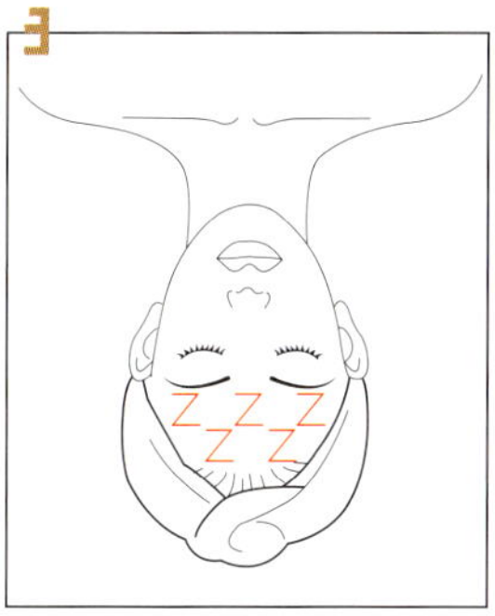

③ 이마부위를 중앙에서 왼쪽으로, 중앙에서 오른쪽으로 지그재그로 움직인다. 이때 꼼꼼하게 주름을 펴주는 느낌으로 제2지(검지)와 3지(중지)를 이용하여 움직인다.

4

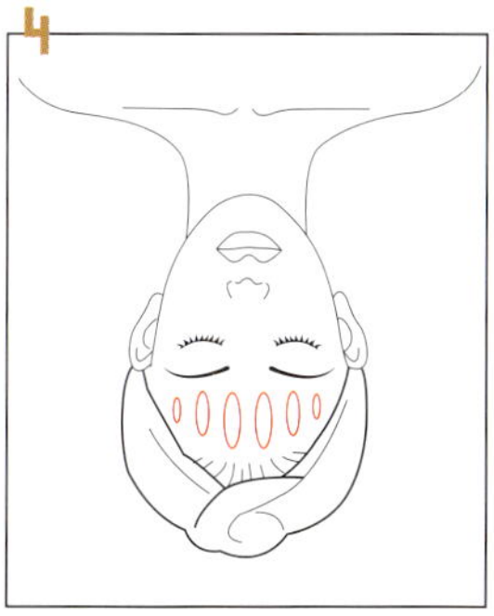

④ 이마 중앙에서부터 양쪽 관자놀이를 향하여 긴 회전을 하면서 움직인다(circular motion).

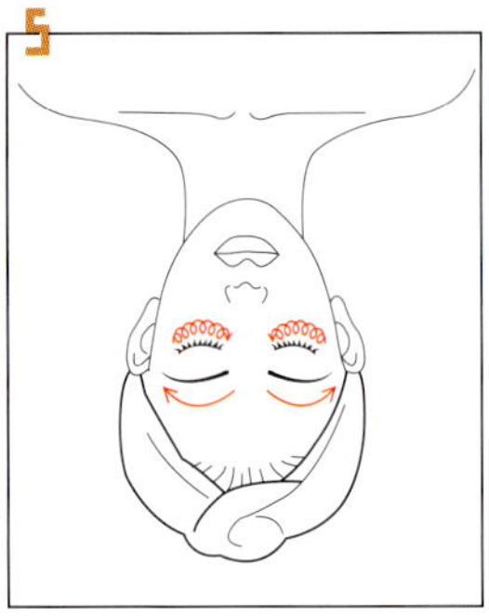

⑤ 눈꼬리쪽을 향해 가장 부드러운 손가락인 제4지(약지)로 눈머리 아래에서 눈 밑 아래를 돌아 눈꼬리까지 부드럽게 나선형을 그리면서 움직인 후 2, 3, 4, 5지로 밖으로 눈썹주위를 쓰다듬고 관자놀이에 멈춘다(이때 중지로 살짝 업을 준다).

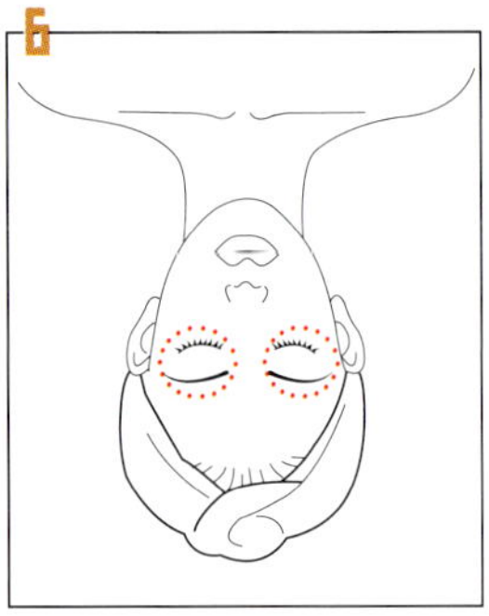

⑥ 눈 주위를 둥글게 Piano치듯이 고타법으로 2, 3, 4, 5지를 번갈아 움직인다.

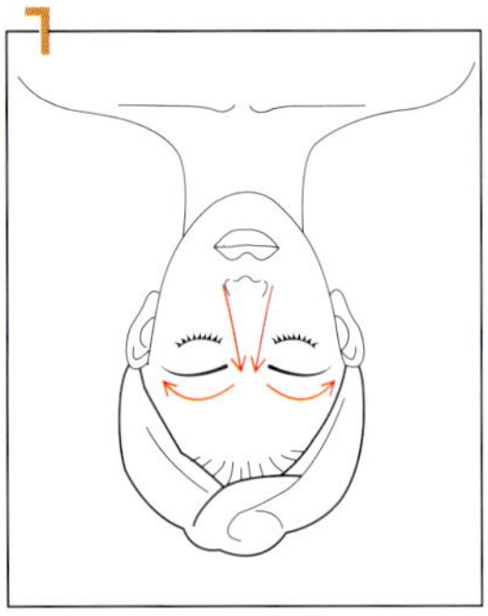

⑦ 콧등을 가위모양으로 양손 이용하여 쓸어 올린 후 눈썹부위를 돌아 관자놀이에서 멈춘다(scissor technique).

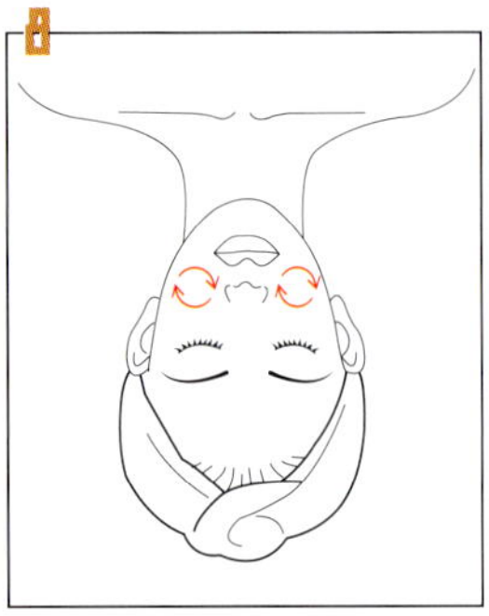

⑧ 뺨을 양쪽 다 원을 그리듯이 6번 같이 엄지를 제외한 2, 3, 4, 5지를 이용하여 고타법으로 가볍게 움직여 준다.

9

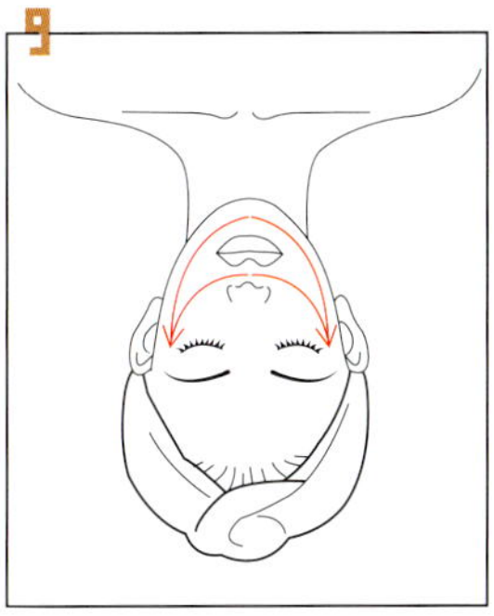

⑨ 입술을 중심으로 양손으로 가위모양으로 쓸어 준 후 관자놀이에서 멈춘다(scissor technique).

10

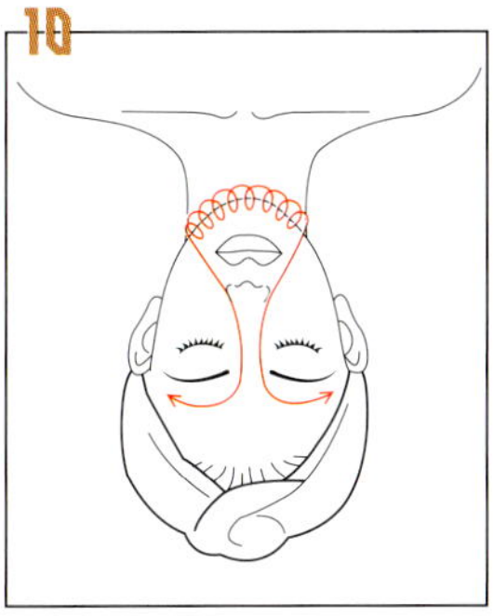

⑩ 관자놀이에서 얼굴 옆선을 제2지인 검지를 이용하여 얼굴을 타고 내려와 턱 선을 비틀어 꼬집듯이 하는 Dr.재킷 움직임(Dr. Jaket movement)으로 한 후 제3지인 중지를 이용하여 콧등 옆선을 타고 눈썹 부위까지 움직인후 관자놀이에서 멈춘다.

11

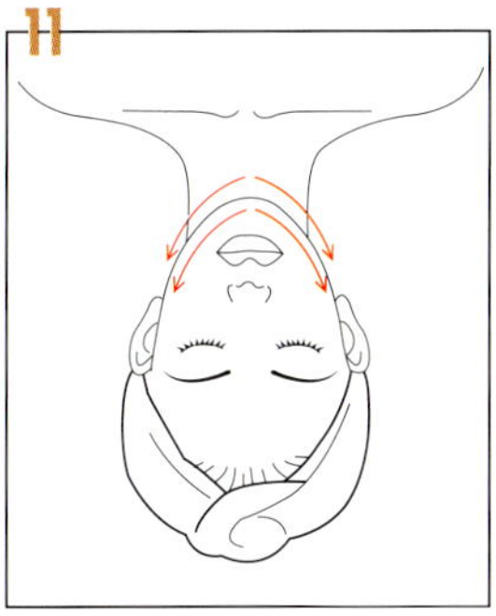

⑪ 얼굴 옆선을 타고 내려와 두 손을 가위모양으로 하여 턱 부위를 쓸어준다(scissor technique).

12

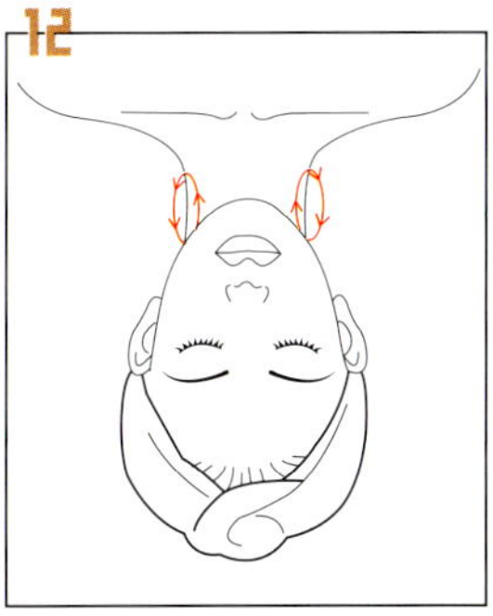

⑫ 목선을 타고 내려가면서 회전 나선형을 그리면서 움직인다(circular motion).

13

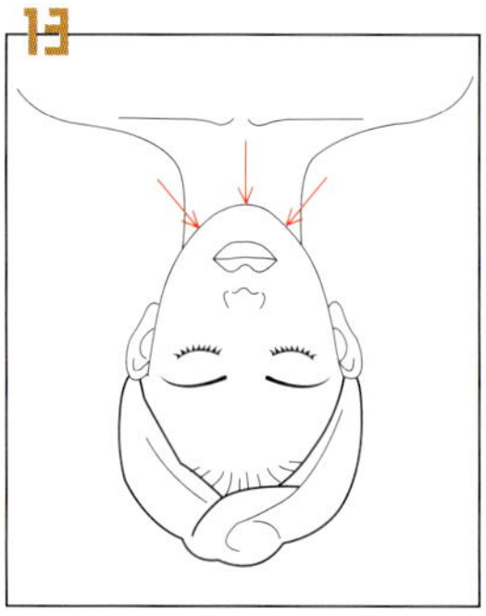

⑬ 목선을 가볍게 위를 향해 올라가면서 토닥토닥 두들겨준다(tapping).

14

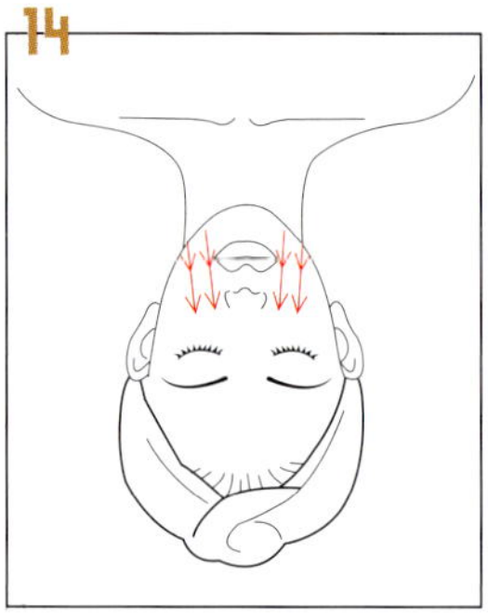

⑭ 양 뺨을 가볍게 위를 향해 올라가면서 토닥토닥 두들겨준다(tapping).

15

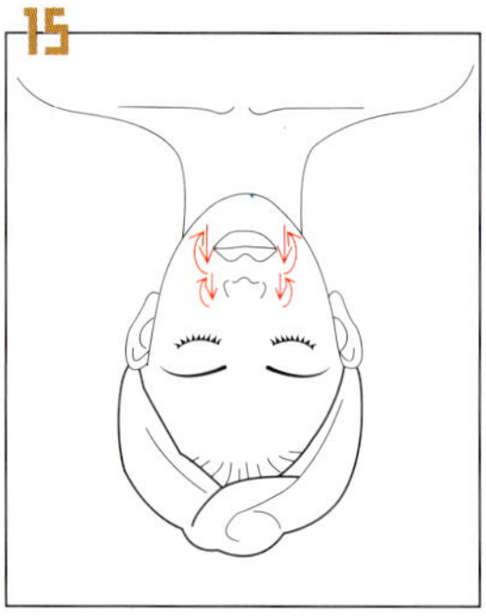

⑮ 양 뺨을 가볍게 위를 향해 올라가면서 고타법과 떨기(진동법)로 번갈아 움직여 준다(tapping and vibration/rolling).

16

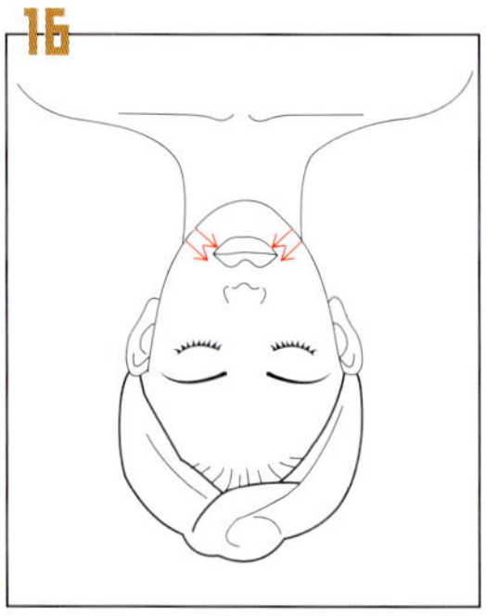

⑯ 양 뺨을 위를 향해 떨기(진동법) 모션으로 움직인다(vibration/rolling).

17

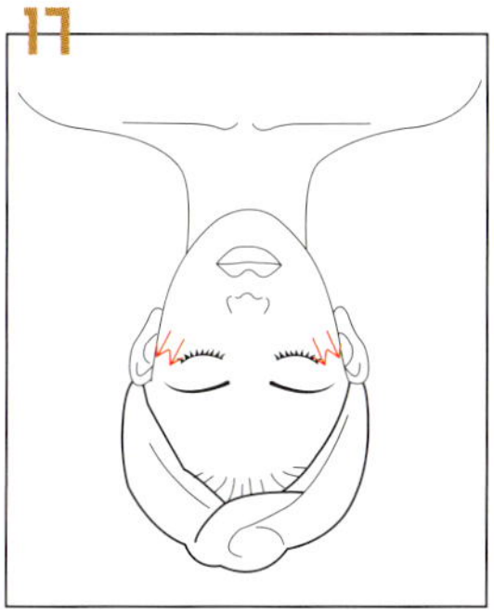

⑰ 눈꼬리 부위를 떨기(진동법) 모션으로 움직인다(vibration/rolling).

18

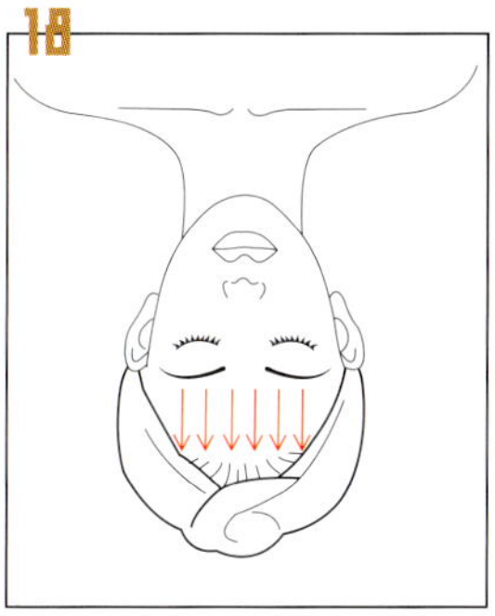

⑱ 이마부위를 p113의 2번같이 부드럽게 속도를 늦추면서 쓰다듬고 관자놀이에서 멈춘다(effleurage).

19

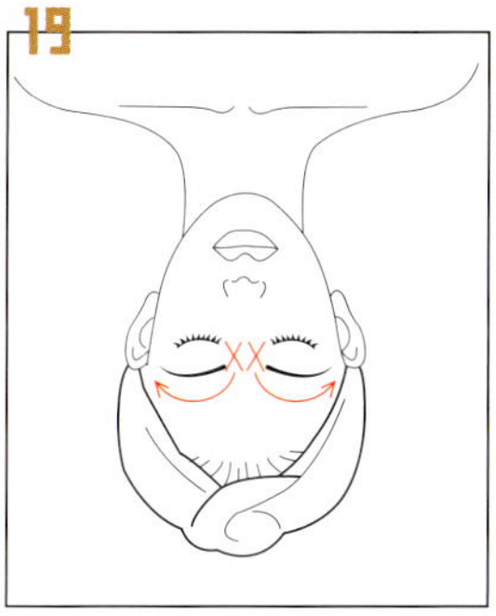

⑲ 얼굴 옆선 타고 내려와 다시 코 옆선 타고 올라간 후 눈 전체를 양손으로 약간 압을 가해 덮은 후 엄지를 제외한 4손가락으로 다시 눈썹을 쓸어주고 관자놀이(태양혈)에서 가볍게 압을 주면서 멈춘다(pressure).

⑳ 티슈를 이용하여 삼각 혹은 사각으로 접어 크림의 유분을 찍어내어 제거한다. 이때 티슈를 문질러 유분기를 제거해서는 안된다.

※ 피부관리의 모든 과정이 다 중요하나 고객은 매뉴얼 테크닉이 실제적으로 가장 중요한 것으로 생각하기 쉽다. 피부미용사의 실력을 테크닉과 연결짓기가 쉬우므로 기본적인 테크닉을 숙련되게 연습해야 한다.

㉑ 라운드 패드(round pad)를 제 2, 3, 4지를 이용하여 낀 후 나머지 유분을 깨끗이 제거하고 스킨으로 마무리를 해준다. 이때 온습포를 추가하여 사용해주어도 좋다(반듯이 삶아서 말린 깨끗한 타올을 사용하여야 한다).

온습포 사용법(Steam towel)

· 타올의 온도가 너무 뜨거워 화상을 입혀서는 안된다.
· 안면의 경혈점을 눌러주면 더욱 효과가 있다.
· 민감성, 농포성, 모세혈관 확장성, 제모 직 후, 필링 직 후에는 사용을 금한다.
· 사용 후 꼭 깨끗이 삶아서 말린 후 사용한다(삶는 시간 : 20분 이상)

(5) 매뉴얼 테크닉 3단계

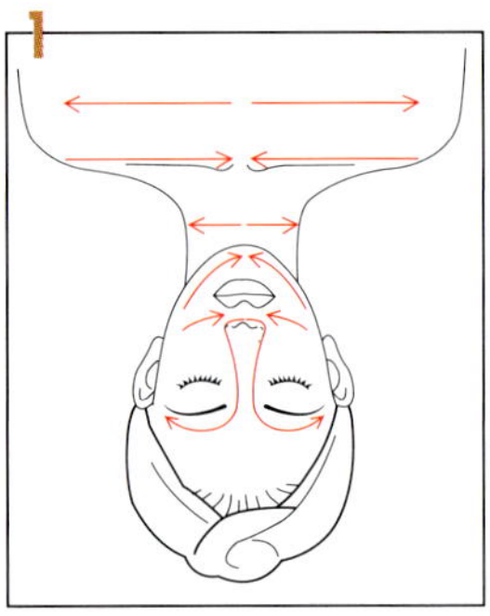

① 데코라인부터 시작하여 속으로 하나, 둘, 셋, 넷, 다섯을 세면서 로션이나 크림을 재빨리 도포한다.

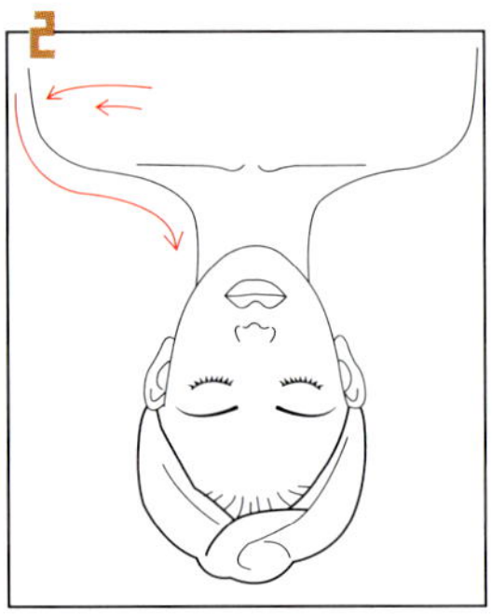

② 양손을 번갈아 왼쪽 부위를 쓰다듬으면서 돌아 어깨 옆선을 타고 연결 동작으로 오른쪽 부위를 같은 방법으로 움직인다.

③ 연결동작으로(손을 떼지 않고) 끌어와 주먹을 쥐고 중앙에서 액와부까지 굴려준다.

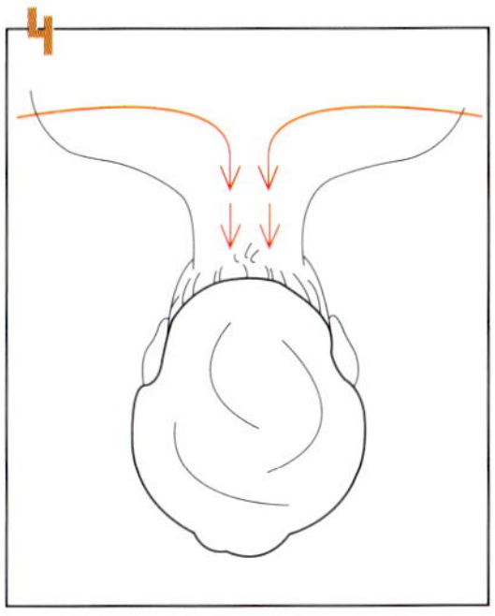

④ 손을 떼지 않은 연결동작으로 목 뒤를 뒤쪽 어깨 부위에서 목선 위를 향해 쓸어 올려준다.

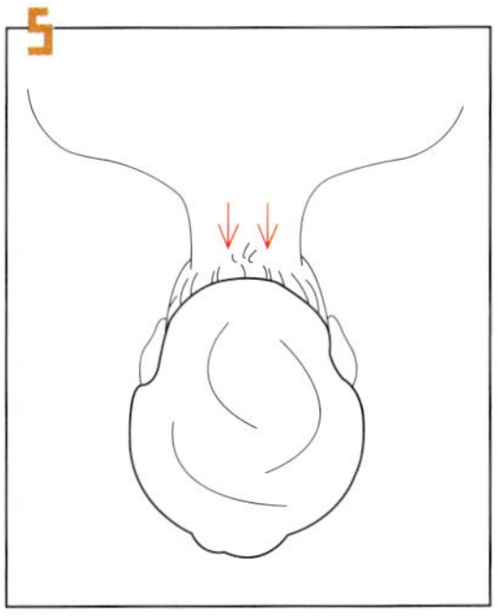

⑤ 뒷 목선을 쓸어 올려준다.

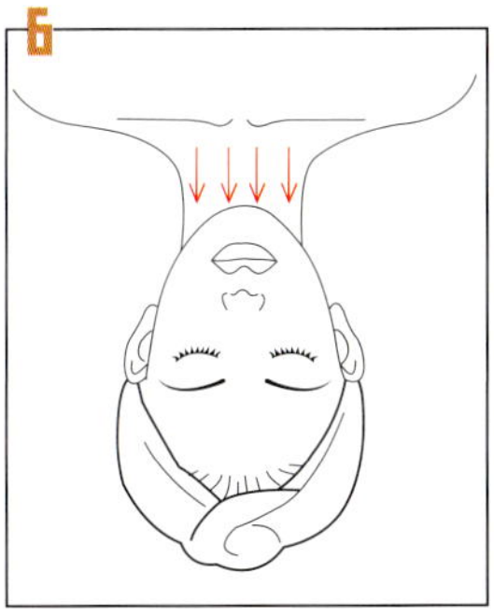

⑥ 손을 떼지 않은 연결동작으로 목 앞을 가볍게 쓰다듬는다.

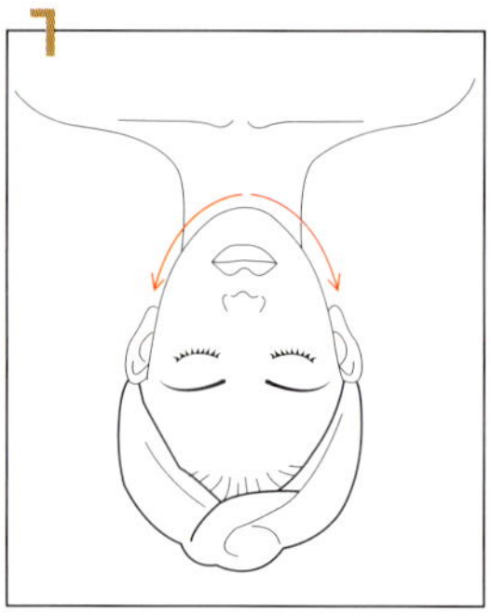

⑦ 양 뺨 부위를 두 손을 이용하여 가볍게 쓰다듬는다.

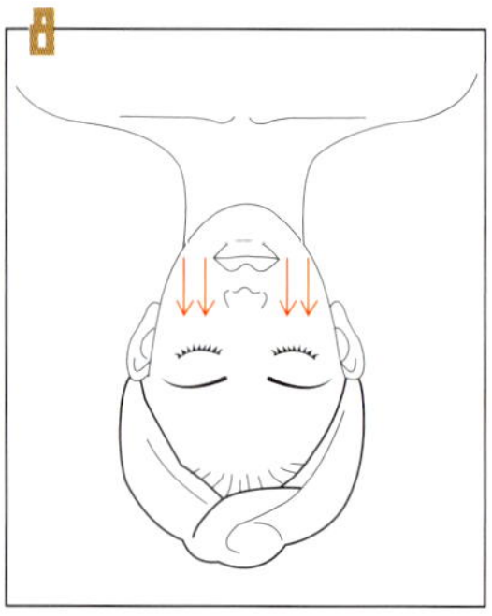

⑧ 입가 양 쪽 옴폭 들어간 부위와 광대뼈 밑 부위를 양손으로 가볍게 쓰다듬는다.

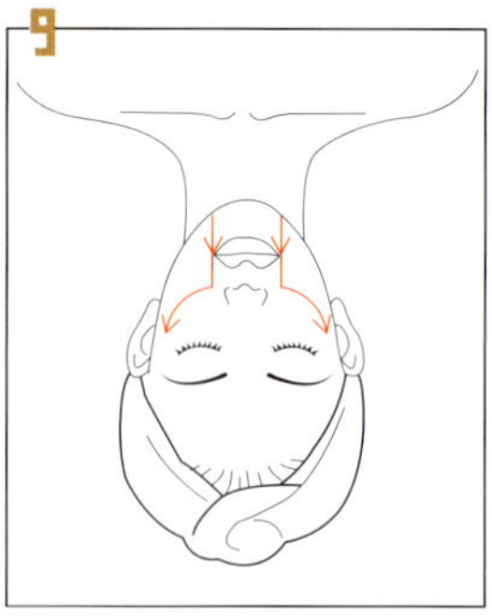

⑨ 2단계 매뉴얼 테크닉 방법과 동일하게 한다.

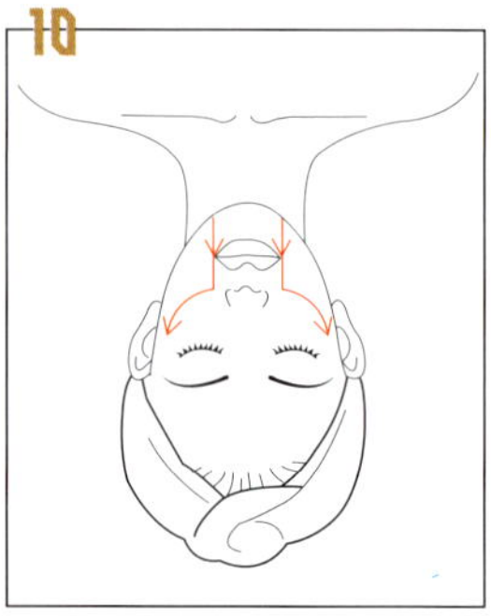

⑩ 2단계 매뉴얼 테크닉 방법과 동일하게 한다.

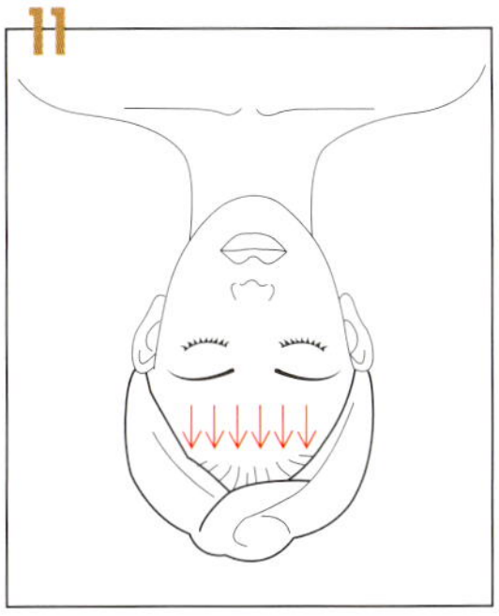

⑪ 2단계 매뉴얼 테크닉 방법과 동일하게 한다.

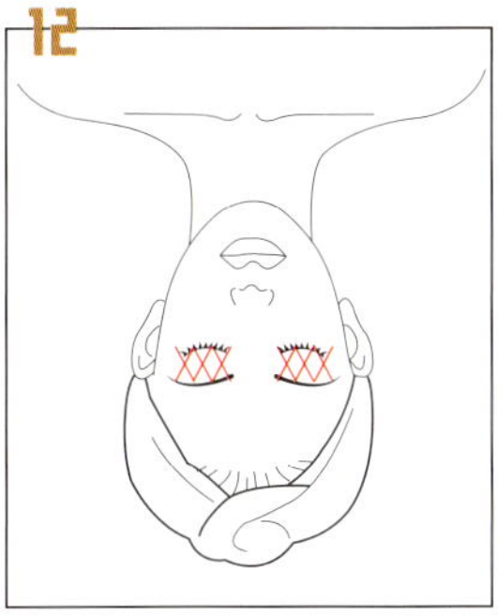

⑫ 티슈를 이용하여 삼각 혹은 사각으로 접어 크림의 유분을 찍어내어 제거한다. 이때 티슈를 문질러 유분기를 제거해서는 안된다.

※ 피부관리의 모든 과정이 다 중요하나 고객은 매뉴얼 테크닉이 실제적으로 가장 중요한 것으로 생각하기 쉽다. 피부미용사의 실력을 테크닉과 연결짓기가 쉬우므로 기본적인 테크닉을 숙련되게 연습해야 한다.

⑬ 라운드 패드(round pad)를 제2, 3, 4지를 이용하여 낀 후 나머지 유분을 깨끗이 제거하고 스킨으로 마무리를 해준다. 이때 온습포를 추가하여 사용해주어도 좋다(반듯이 삶아서 말린 깨끗한 타올을 사용하여야 한다).

8. 경 락

1) 경락피부 미용

경락은 경맥과 낙맥의 총칭이다. 경맥은 주선으로 대부분 깊은 부위를 순행하고, 낙맥은 분지로 비교적 얕은 부위를 순행하며 일부 낙맥은 체표에 드러난다. 경맥은 일정한 순행경로가 있고 낙맥은 가로 세로 그물망처럼 되어 인체의 모든 장부, 기관, 조직 및 세포 등을 연결하여 인체를 하나의 완전한 유기체로 구성한다.

경락의 경맥은 정경과 기경 두 개로 나뉘는데 기혈을 운행하는 주요한 통로인 '십이경맥'이 있으며 십이경맥은 일정한 시작점과 끝점이 있고 일정한 순행부위와 접하는 순서가 있으며 사지에서의 분포와 흐름에는 일정한 규율이 있고 체내의 장부와도 직접적인 낙속 관계가 있다. 기경에는 8개가 있다. 즉, 독맥, 임맥, 충맥, 대맥, 음교맥, 양교맥, 음유맥, 양유맥을 합하여 '기경팔맥'이라 하며 십이경맥을 통솔하고 연락하는 작용이 있다. 전신의 피부는 십이경맥의 기능 활동이 체표의 부위에 반영된 것이며 또한 경락의 기가 분포된 곳이다. 따라서 전신의 피부를 12부분으로 나누고 분별하여 십이경맥에 소속시킨 것을 '십이피부'라고 한다.

경락은 5,000년전 중국의 황제내경에서부터 유래한 것으로 인체의 장부와 연결되어 있는 12개의 기혈통로를 말한다. 인체의 경락선을 통하여 내장과 체표와의 교류가 이루어지고 전신의 기혈 운행과 관절 및 상하, 내외를 연결하게 된다.

2) 피부미용경락

인체의 내적 요인 개선과 젊고 아름다운 피부, 노화방지를 위한 피부미용경락은 경락선을 따라 유기적으로 연결되어 있는 인체 전신의 체표 경혈부분을 자극함으로써 아름답고 건강한 피부를 유지하게 한다.

3) 피부에 상응하는 경락

(1) 표리관계와 유주순서

수족삼음, 수족 삼양경맥은 서로 통하여 여섯 쌍의 '표리상합'관계를 이룬다.
양명-태음, 태양-소음, 소양-궐음을 기본으로 다음과 같다.

·수양명대장경-수태음폐경　　족양명위경-족태음비경
·수태양소장경-수소음심경　　족태양방광경-족소음신경
·수소양삼초경-수궐음심포경　족소양담경-족궐음간경

유주순서는 수태음폐경에서 시작하여 차례로 전달하여 족궐음 간경에 이른 후 다시 수태음폐경에 전달되어 끊임없이 순환하는데 하루에 50회 순행하며 수삼음경은 가슴에서 손가락 끝으로, 수삼양경은 손가락 끝에서 머리로, 족삼양경은 머리에서 발끝으로, 족삼음경은 발가락 끝에서 흉복부로 순행한다.

그 순서는 아래와 같다.

·수태음폐경 ⇒ 수양명대장경 ⇒ 족양명위경 ⇒ 족태음비경
·수소음심경 ⇒ 수태양소장경 ⇒ 족태양방광경 ⇒ 족소음신경
·수궐음심포경 ⇒ 수소양삼초경 ⇒ 족소양담경 ⇒ 족궐음간경

(2) 순행부위

① 수태음폐경

폐는 흉강에 위치하고 있으며 좌우에 각각 1개씩 있고, 무게는 약 0.5kg이다. 폐는 순환계의 기능인 교환에 중요한 역할을 한다. 혈액은 체내를 순환하며 조직에 산소를 공급하여 신진대사의 기능을 돕고 기관지의 미세한 공기주머니 다발들은 산소와 이산화탄소를 교환한다. 수태음폐경의 흐름이 원활하지 못할때는 얼굴이 창백하고 푸석푸석하며 가슴의 답답함과 헛기침이 나오고 숨이 가빠진다. 이러한 상태가 이어져 피부가 거칠어지고 윤기가 없어지게 된다. 폐경의 중심혈은 중부혈이다. 중부혈의 매뉴얼 테크닉 방법은 중부를 살짝 누르고 쓸어주며 중부에서 소상까지의 부위를 상하로 부드럽게 쓸어 문질러준다.

▶ 순행경로

폐경(肺經)의 기혈(氣穴) 흐름은 중부(中府, 제2늑골 외측팔의 접합부)에서부터 상지(上肢)의 내측 전연을 따라 소상(小商, 엄지 조갑각 내측 옆 0.1촌)까지 이르는 경락이다.

② 수양명대장경

대장은 영양흡수와 배설 기능을 관장하며 길이가 약 1.5m이며, 부드러운 내벽을 가지고 있다. 대장의 중요한 기능은 소화된 찌꺼기로부터 수분과 전해질을 흡수하고 배변할 때까지 대변을 저장한다. 수양명대장경의 흐름이 원활하지 못

할 때는 이가 아프고 목이 붓고 눈이 탁해지고 입이 마르며 코안이 막히고 코피가 나고 목안이 아프며 견갑골안쪽과 상완이 아프다. 대장경의 중심 혈은 배꼽옆 2촌 부위의 천추혈이다. 대장경의 매뉴얼 테크닉 방법은 천추를 중심으로 손바닥을 시계방향으로 쓸어준다.

▶ 순행경로

대장경(大藏經)의 기혈 흐름은 상양(商陽, 검지 조갑각 내측 옆 0.1촌)에서부터 상지의 외측 전연을 따라 올라가 인중을 교차하여 영향(迎香, 코 양옆 0.5촌)까지의 흐름을 말한다.

③ 족양명위경

위장은 음식물이 분해되어 위액과 섞일 수 있도록 근육이 약 20초마다 한 번씩 수축된다. 위액은 위 점막의 3천 5백만개의 선에서 분비되는데 산과 그 외의 효소들이 분비되어 소화를 시킨다. 족양명위경의 흐름이 원활하지 못할 때는 피부에 윤기가 없고 입술이 마르고 자주 트며 숨쉬기가 거칠어지고, 입안에서 구취가 난다. 위경의 매뉴얼 테크닉 방법은 위경의 중심혈인 명치 끝과 배꼽까지의 중간에 있는 중완혈을 중심으로 시계방향으로 쓸어준다.

▶ 순행경로

위경(胃經)은 승읍(承泣, 동공아래 0.7촌)에서 시작하여 목, 가슴, 복부의 앞부분을 지나 하지(下肢)의 전연 외측을 따라 내려가 여태(襄兌, 둘째 발가락 조갑각 내측 옆 0.1촌)까지 흐름을 가진다.

④ 족태음비경

비장은 암적색의 넓은 콩 모양의 형태로 횡경막 아래 복강 왼쪽에 위치하며, 족태음비경의 흐름이 원활하지 못할때는 명치 아래부터 위 부위가 묵직하면서 둔한 아픔이 있으며 메스꺼움과 트림이 난다. 비경의 매뉴얼 테크닉 방법은 중심혈인 장문혈 중심을 손바닥으로 가볍게 쓸어주고 대퇴부분을 엄지로 쓸어준다.

▶ 순행경로

비경(脾經)의 기혈 흐름은 은백(隱白, 엄지발가락 조갑각 내측 옆 0.1촌) 안쪽으로부터 하지(下肢)의 내측 전연을 따라 올라가 대포(大包, 액와 횡문 아래 6촌)까지의 경맥이다.

⑤ 수소음심경

심장은 폐 사이에 위치하며 중심에서 약간 왼쪽으로 흉골 뒤쪽에 있고, 횡경막 위에 있다. 전신을 돌아온 혈액은 우심방에서 우심실을 거쳐 산소를 다시 얻기 위해 폐로 보내지며, 폐에서 좌심방을 지나 좌심실로 돌아온 산소가 가득한 혈액은 심장이 매일 10만번 이상 박동한다. 수소음심경의 흐름이 원활하지 않을 때는 눈과 목이 마르며 명치 아래가 묵직하고 늘 가슴이 두근거리거나 손발이 차진다. 심경의 모혈은 복부의 거궐혈이다. 위치는 흉골하단부 명치 끝에 있다. 심경의 매뉴얼 테크닉 방법은 심호흡을 3~5회 하게한 후 명치부위에 양손을 대고 부드럽게 흔들어 준 후 쓸어준다.

▶ 순행경로

심경(心經)의 기혈흐름은 극천(極泉, 액와의 중앙)에서 상지(上肢)의 내측 후연으로 내려가 소충(少衝, 새끼손가락의 조갑각 내측 옆 0.1촌)에 이르는 경락이다.

⑥ 수태양소장경

소장은 위로부터 소화된 음식물을 장의 연동운동에 의한 수축력과 장액에 의해 영양분을 흡수하며 거친 찌꺼기의 수액은 방광으로 보낸 후 대장을 거쳐 직장을 통해 배설시킨다. 수태양소장경의 흐름이 원활하지 못할 때는 이따금 배가 끓어오르면서 배꼽주위가 꼬이고 둔한 아픔이 있으며 설사나 변비가 있다. 소장경의 모혈은 치골위 2촌에 위치한 관원혈이다. 소장경의 매뉴얼 테크닉 방법은 오른손으로 왼편의 충문을 가볍게 눌러 쓸어주고 충문에서 관원을 통과해 오른편의 장문까지 쓸어준다.

▶ 순행경로

소장경(小腸經)의 기혈 흐름은 소택(少澤, 새끼 손가락 조갑각 외측 옆 0.1촌)에서 시작하여 상지(上肢)의 외측 후연을 따라 올라가 어깨를 돌아 청궁(聽宮, 귀의 이주부위 앞 오목한 부위)에 이르는 경락이다.

⑦ 족태양방광경

방광은 신장에서 보내져온 소변을 일시적으로 저장하는 장기로써 소변이 고이면 근육은 풍선처럼 부풀어 오르면서 그것이 일정한 크기가 되고 자율신경의 지배하에 요도의 괄약근이 열리면서 방출된다. 족태양방광경의 흐름이 원활하지 못할 때는 두통과 눈이 빠져나오는 것과 같고 뒷머리도 아프고 어깨가 쑤시며 등과 허리에 이르는 통증이 있다. 중심혈의 위치는 배꼽 직선 아래로 내려가 치골의 바로 윗부분 복부의 중극혈이다. 방광경의 매뉴얼 테크닉 방법은 견외유로부터 방광유까지 왕복으로 쓸어주고 한손으로 발목을 약간 들고 승부에서 위중, 승산, 곤륜까지 쓸어준다.

▶ **순행경로**

방광경(膀胱經)의 기혈 경로는 정명(睛明, 내안각의 상방 0.1촌)으로부터 시작해서 이마, 머리, 뒷목, 등골의 양쪽으로 흘러내려가 다리 뒷면의 중앙을 통과하여 지음(至陰, 새끼 발가락 조갑가가 외측 옆 0.1촌)까지 흐르는 경락이다.

⑧ 족소음신경

신장은 수분 균형을 유지하고 대사, 노폐물을 내보내는 기관으로 횡경막 아래, 복막 뒤에 양쪽으로 각각 1개씩 위치해 있다. 신장 1개에 들어 있는 네프론 수는 100~125만개 이며, 45분마다 47ℓ쯤 되는 물 성분을 혈액에서 걸러낸다. 그러나 이 가운데 1.4ℓ만이 배설되며 나머지는 네프론에 의해 재흡수 된다. 족소음신경이 원활하지 않을 때는 얼굴에는 윤기가 없으며 혀가 마르고 입맛이 없고 쉽게 설사를 한다. 신경의 중심혈은 늑골과 옆구리에 걸쳐있는 경문혈이다. 신경의 매뉴얼 테크닉 방법은 배꼽을 중심으로 양손을 신경락 흐름에 대고 상하로 부드럽게 쓸어준다.

▶ **순행경로**

신경(腎經)의 기혈 흐름은 용천(湧泉, 족저 중심선상의 1/3부위 함요처)에서 시작하여 발바닥을 지나 발의 내측을 타고 올라가 수부(水府, 쇄골하연, 1늑골 상방)에 이르는 경락이다.

⑨ 수궐음심포경

심포는 실제로는 존재하지 않는 장기로써 심장을 싸고 있는 심막으로 심장을 보호하는 기능이 있는 것으로 본다. 수궐음심포경의 흐름이 원활하지 못할때는 얼굴색이 붉어지고 눈이 피로하면서 충혈되고 가슴이 두근거린다. 가슴의 좌우 유두를 연결하는 선으로 가슴의 정 중앙을 교차하는 곳에 위치한 심포경의 중심혈은 단중혈이다. 심포경의 매뉴얼 테크닉 방법은 단중을 중심으로 양 손가락을 세워 가볍게 쓸어주고 내관과 태릉을 엄지손가락으로 약한 압을 넣어 눌렀다가 떼어낸다.

▶ **순행경로**

심포경(心包經)의 기혈 흐름은 천지(天池, 유두외측 1촌 제4늑간 외측)에서부터 시작하여 유방을 가로질러 상지 내측의 정중앙을 따라 내려와 중충(中衝, 셋째 손가락 조갑각 내측옆 0.1촌)까지 흐르는 경락이다.

⑩ 수소양삼초경

삼초는 심포와 마찬가지로 실제로 존재하지 않은 장기로 "3가지 태우는 곳"을 뜻한다. 상초(호흡기계통)는 목에서 명치까지, 중초(소화기계통)는 명치에서 배꼽까지, 하초(비뇨배설기계통)는 배꼽에서 치부까지이다. 상초는 받아들이는 것을 주관하며 기를 온몸에 산포하여 피부를 따뜻하게 하고 몸을 충족하게 하며 모발을 윤택하게 하고 피부에 영양을 준다. 중추는 음식물을 운화하고 기혈, 진액을 훈증 변화하고 전신을 자양한다. 하초는 배출을 주관하며 수액의 관개, 대소변 배설을 주관한다. 수소양삼초경의 흐름이 원활하지 않을 때는 귀가 잘 들리지 않고 눈이 피로하며 눈, 귀로부터 볼에 이르기까지 아프고, 명치 아래가 묵직하고 배가 팽만하며 변비가 되기 쉽다. 삼초경의 중심혈은 복부의 배꼽 바로 아래로 세 손가락 부위인 석문혈이다. 삼초경의 매뉴얼 테크닉 방법은 석문 부위를 손바닥을 사용해서 약한 압으로 배에 밀착시켜 시계방향으로 쓸어준다.

▶ **순행경로**

삼초경(三焦經)의 기혈 흐름은 관충(關衝, 넷째 손가락 조갑각 외측 옆 0.1촌)에서 시작하여 상지외측 정중앙을 따라 올라가 귀 뒤를 돌아 귀 앞으로 흘러 사죽공(絲竹空, 눈썹 바깥끝의 함요처)까지 이르는 경락이다.

⑪ 족소양담경

담은 쓸개라고도 하며 간장에 붙어 있어 간장에서 분비되는 쓸개즙을 일시적으로 저장 농축하는 얇은 근육막으로 이루어진 주머니로 되어 있다. 간 아래쪽에 있으며 배 모양으로 생겼다. 족소양담경의 흐름이 월활하지 못할때는 편두통, 피부에 윤기가 없고 명치, 옆구리, 겨드랑이 및 횡복부 통증이 자주 일어나며 신경질의 증세가 있다. 담경의 중심혈에 위치는 복부의 위측 일월혈이다. 일월은 유두 바로 아래 제 9늑연골 아래 부분에 위치한다. 담경의 매뉴얼 테크닉 방법은 눈의 주위를 손바닥으로 비벼서 쓰다듬어 주고 일월을 엄지로 약한 압을 넣어 쓸어준다.

▶ **순행경로**

담경(膽經)의 기혈 흐름은 동자료(瞳子髎, 옥외자 외방 0.5촌)에서부터 시작해서 귀 뒤를 지나 어깨 옆구리로 내려와 외측 정중앙을 따라 규음(竅陰, 넷째 발가락 조갑각 외측 0.1촌)가지 이르는 경락이다.

⑫ 족궐음간경

간은 가장 큰 기관으로 여러 가지 대사와 분비 기능을 하고 소화액인 담즙을 분비한다. 단백질, 탄수화물, 지방대사와 글리코겐과 지용성 비타민 저장을 하며 혈액응고 인자를 합성한다. 또한 혈액에서 노폐물과 독성을 제거하고 혈액량을 조절한다. 족궐음간경 흐름이 원활하지 못할 때는 얼굴에 윤기가 없고 목이 마르며 가슴이 갑갑하고 허리가 아프며 복부에 늘 긴장감이 있고 예민하다. 간경의 중심혈은 복부의 기문이다. 기문은 유두의 바로 간경의 매뉴얼 테크닉 방법은 양 손가락을 사용해서 기문에서 장문으로 부드럽게 쓸어주고서 한 손으로 엄지발가락 외측에서부터 약간 압력을 가하면서 간경락을 따라 다리 위로 쓸어 올린다.

▶ 순행경로

간경(肝經)의 기혈 흐름은 태돈(大敦 : 첫째 발가락 조갑각 외측 옆 0.1촌)에서 시작해서 발등을 지나 대퇴 내측 중앙을 따라 올라가 하복부 기문(期門, 거궐 외방 3.5촌)까지의 경로이다.

⑬ 기경팔맥

기경팔맥은 독맥, 임맥, 충맥, 음교맥, 양교맥, 음유맥, 양유맥에 대한 총칭으로써. 이들은 분포가 십이경맥처럼 규칙적이지 못하고 장부와도 직접적인 속락계가 없어 서로간에 표리관계도 없고 십이경맥과는 구별되므로 '기경'이라고 한다. 심하게 멍들 정도로 압을 주는 것은 절대 금물이다.

▶ 임맥(任脈)

• 순행경로

- 회음부(會陰府 : 항문과 대음순의 중간)에서 시작하여 복부의 정중선으로 배꼽, 흉부를 거쳐 승장(承漿 : 정중선상의 아랫입술 아래 오목한 부분)에 도달한다.
- 승장(承漿)에서 독맥(督脈)과 교차하고 좌우로 갈라져 입술을 돌아 음교(陰交 : 배꼽아래 1촌)에서 독맥(督脈)과 만나고 다시 좌우로 갈라져 안면부를 따라 눈 밑으로 이어져 승읍(承泣 : 동공아래 0.7촌)에서 족양명위경과 만난다.

• 기능

임맥은 인체를 정중(正中)으로 지나가고 특히 자궁과 연결되어 여성의 생리·임신을 주관한다.

• 미용경락 효과

얼굴의 색소침착, 눈 밑의 다크써클과 입술 주변의 잡티, 복부비만 예방에 효과가 있다.

▶ 독맥(督脈)

- 순행경로

  미골(尾骨 : 항문과 미골단 사이)의 장강혈(長强穴)에서 시작하여 척추를 따라 올라가 풍부혈(風府穴)을 거쳐 뇌속으로 들어가 백회(百會)로 나온 후 코 밑 수구혈(水溝穴)에 도달한다.

- 기능

  인체 뒷면의 정중을 따라 흐르는 독맥(督脈)은 임맥(任脈)과 표리관계(表裏關係)에 있으며, 특리 척추와 관련된 기능, 생식 기능을 다스린다.

- 미용경락 효과

  탈모, 창백한 안색을 좋게 하는 효과가 있다.

부 위	시작점, 끝점		시작점, 끝점	부 위
가슴 →	중부 →	수태음폐경 →	소상 →	손끝
얼굴 ←	영향 ←	수양명대장경 ←	상양 ←	손끝
얼굴 →	승읍 →	족양명위경 →	여태 →	발끝
가슴 ←	대포 ←	족태음비경 ←	은백 ←	발끝
가슴 →	극천 →	수소음심경 →	소충 →	손끝
얼굴 ←	청궁 ←	수태양소장경 ←	소택 ←	손끝
얼굴 →	정명 →	족태양방광경 →	지음 →	발끝
가슴 ←	유부 ←	족소음신경 ←	용천 ←	발바닥
가슴 →	천지 →	수궐음심포경 →	중충 →	손끝
얼굴 ←	사죽공 ←	수소양삼초경 ←	관충 ←	손끝
얼굴 →	동자료 →	족소양담경 →	규음 →	발끝
가슴 ←	기문 ←	족궐음간경 ←	태돈 ←	발끝

9. 아로마 테라피(Aroma Therapy)

피부나 건강상태에 맞는 아로마 정유를 이용하여 하는 매뉴얼 테크닉을 말한다.

1) 아로마 테라피의 개요

아로마(aroma)는 방향, 발향의 의미로써 식물,허브 및 그리스어의 스파이스(spice, 향신료)에서 파생된 말이며 테라피(therapy)는 요법, 치료, 트리트먼트를 말한다. 향기요법인 아로마 테라피는 다양한 에센셜 오일(essential oil / essencial oil)을 이용하여 후각 중추신경계를 자극함으로서 각종 증상 및 질병을 치료, 보완하는 요법이다. 발향(방향)식물로부터 추출한 향의 농축액인 에센셜 오일(정유)의 생체에 대한 작용을 이용한 자연요법이다.

2) 아로마 테라피의 역사

6천년 역사의 이집트 향유요법, 희랍과 페르시아, 인도의 종교적인 향 사용 등의 고대사회에서의 사용은 로마제국과 유럽전역으로 번졌으며 주로 종교의식의 재료 및 방부제, 의학 치료술, 미용목적으로 사용되었다. 중세사회에서는 전염병이나 질병의 예방으로 에센셜 오일을 사용하였으며 르네상스 이후 정유에 대한 연구와 실험의 결과들이 기록되어 17세기 말에는 프랑스의 그라스 지방을 중심으로 향 산업이 시작되었다. 20세기 초에 들어서 현대적 개념의 아로마 테라피가 탄생하게 되었으며 특히 아로마 요법의 약리작용은 17세기에서 19세기에 이르러 프랑스 화학자 가테포세(Gattefosse) 박사에 의해 향유의 치료적 화학성분과 분자구조가 규명되었다. 또한 2차 세계대전 중 상처 입은 병사들의 소독과 살균 및 치료에 에센셜 오일을 사용하였다.

3) 에센셜 오일의 정의 및 일반적 특성

(1) 정 의

식물에서 추출한 천연 에센셜(Essential / Essencial) 오일로써, 특유의 향과 효능을 가지고 있다.

※ 순도 100%의 천연제품을 사용하여야 된다.

(2) 일반적 특성

① 항균작용

상처, 벌레물린데, 피부병, 화상등에 사용하여 소독효과를 볼 수 있다.

② 생리작용

· 이뇨작용 : 카모마일 , 사이프러스, 펜넬, 쥬니퍼
· 거담작용 : 샌달우드, 마조람, 버가못, 유칼립투스
· 진정작용 : 카모마일, 일랑일랑, 유향, 샌달우드, 주니퍼, 로즈
· 최음작용 : 일랑일랑, 쟈스민 ,패츌리, 로즈
· 항바이러스, 항염작용 : 티트리, 버가못, 유칼립투스
· 항우울 작용 : 오렌지, 네놀리, 자스민, 페티그레인, 라벤더

③ 심리작용

에센셜 오일은 후각을 통하여 뇌의 자율신경계에 작용하므로 심리적인 안정에 효과적이다.

림프 시스템에 미치는 효과

· 면역력을 높여주는 백혈구의 생성을 증가시킨다.
(예 : 라벤더, 카모마일, 로즈마리, 버가못, 티트리)
· 정체된 배출을 도와준다(이뇨작용) : 체액의 정체는 부종(edema)을 초래한다.
· 림프배액 촉진한다.
· 셀룰라이트 증상을 개선한다.

4) 에센셜 오일의 주요 추출 부위 및 방법

① 추출부위

· 꽃 또는 꽃잎부위에서 추출 : 카모마일, 쟈스민, 라벤더, 일랑일랑

· 잎에서의 추출 : 유칼립투스, 티트리

· 과실, 과피에서의 추출 : 만다린, 버가못, 레몬, 오렌지, 자몽

· 수목에서의 추출 샌달우드, 시더우드 등

② 에센셜 오일의 추출법은 4~5가지 정도이며 주요한 추출방법으로는 증류법(steam distillation)이 보편적이다. 그 외에 솔벤트 추출법(solvent extraction), 이산화탄소 추출법(CO_2 extraction), 압축법(expeller pressed) 등을 들 수 있다.

(1) 증류법(Steam distillation)

증류법은 식물이 가지고 있는 휘발성 액체를 증기로 변화시키고 냉각에 의해 증기를 액화하여 추출하는 방법으로서 라벤더, 페퍼민트, 로즈마리, 일랑일랑, 티트리등이 이러한 방법으로 추출된다.

(2) 솔벤트 추출법(Solvent extraction)

석유 화합물 솔벤트나 알콜 등을 이용해서 추출하는 방법으로 식물과 솔벤트를 함께 가열하여 추출 후 솔벤트를 제거하여 얻어내는 방법이다. 자스민 오일 등이 대표적이며 충분히 솔벤트가 제거되지 않은 제품은 피부에 자극을 주므로 주의를 요한다.

(3) 이산화탄소 추출법(CO_2 extraction)

고품질을 생산할 수 있으며 가격 또한 비싸다. 스팀 증류법으로 추출이 잘 안되는 식물에 사용하며 저온 저압에서 추출가능하다. 프랑킨센스 등이 이러한 방법으로 추출된다.

(4) 압축법(Expeller pressed)

대부분의 감귤류의 경우에 사용되며 에센셜 오일은 대부분 외피의 큰 세포들 속에 내포하고 있어 다양한 기계적 방법으로 추출된다.

5) 에센셜 오일의 종류별 효능 및 추출부위

· 1% 이하로 사용하는 에센셜 오일 : 팬엘, 멜리사, 타임
· 2% 이하로 사용하는 에센셜 오일 : 페퍼민트
· 간질환자에게 사용해서는 안되는 에센셜 오일 : 로즈마리, 페퍼민트
· 고혈합환자에게 사용해서는 안되는 에센셜 오일 : 타임, 로즈마리
· 임산부에게 사용해서는 안되는 에센셜 오일 : 클라리세이지, 팬셀, 자스민, 쥬니퍼, 마죠람, 미르, 페퍼민트, 로즈, 로즈마리, 타임, 멜리사, 시더우드
※ 임산부에게는 가능한 에센셜오일을 사용하지 않도록 한다.

6) 아로마 에센셜 오일의 신체 유입 경로

(1) 폐를 통한 흡수

아로마 오일(기체상태) → 흡입 → 폐 → 폐포 → 혈관 → 조직, 기관

(2) 코를 통한 흡수

에센셜오일(기체상태) → 흡입 → 코 → 후각신경 → 뇌 → 뇌신경 → 감정조절

(3) 피부를 통한 흡수

아로마 오일(액체상태) → 피부흡수 → 혈관 → 조직, 기관

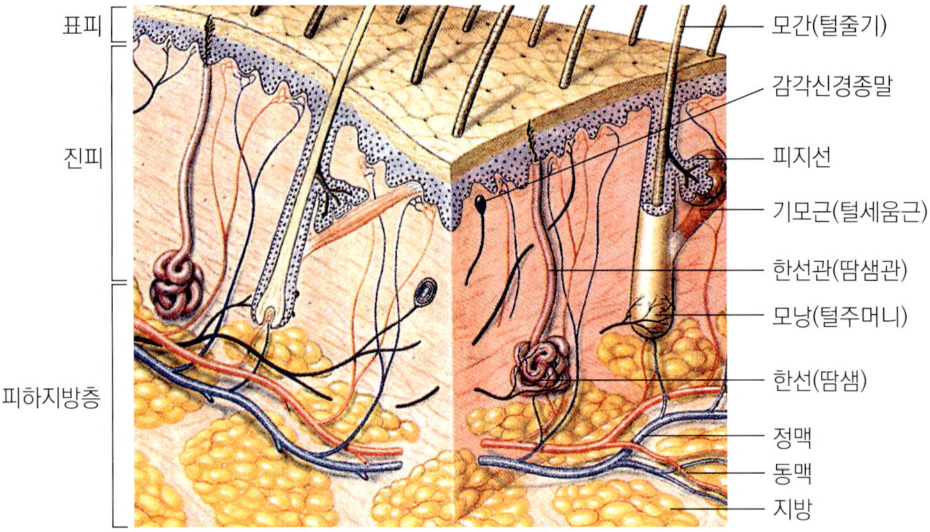

7) 아로마 테라피의 활용 및 블랜딩

(1) 아로마 테라피의 적용

흡입법, 확산법, 입욕법, 습포법, 매뉴얼 테크닉법, 족욕 및 좌욕, 스프레이법, 가글링법 등이 있다.

(2) 블랜딩(blending)

① 캐리어 오일의 정의 및 특성

에센셜 오일의 방향성분을 체내 흡수를 돕는다는 의미로 캐리어 오일, 또는 베이스 오일이라 칭한다. 에센셜 오일은 원액 그대로 피부사용을 해서는 절대로 안된다. 매뉴얼 테크닉을 위해서는 에센셜 오일을 식물성 오일에 희석함으써 피부의 자극을 최소화한다. 에센셜 오일은 휘발성이므로 불휘발성의 식물성 오일을 혼합하여 증발을 늦추고 체내 흡수를 높일 수 있다.

② 캐리어 오일의 종류

스위트 아몬드 오일, 조조바(jojoba) 오일, 대두 오일, 포도씨오일, 맥아오일(wheat germ oil), 달맞이꽃 오일, 살구씨 오일 등이 있다. 이중 조조바 오일의 효능이 가장 높다.

③ 캐리어 오일의 선택 및 효능

캐리어 오일 선택시 피부타입에 맞는 것을 사용하고 캐리어 오일 자체만으로도 효능이 있다.

④ 블랜딩

블랜딩은 아로마테라피의 가장 중요한 부분이며 피부미용사는 블랜딩을 정확히 할 수 있어야 한다(1ml=20drops). 상황에 따라 변화되어 질 수 있는 부분이다. 기본적으로 에센셜 오일이 갖고 있는 향의 성질에 따른 분류 즉, 에센셜 오일의 상향(top note), 중향(middle note), 하향(base note)으로 분류된다.

· 상향(top note) : 상향의 오일은 민감하고 침투적이며 높은 휘발성으로 증발되기 쉬우나 빨리 작용하며 오일 혼합시 가장 빨리 향기를 느낄 수 있다. 대표적인 오일에는 레몬이나 감귤류 등의 오일, 페퍼민트, 타임, 유칼립투스, 바질, 클라라 세이지, 시나몬 등을 들 수 있다.

· 중향(middle note) : 중향은 블랜딩 시 중심이 되는 오일로서 꽃향기를 가진 오일이 대부분 속한다. 중향의 오일은 원만하고 따뜻하며 주로 인체의 신진대사와 소화기관의 순환 등에 쓰인다. 대표적으로 라벤더, 로즈우드, 제라늄, 마죠람 등이 있다.

· 하향(base note) : 하향의 오일은 피부 깊숙이 침투하며 깊고 심오한 느낌을 주며 일주일 이상 향이 지속되며 대개 5~10%로 적게 사용된다. 감정을 이완, 안정시키는 성분이 들어 있다. 대표적 오일로는 샌달우드, 시더우드, 패츌리 등이 있다.

아로마테라피 적용 시 주의사항

· 간질, 심한 지병이 있는 사람, 임산부는 전문가와 상담 후 사용해야 한다.
· 일부 에센셜 오일을 직접 피부에 사용하면 피부 자극과 부작용이 있을 수 있으므로 항상 캐리어 오일과 희석하여 사용해야 하며 소량만을 사용한다.
· 에센셜 오일은 햇빛과 열에 의해 파괴되므로 반드시 짙은 갈색이나 청색병에 담아 실온에서 보관한다(단, 감귤류의 오일은 냉장 보관하는 것이 더욱 좋다).
· 내복용으로는 절대 사용하면 안되며 전문가와 상의해야 한다.
· 임신중이거나 가임여성은 사용시 주의해야 하며 일반적으로 임신3개월이전에는 에센셜 오일의 직접적 매뉴얼 테크닉은 하지 않는 것이 좋다.

10. 림프드레니쥐

1) 림프계

림프계(lymphatic system)는 혈액 순환의 일부를 담당하는 부수 순환계라고 볼 수 있다. 모세혈관에서 삼투압(bulk flow)차에 의해서 간질 구분에 저류된 것들을 순환계로 되돌려 보내는 길이 림프계이다. 림프계의 밀도는 조직에 따라 많은 차이가 있으며, 중추신경계, 뼈 등에서는 림프계를 거의 볼 수 없으며 간과 장에는 아주 풍부하게 발달되어 있다.

림프계는 모세림프관에서부터 굵은 림프관으로 이어지며 도중에 림프절을 형성하고 나중에는 온몸에서 온 림프관들이 모여서 커다란 흉관과 우림프관을 형성하여 정맥으로 들어간다. 모세림프관은 내피세포로 구성되어 있고 세포사이에는 서로 느슨하게 연결되어 있어서 단백질과 같은 큰 물질도 쉽게 통과할 수 있다.

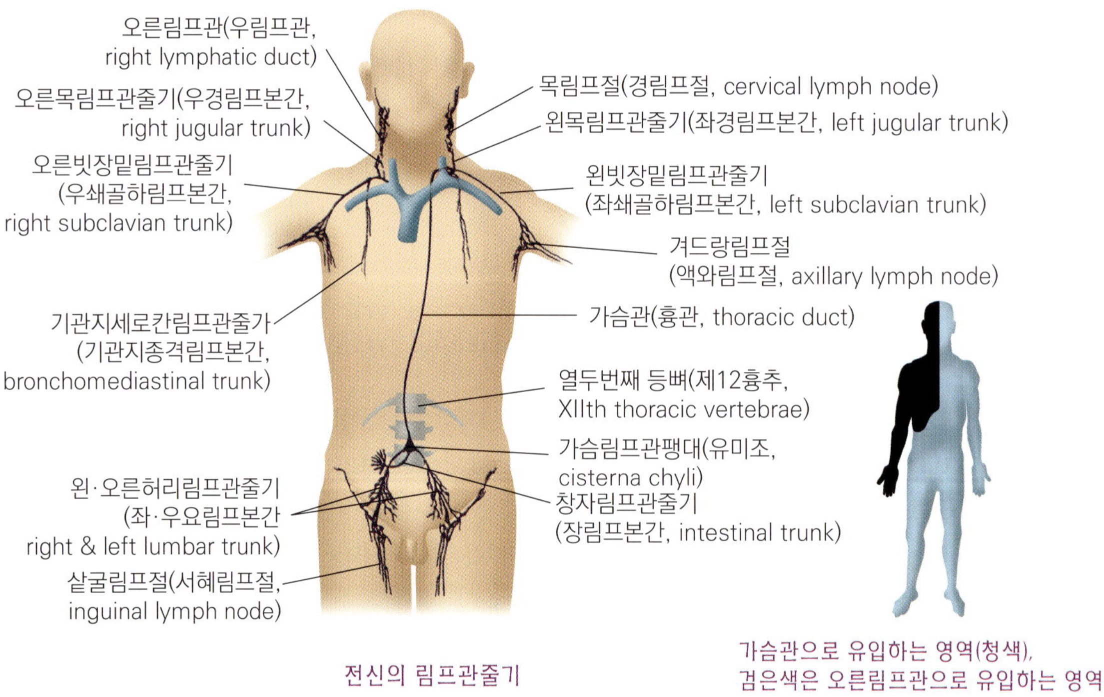

그림 6-6. 림프관(가슴관과 오른림프관)

세포의 일부분은 다음 세포와 일부분 중첩되어 있어서 이곳이 판막 구실을 하며 바 림프관에 들어간 림프는 역류하지 않는다. 모세림프관을 지나서 림프관에 이르면 곳곳에 판막이 있어서 림프의 역류를 막고 있다.

2) 조직액과 림프액

(1) 조직액 형성

혈액 순환 도중 혈장 성분이 혈관 밖으로 스며 나온 후 다시 혈관으로 들어가지 않고 조직 세포 사이에 남는 경우, 이를 조직액이라 하는데 모세혈관과 조직 세포 사이에 물질교환의 기능을 담당한다. 폐쇄순환계를 가지고 있으므로, 혈액과 조직 세포 사이에 물질 교환이 일어나려면 혈액의 일부가 혈관 밖으로 빠져 나오거나 조직 세포에서 혈관 속으로 들어가야 한다.

① 림프액 형성

모세혈관에서 재흡수 되지 못한 액체는 조직에 남게 되므로 조직액량이 증가한다. 조직액 압의 증가로 조직액의 일부분은 모세림프관의 세로 간격을 통해서 림프관내로 들어가서 림프를 형성한다. 그러므로 림프는 조직액과 성상이 같으며, 혈장보다는 단백 농도가 낮다. 일반적으로 모세혈관 벽에서 혈장단백은 극히 소량이 간질 부분으로 운반되어 나가지만 간과 장에서는 다량의 단백질이 나오기 때문에 간과 장으로부터 온 림프에는 단백질의 농도가 비교적 높다. 조직액에 들어온 단백질은 림프관을 통해서 증가한 액체에 실려 계통순환 내로 복귀하는 것이다. 세포에서 분비되어 조직액에 나온 효소들, 예컨대 지방분해효소나 히스타민 같은 것들도 림프관을 통해서 혈중으로 들어간다. 그러므로 림프에 실려 혈액으로 되돌려 보내지는 단백량은 일간 총 순환 단백량의 25%에 이르며 림프 유통량은 시간당 약 120ml로서 동맥단 모세혈관에서 여과된 양의 약 1/7 정도 된다.

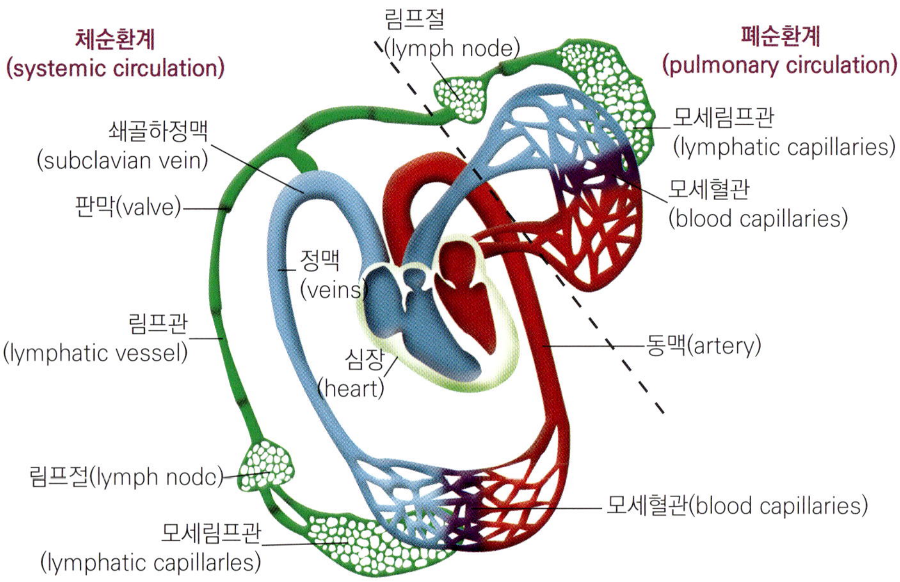

그림 6-7. 림프순환과 혈액순환의 관계

② 림프 순환

▶ 림프 유량의 조절

림프의 생성과 유량은 조직액량에 따라 변동한다. 조직액량은 전 및 후 모세혈관 저항에서 유래하는 모세혈관 압과 혈장 단백, 활동하고 있는 모세혈관의 수에 의하여 결정된다. 안정 시에는 일정한 양의 조직액이 모세혈관으로부터 계속 추가되기 때문에 추가된 양만큼의 림프가 형성되어 림프관을 흐른다. 림프관은 규칙적으로 수축하여 림프를 정맥쪽으로 이동시키는데 관내에 있는 판막 때문에 수축 시 역류되는 일은 없다. 수축 빈도는 림프관내 림프량에 비례하여 증가하나 동맥 맥박의 영향도 받는다. 동맥압이 전도하여 림프관을 압박하면 관내의 림프는 쉽게 정맥으로 환류된다. 활동 중인 조직에서는 모세혈관 압이 증가하며 심할 때에는 정맥단 모세혈관 압이 교질삼투압보다도 더 높아져서 모세혈관 전체에 걸쳐 여과만 있고 재흡수는 없는 경우까지 생길 수 있다. 더구나 활동조직은 대사의 증가로 삼투성 대사산물까지 조직액에 추가되므로 혈장 교질삼투압과 간질 삼투압 사이의 삼투질농도의 경사가 감소되어 모세혈관 내액의 조직액 내로의 유입은 더욱 커져서 림프 유량은 최고 안정시의 25%까지 증가될 수 있다.

3) 역 사

1930년대에 덴마크의 에밀보더(Emil Vodder)박사와 부인 에스트리드 보더(Estrid Vodder)는 프랑스 깐느(Cannes)에서 매뉴얼 테크닉 치료사로 활동하면서 대다수의 만성감기환자들이 대체적으로 목 부변에 있는 림프절이 부어 있음을 발견하고 치료하게 된 것을 계기로 림프드레니쥐에 대한 본격적인 연구를 하게 되었다.

1936년 프랑스 파리에서 림프 드레니쥐에 대한 논문을 발표하였으며, 그 이후 40년 동안 림프 드레니쥐에 대한 강의와 임상을 통하여 꾸준히 활동하였으며, 매뉴얼 림프 드레니쥐(manual lymph drainage : MLD)라는 용어를 처음으로 사용하였다.

그 후, 보더 박사에 의해 창안된 매뉴얼 림프 드레니쥐는 의사, 피부미용사, 물리치료사들도 관심을 가지게 되면서 1967면 '보더 박사의 림프 드레니쥐 협회'를 설립하였다. 협회를 통해 림프 드네니쥐 기법과 효과를 과학적으로 정립시켰으며 다른 직종의 전문가를 위한 교육 프로그램을 체계화시켜 운영하였다. 그 후 호주에 Vodder 스쿨이 세워져 에밀보더의 위업을 이어 체계적인 교육시스템을 운영하고 있다.

4) 림프 드레니쥐 기법의 이해

(1) 목적

림프 드레니쥐는 보더 박사에 의해 창안된 수기법으로 림프 순환을 촉진시켜 세포의 대사물질 및 노폐물의 배출을 도와줌으로써 궁극적으로는 조직의 신진대사를 원활하게해 주는 기법으로, 신체 각 부위에서부터 목 부위까지 조직액을 운반하여 림프액이 각 조직으로 원활하게 흘러 들어갈 수 있도록 도와주는 것이다. 그러므로 신체의 부종과 그로 인한 통증, 피부미용의 이상증세 등과 같은 문제점의 개선 효과를 기대할 수 있다.

- 림프 드레니쥐의 피부미용적 효과

정확한 림프 드레니쥐 기법 적용은 림프배액을 활발하게 하여 물질의 세포 통과거리와 확산시시간이 짧아져 조직에서 과도한 수분의 정체를 예방하고 영양물질이 세포에 빠르게 공급된다. 관리의 모든 단계가 끝난 후 해주는 것이 효과가 높다.

(2) 적용피부

· 물리적 자극을 피해야 할 민감한 피부
· 알러지 피부
· 농포성 여드름
· 부종
· 수술 후의 상처 회복
· 셀룰라이트
· 홍반
· 염증성 피부질환

(3) 적용 시 유의점

① 적용원칙

· 체액의 평형을 유지하기 위해 정기적으로 시행한다.
· 여드름은 가장 중요한 적용대상으로 장기간 자주 시행하는 것이 좋다. 이 과정동안 여드름이 일시적으로 악화될 수 있으므로 고객에게 미리 주지시키는 것이 중요하다.
· 만성 부종일 경우에는 눈물샘, 결합조직 내 단백질 축적 또는 만성 손상에서 비롯된 모든 피부 병변, 알레르기, 만성습진, 화상, 만성염증은 조심해야 한다.
· 일반적으로 몸의 저항력을 증가시키고 상처 재생이 빠르기 때문에 켈로이드(keloid) 관리에 효과적이다.
· 규칙적으로 림프 드레니쥐를 시행하면 부종과 튼살 예방 뿐 만 아니라 이미 생긴 임신선에도 효과적가 있다. 림프가 정체된 경우에는 조직학적으로 탄력섬유의 손상을 초래하므로 림프 드레니쥐를 통해 이를 예방할 수 있다.

② 압의 중요성

조직으로부터 물과 단백질을 배출하기 위해 시술되는 적절한 압으로 시행하는 림프 드레니쥐는 재흡수를 일으키는 효과를 가진다. 림프 드레니쥐 시 압력은 이런 효과에 중대한 영향을 미친다. 또한 압력뿐만 아니라, 압력이 적용되는 방식에 따라 다르다. 림프 드레니쥐시 관리사는 고객의 표정을 잘 관찰하면서 아주 부드럽고 고객의 호흡과 일치하면서 피부가 붉게 되지 않도록 해야 한다. 적절한 압은 30~40mm/Hg이다.

③ 상대적 금기증

림프 드레니쥐를 할 때 주의할 점은 어떠한 경우든지 고객이 불편하거나 기분이 좋아지지 않을 때에는 시술중이더라도 멈추어야 한다. 다음은 상대적 금기증에 관한 사항이다.

▶ **갑상선 기능 항진증**

갑상선 부위와 Profundus-terminus 방향시술을 피해야 하며 occiput-terminus 방향으로 시술하도록 한다.

▶ **천 식**

천식은 미주신경에 의해 유발되는데 림프 드레니쥐는 미주신경에도 영향을 미치기 때문에 천식을 촉진시킬 수 있다.

▶ **결 핵**

결핵균에 감염된 림프절은 림프 드레니쥐에 의해 캡슐에 싸여 있던 간균들이 다시 활동성이 될 위험성이 있기 때문에 금해야 한다.

▶ **심부전증**

심부전증에 의한 부종은 더욱 악화될 수 있다.

▶ **저혈압**

▶ **생리 중에는 복부시술은 피한다.**

④ 절대적 금기증

▶ **모든 악성질환들과 모든 급성 염증 질환**

▶ **색전증**

▶ **혈전증**

▶ **우측 심부전으로 인한 소위 심부종**

▶ **임산부(최초 3개월까지는 절대 금지)**

5) 림프 드레니쥐를 위한 매뉴얼 테크닉의 사례

(1) 주위환경 및 고객준비

① 주위환경

· 조명은 너무 밝지 않게 한다.
· 적당히 따뜻한 실내 온도를 유지하도록 한다.
· 소음을 없애고 손의 리듬이 깨지지 않도록 음악도 틀지 않는다.
· 침대는 편안하며 부드러운 촉감으로 몸의 긴장을 풀 후 있도록 한다.

② 고객준비

· 고객의 피부는 클렌징하여 깨끗이 준비한다.
· 고객의 자세는 앉거나 눕혀서 완벽히 편안하게 모든 근육들이 이완된 상태이다.
· 시행자는 항상 자신의 손동작을 잘 관찰할 수 있는 자리에 위치한다.
· 시행자는 고객의 앞이나 뒤에서 실시하는데, 중요한 것은 고객 안면의 어떤 근육도 수축되지 않아야 한다. 근육수축은 림프순환을 방해하기 때문이다.
· 모든 근육들은 이완된 상태로 유지되어야 하는 것이 핵심이다.
· 고객과 말하는 것을 최소화하고 고객도 되도록 말을 하지 않도록 한다.
·일반 매뉴얼 테크닉과는 달리 목주위 관리부터 시행한다.

(2) 림프 드레니쥐 적용시 유의 사항

· 손과 팔의 긴장을 푼다.
· 시행하는 동안 말을 하지 않는다.
· 일정한 속도를 유지한다.
· 매뉴얼 테크닉은 가볍게, 정확히 하되 손 밑 조직을 느껴가며 실시한다.
· 매뉴얼 테크닉시에 음악은 각각의 리듬이 있어 따라하기 쉬우므로 꺼둔다.
· 깨끗이 세안된 후 크림이나 오일을 사용하지 않은 채 실시한다.
· 심한 건조함을 느낀다면 유분이 적은 크림이나 앰플을 소량 사용한다.
· 주 1~2회 정도로 실시하며 10회정도 규칙적으로 계속 실시하면 효과가 높다.
· 한번 시행 시 15~20분 정도가 적당하나 피부관리의 다른 단계에서 림프 순환을 위한 동작이 보충된다면 10분 정도로도 끝날 수 있다.

· 림프 드레니쥐는 일반적으로 모든 단계가 끝난 다음 시행하는 것이 좋다. 이는 림프 드레니쥐가 림프액의 순환을 정상적으로 재정립해 주고 노폐물 배출을 안정화시키기 때문이다. 손님에게도 마지막으로 매우 안정감, 진정된 느낌을 줄 수 있다.
· 집중적으로 실시하는 기간 동안에는 차나 생수를 매일 최소 3~4ℓ 정도 마시도록 한다.
· 금연하도록 한다.
· 잘못된 식습관을 버려야 한다.
· 충분한 운동을 하도록 한다.

(3) 림프 드레니쥐 기법의 원칙

· 림프 드레니쥐 시행 시 터미누스를 포함한 목주위 관리부터 시행해야 한다.
· 림프 드레니쥐 시행 시 압력은 30~40mm/Hg 정도가 적당하다.
· 각각의 정지상태의 원동작은 0에서 20~30~40mm/Hg로 점점 압력을 변화시키면서 시행해야 한다. 펌핑 동작 시 압력은 조직에 영향을 미칠 수 있을 정도의 부드러운 압력으로 해야 한다.
· 압을 가하는 방향은 피부에서 림프 흐름에 일치하여 시행한다.
· 매 동작을 시행할 때는 한 부위에서 5~7회 정도 반복한다. 반응하기까지는 적당한 시간이 필요하기 때문에 반드시 반복해야 한다.
· 시행을 할 때는 압력기를 이완기보다 길게 해주어야 한다.
· 피부가 붉게 되지 않게 해야 한다.

(4) 기본 동작

① 정지상태의 원동작(stationary circle)

정지상태의 원동작은 손가락을 피부에 평평하게 겹쳐서 놓거나 8개의 손가락을 나란히 옆에 두고 원동작이나 나선형으로 시행한다. 이때 시행방향은 림프배출방향으로 흘러가게 하고 시행주기는 천천히 일정한 주기로 연속적으로 시행해야 한다. 이 방법은 주로 목, 얼굴림프절 관리에 사용된다. 동작시행시 조직에 가하는 압력은 서서히 높여주거나 서서히 내려주어야 한다.

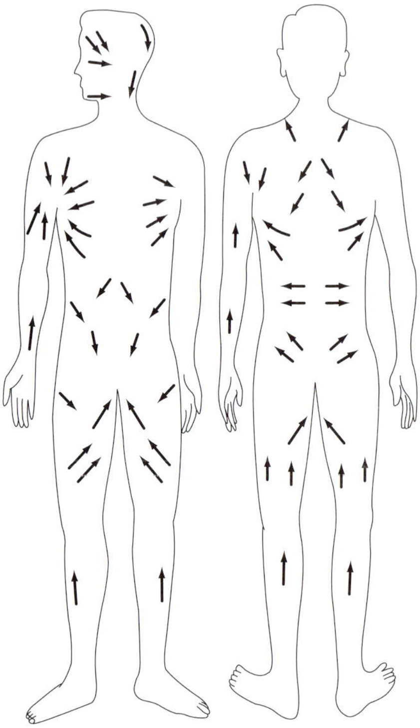

그림 6-8. 림프 흐름의 방향

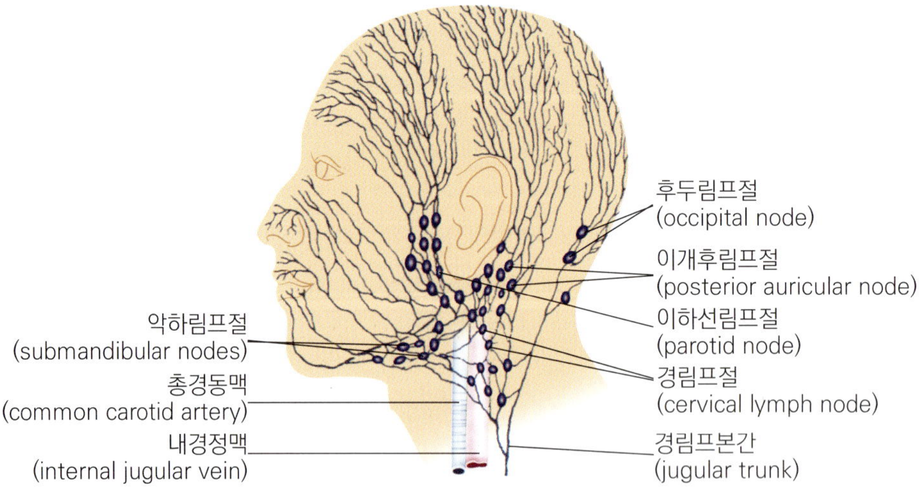

그림 6-9. 두경부의 림프절

② 펌프 기법(pump technique)

손바닥은 아래로 향하게 하고 엄지 손가락과 네 손가락은 직각이 되게 한 후 같은 방향으로 타원형으로 움직여야 한다. 엄지 손가락과 네 손가락은 곧게 뻗어 피부에 평평하게 놓고 손목을 유연하게 움직이면서 동작한다. 이 기법에서 손가락 끝은 아무런 역할을 하지 않은다. 손목은 관절처럼 움직인다. 손가락이 앞으로 나아갈 때는 손목관절을 세우고 위로 펌프하듯이 밀때의 손목은 손등과 나란히 되도록 한다.

③ 퍼올리기 기법(scoop technique)

펌프기법과 대조적으로 손바닥을 위로 향하게 한다. 손목의 회전은 손목과 손을 하나의 나선모양으로 한다. 손가락을 뻗고 압력을 주는 동안 몸쪽으로 돌린다. 안쪽 부분을 쓰다듬을 때는 압력을 주고 밖으로 쓰다듬을 때에는 압력을 주지 않는다. 중요한 점은 검지 손가락의 수근-중수 관절이다.

④ 회전 기법(rotary technique)

이 기법은 상대적으로 몸의 평평한 부분에 사용되고 개인적으로 다양하게 이루어진다. 손목은 위, 아래로 움직인다. 손바닥을 피부에 평평하게 놓고 안쪽에서 나선모양으로 바꿔가며 시행한다. 엄지 손가락도 림프 순환방향으로 압력을 주면서 순환운동을 한다. 손목을 세우면서 압력을 풀고 네 개의 뻗은 손가락은 움직인다. 엄지 손가락은 돌리자마자 다시 압력을 가하게 된다.

11. 발반사 매뉴얼 테크닉(foot reflexzone massage)

반사구에 적당한 자극을 주거나 만지거나 하는 것으로 신경반사작용과 혈액순환원리를 통해 직접 그 장기와 관련된 부위에 자극을 주는 것으로 각 기관과 장기의 정상적인 기능을 회복시키는 매뉴얼 테크닉으로 발에 주로 사용한다.

1) 발반사요법의 역사

발반사요법이란 발부위의 반사구(reflex zone)를 효과적으로 자극하여 건강을 회복, 증진시키는 대체 의학적 자연물리요법으로 그 기원은 5천년전 고대 중국의 서인 〈황제내경〉소녀편에 기록된 '관지법'을 꼽고있다. 관지법은 지(발과 발가락)의 혈도를 안마하듯 자극해 그 반사작용으로 치료효과를 도모하는 건강법이었다.

미국인 의사 윌리엄 피츠제랄드(William Fitzgerald, 1872~1942)는 현대 의학적 견해에 입각한 연구업적을 정리하여 1913년에 〈Zone Therapy〉를 발표하였다. 피츠제랄드의 이론은 신체의 중앙에서 수직으로 좌우 각각 다섯줄을 그어 각각을 신체의 기관과 연계된 반사선으로 설명하고 있다. 이것은 이미 2,500년전에 개발된 동양의 경락도와 유사점이 전혀 없는 것이라 하겠으나 오늘날 발건강관리법의 효시가 되는 획기적 이론으로 꼽히고 있다.

이 후 독일, 영국, 스위스, 오스트리아 등 유럽의 의학자들이 반사구의 중요성을 인식, 반사구를 연구하며 논문과 저서를 펴내게 되었다. 중국에서 선교사롤 근무했던 스위스인 간호사 헤디 마자프레(Hedi Masafret)는 발의 반사구를 체계적으로 정리, 수록한 〈미래의 건강〉을 저술했다. 1970년대 발간된 〈미래의 건강〉은 오늘날 모든 발관리 서적이 인용하고 있는 이 계통의 고전으로 꼽힌다.

(1) 동양의 발관리

① 중국의 발관리

전통의학서 황제내경(皇帝內徑)의 소녀편(素女編)에 기록된 관지법(觀趾法)에서 기록을 찾을 수 있다. 기원으로 발의 혈도(穴道)를 자극하고 그 반사원리를 이용해서 치료 효과를 얻는 방법으로 한(漢)나라 시대에 화타가 발바닥을 자극하는 관지법을 재편성하여 「화타비지」를 저술하였는데, 이것이 오늘날 중국에서의 족심도(足心道)의 원형이고 현재 발반사요법의 본류라고 할 수 있다.

하지만 중국의 잦은 왕조교체, 분서갱유를 거치면서 소실되기도 했지만 비법을 전수하지 않는 특유의 국민성 때문에 중국의학에서 자세한 정보를 찾기가 어렵게 됐지만 신체의 각 부위별 압을 가한 매뉴얼 테크닉기술이 과거부터 현재까지 행해지고 있고 이런 일련의 행위들이 자극법, 지압법의 근원으로서 의심할 여지가 없다.

② 일본의 발관리

나라지방에 1,000여년 이전의 것으로 보이는 불족적이 남겨져있는데 발바닥에 그려져 있는 그림이 5장 6부를 나타낸다고 전해지고 있고 민간요법으로 족심도가 현재도 행해지고 있다.

(2) 인디언들의 발 관리

인디언들은 병의 징후가 나타나면 발바닥의 신체 상응부위를 손이나 도구를 이용해서 자극하는 매뉴얼 테크닉을 했었다는 기록과 함께 전해져 오고 있다.

(3) 독일의 발관리

푸스플레게(Fuss Pflege)로 불려지고 있으며 발의 문제, 변형으로 오는 문제점(파고드는 발톱, 굳은 살, 티눈, 못, 갈라지는 뒤꿈치 등)을 기구를 사용하여 치료하는 발의 위생적인 면을 해결하는 구체적인 방법과 반사요법이다.

(4) 우리나라의 발 관리

우리나라는 예부터 소식, 채식위주의 식생활과 짚신, 성실한 노동 등으로 인해 발의 문제가 발생하지 않아 일찍이 발 관리에 대한 인식이 발달하지는 않았지만 1980년 이후 동·서양의 매뉴얼 테크닉과 반사요법 이론을 바탕으로 각기 다른 특성을 찾아내고 보완해서 유럽식의 스크럽 매뉴얼 테크닉과 중국식의 족지법을 한국인의 체질과 정서에 맞게 시술되고 있다.

(5) 현대의 발 관리

20세기에 접어들면서 1913년에 미국의 DR. W. Fitzgerald가 수술환자들 중 통증에 대해 손의 일정부분을 의자의 뾰족한 것으로 지속적으로 누름으로써 스스로 통증을 감소시키는 것을 보고 조사한 결과 인디언이나 중국에서 구전되어 온

방법이라는 것을 알고 연구하여 과학적인 현대 의학에 입각한 구역요법(Zone Therapy, 신체의 중앙을 경계로 해서 머리부터 발끝까지를 좌우 각각 5줄의 수직으로 구분했는데 그 영역에 나타난 질환은 같은 영역의 내장 기관이나 신체부분에 영향을 미친다는 이론이다)을 정리한 것을 1917년 Dr. Ewan F. Bowers와 공동으로 학계에 발표함으로써 미국, 영국, 스위스, 오스트리아, 독일 등의 학자들도 반사부위에 대한 연구가 활기를 뛰기 시작하여 Reflex Zone Therapy가 과학적인 입증을 바탕으로 동종의 모든 반사요법의 기초로 활용되고 있다. 이후 미국인 내과의사인 DR. Riley는 일정한 신체 부위가 발에서 신경반사가 이어지고 있다는 것을 임상을 통해 발표하여 Reflex Zone Therapy의 이론을 확립하기에 이르렀다.

이렇게 얻어진 발의 상응부위에 대한 지압과 매뉴얼 테크닉은 단『몇 초간의 징후』라는 제목으로 유럽에서 차츰 발의 반사부위에 대해 관심을 갖기 시작하였다.

독일의 Hanne marquard는 Eunice Ingham 여사의 Stories the feet have told true reflexology(발은 말한다. 1938)에 영향을 받아 1975년『발의 상응부위』라는 책을 펴내 본격적으로 독일에서의 발반사요법에 대한 방향을 제시해 주었으며, 여러 나라에서 다양한 세미나를 통해 오늘날의 발반사요법을 확립했다고 해도 과언이 아니다.

2) 발의 구조

(1) 하지골(다리뼈, Bones of limb)

하지뼈는 한 쪽에 31개씩 모두 62개의 뼈로 구성되어 있으며 하지연결대, 대퇴, 하퇴, 발의 4부분으로 구성된다.

하지뼈는 체중을 지탱하고 원활한 운동을 할 필요가 있어 상지골보다 튼튼하고 견고하게 만들어져 있다. 골반을 형성하여 하지를 몸통에 연결시키는 좌우 관골을 하지대라고 하며, 대퇴골, 슬개골, 경골, 비골, 족근골, 지골 등을 자유하지골이라고 한다.

① 관골(힙뼈, 볼기뼈, Hip bone)

척추와 하지를 연결시켜 골반을 구성하는 뼈 중 가장 큰 뼈이다. 출생시는 장골(엉덩이뼈, ilium), 좌골(궁둥뼈, ischium), 치골(두덩뼈, pubis) 등 세 개의 뼈가 Y자형으로 연골에 의해 서로 결합되어 있다가 15~16세경부터 한 개의 뼈로 구성된다.

② **대퇴골(허벅지뼈, Femur)**

약 40cm정도로 인체에서 가장 긴뼈로 상단은 관골구(힙뼈)와 더불어 고관절을 형성하고 하단은 경골과 관절하며 바로 전면에는 무릎뼈 부위 위 슬개면(무릎면, patellar surface)이 있다.

③ **슬개골(무릎뼈, Patella)**

대퇴사두근건(넙다리네갈래근)의 힘줄 속에 밤톨 같은 모양의 종자뼈(sesamoid bone)이다. 슬개골은 볼록한 전면과 오목한 후면을 갖고 있고 후면은 다리를 쭉 뻗었을 때 대퇴골 위에 얹히게 된다.

④ **경골(정강이뼈, Tibia)**

하퇴의 내측을 연결하는 뼈로 상단은 대퇴골과 관절하고 하단은 내복사뼈와 연결되어 있으며 삼각형 모양으로 전면은 날카로워 쉽게 타박상을 입기도 한다.

⑤ **비골(종아리뼈, Fibula)**

경골 바로 옆에 붙어 있는 가느다란 뼈로 무릎 관절에는 직접 관여하지 않기 때문에 체중을 지탱하는 역할은 하지 않는다. 상단의 경골 하단은 외복사뼈에 관절하여 족근관절의 형성에 관여한다.

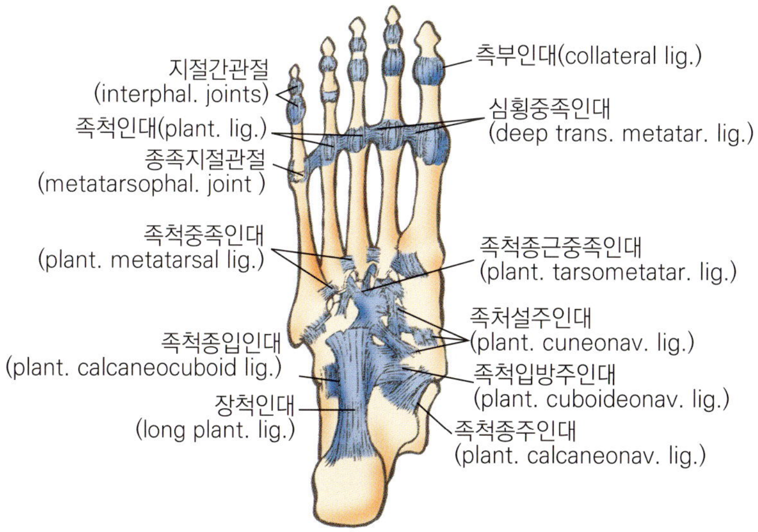

그림 6-10. 발의 관절(하면)

⑥ 족근골(발목뼈, Tarsal bones)

발목을 형성하는 7개의 뼈로 구성되어 있고 이들은모두 불규칙뼈다.

· 거골(목말뼈, talus) : L자 모양의 뼈로 종골 위에 얹혀 있고 경골과 비골에 관절하며 경골의 무게를 받아 종골뼈로 전달하며 입방골와 관절하고 있다.
· 종골(발꿈치뼈, calcaneus) : 발뒤꿈치(heel)의 융기를 형성하고 위에서 목말뼈와 앞쪽의 입방뼈와 관절하고 있으며 아킬레스건이 부착되어 있으며 거골을지지한다.
· 주상골(발배뼈, navicular) : 발의 내측에 있으며 거골과 설상골 사이에 위치한다.
· 입방골(cuboid) : 발의 내측에 있으며 종골의 전단과 관절한다.
· 설상골(안족, 중간, 가쪽쐐기뼈, cuneiforms) : 3개의 설상골은 각각 1, 2, 3 중족골과 관절하여 주상골 앞쪽에 나란히 있다.

⑦ 중족골(발바닥 뼈, Metatarsal Bones)

발바닥을 형성하는 5개의 긴뼈로엄지발가락부터 새끼발가락까지 차례대로 관절한다. 제 1 중족골은 무게를 제일 많이 지탱하는 부위로 굵으며 발가락뼈인 지골과 관절한다.

⑧ 지골(발가락뼈, Phalanges)

발가락을 형성하는 뼈로 엄지발가락만 2마디로 되어 있고 나머지 2, 3, 4, 5지는 3마디로 총 14마디로 되어 있다. 발가락 끝부위는 발톱이 부착되어 있다.

⑨ 족궁(아치, Arch of the foot)

걷거나 뛸 때 스프링과 같은 역할을 하는 발바닥 활 모양과 같은 부위를 족궁(아치)라 하며, 인체의 충격을 완화하는 역할을 한다. 족궁은 2개의 족궁과 1개의 횡궁으로 구성되어 있고 인대와 하퇴근의 건이 단단히 고정되어 있어 아치를 형성하거나 선천적 기형이나 잘못된 보행 등으로 아치가 무너져 편평한 발이 되기도 한다. 이런 발을 평발이라고 하고 오래 걷거나 뛰면 피로가 쉽게 온다.

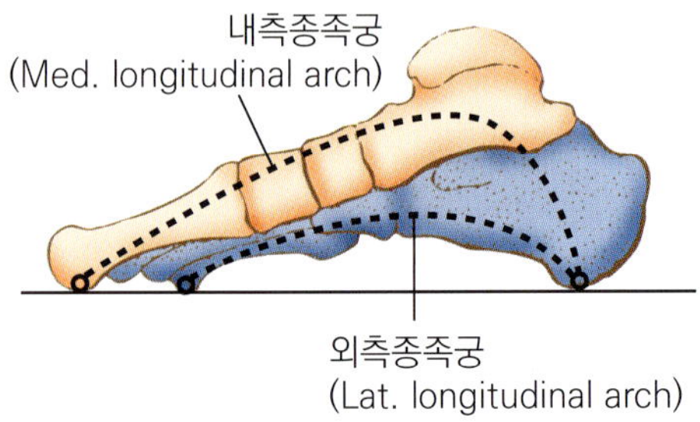

그림 6-11. 족궁

(2) 하퇴와 발의 근육

하지의 근육은 인체의 몸무게를 지탱하고 상지의 근육에 비해 훨씬 운동량이 많으며 발목과 발가락 운동에 관여한다. 종류로는 전하퇴근과 외측하퇴근 및 후하퇴근이 있다.

① 전하퇴근(정강이 근육, Anterior crural muscles)

하퇴의 전외측에 있는 전경골근, 발가락을 펴는 긴 엄지펴짐근, 제 3비골근(3째 종아리근) 및 긴 발가락펴짐근 등 4개의 근으로 구성되어 있다.

② 외측하퇴근(Lateral crural muscles)

하퇴의 바깥쪽 비골에서 시작하는 긴 비골근과 짧은 비골근은 발목을 굽히거나 젖히는 작용을 한다.

③ 후하퇴근(뒤종아리근육, Posterior crural muscles)

하퇴근은 뒷면 종아리를 형성하는 근육이다. 종아리 세갈래근은 후면과 안쪽 및 측면 위 관절 융기에서 일어나는 장딴지근과 이 근육 바로 밑에 자리 잡고 있는 정강이뼈와 종아리 뼈 윗부분에서 일어나는 가자미근으로 구성되어 있다. 이 두힘줄은 발 뒤쪽 아킬레스건에 부착되어 있다. 아킬레스건은 강한 힘줄이지만 순간적으로 과도한 힘을 주면 끊어지는 경우도 있다.

(3) 발의 근육(Muscle of the foot)

발등의 근육보다는 발바닥의 근육이 많다.

① 족배근(발등근육, Dorsal muscles of foot)

단무지신근(짧은 발가락폄근)은 2~5지 발가락을 펴는 근이며 단지신근(짧은 엄지폄근)은 엄지발가락을 펴는 근이다.

② 족저근(발바닥근육, Piantar muscles of foot)

- 족저근은 엄지발가락 부위의 근육, 새끼발가락 부위의 근육, 발바닥 사이의 근육 등 3개 근육으로 되어 있다.
- 엄지발가락 부위의 근육 : 엄지발가락의 굽힘과 안쪽, 바깥쪽으로의 작동을 하게 하고 단무지굴근, 무지내전근, 무지외전근이 있다.
- 새끼발가락 부위의 근육 : 새끼발가락의 굽힘과 바깥쪽 움직임을 하게 하고 단소지굴근, 소지외전근이 있다.

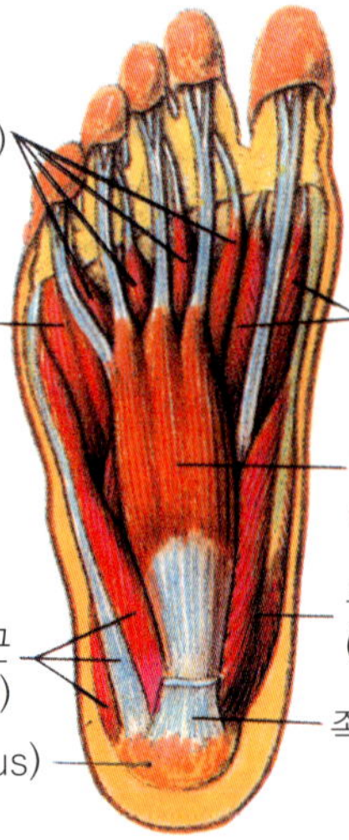

그림 6-12. 후하퇴근(굴근군)

· 발바닥 사이의 근육 : 발바닥의 피부와 족저건막의 널힘줄을 제거하면 발바닥 안깊은 곳에 자리를 잡고 있으며 후방에 족저방형근, 전방에 충양근, 골간근이 위치한다.

(4) 인대(Ligament)

인대는 당기는 것에 잘 견디는 결합조직의 섬유다발로 되어 있으며 뼈와 뼈를 결합시키고 관절을 강화시키며 운동을 제어한다. 그러나 무리한 운동을 하면 인대가 손상될 수 있다. 발바닥은 다음과 같은 근막과 인대가 있다.

① 발바닥근막

발굽골의 밑쪽에서 5개로 나눠져 발바닥뼈 앞머리를 통과해, 첫마디 뼈까지 이어지며 발바닥에서 가장 강인한 인대이다. 발에 가해지는 체중을 지탱하고, 내·외 횡족궁의 탄성을 유지시키는 기능을 한다.

② 긴발바닥인대

발굽골의 밑쪽에서 나와 발바닥 뼈바닥에 이른다.

③ 내·외측 인대

거관절 상부의 내·외측을 강화시킨다.

④ 발굽발배인대

발굽골에서 시작하여 입방골에 이른다.

3) 건강한 발의 조건

발은 우리의 육중한 몸을 받쳐 주고 있으며 인체를 움직이는데 지렛대 역할을 하여 주는 전신의 축도라 할 수 있다. 발은 인간의 행동에 있어 매우 중요한 역할과 위치를 담당하고 있다.

(1) 발의 기능

· 몸의 기초구조이다.
· 이동수단이다.
· 몸의 체중을 떠 받치고 있다.
· 몸의 충격을 흡수하여 주는 기관이다.
· 몸의 균형을 유지하여 준다.

(2) 건강한 발의 조건

· 발이 아프지 않아야 한다.
· 모든 관절이 제대로 움직여야 한다.
· 발 뒤꿈치가 종아리와 일직선이 되어야 한다.
· 발에 기형이 없어야 한다.
· 인체의 하중으로 인해 발바닥의 3곳이 지지되어야 한다.
· 발이 언제나 따뜻해야 한다.
· 발바닥에 굳은살, 상처 또는 질환이 없어야 한다.

(3) 발바닥의 무게중심

체중의 부하는 한쪽 발에 50%씩 나뉘는데 이 중 발뒤꿈치에 25%가 전달되며, 나머지 25% 중 10%는 엄지 중족골 쪽에, 15%는 둘째부터 새끼중족골 쪽으로 분산된다. 또한 체중 부하시 족궁(아치)은 무게 전달시 무게를 흡수하여 유연하게 하여 마치 용수철과 같은 역할을 담당한다. 이때 무게를 떠받치는 힘은 각종 발바닥 인대(plantar ligament)에서 80%를 담당하고 근육과 힘줄은 나머지 20%를 담당한다.

(4) 발반사 마사지시 주의사항

· 식사 후 1시간 이내에는 매뉴얼 테크닉하지 않는다.
식사 후에는 혈액이 위장의 활동을 돕기 위해 위장으로 몰리므로 이 시간이 경과 한 후에 매뉴얼 테크닉하도록 한다.

· 발전용 크림이나 오일을 사용한다.
시술시 통증이나 물집을 예방하고 지압효과를 높이기 위하여 사용한다.

· 효과를 극대화시키기 위하여 시작과 마무리는 배설기관의 반사구를 자극한다.
순환기능과 노폐불 배출이 용이하도록 신장 → 수뇨관 → 방광 → 요도의 순서로 반사구를 자극한다.

· 발반사 자극 후 30분 이내에 500cc 정도의 따뜻한 물을 마신다.
소변의 양을 증가시켜 노폐물이 배출을 돕기 위한 방법이다. 심장병 환자와 신장염 환자는 물을 많이 마시면 안된다(일반인의 3분의 1).

· 발바닥에서 대퇴부까지 양쪽 다리를 30분 정도 매뉴얼 테크닉한다.
손이나 지압봉으로 무릎 위 10cm까지 매일 1회 이상 꾸준히 자극한다.

· 뼈 부분을 너무 세게 자극하지 않는다.
보통 반사구는 근육 또는 관절 사이에 있으므로 가능한 뼈 부위는 피한다. 뼈 주위를 너무 세게 자극하면 내출혈이나 골막염 등이 생길 수 있다.

· 임신 중이거나 생리 중에는 절대 금한다.
유산이 되거나 생리 기간이 길어질 수 있으므로 매뉴얼 테크닉을 피한다. 그러나 생리통이 있을시 반사구와 아랫배를 눌러주면 통증을 경감시킬 수 있다.

· 수술 후엔 상처가 다 회복된 후에 시술한다.
혈관 후의 상태가 완전하게 회복된 후에 매뉴얼 테크닉하는 것이 혈액순환을 통해 체내의 노폐물을 효과적으로 배출시킬 수 있기 때문이다. 상처를 빨리 낫게 하려면 비타민 E를 섭취하면 좋다.

· 중환자는 반사구마다 5분 이상 매뉴얼 테크닉하지 않지 않도록 한다.
심한 심장병, 당뇨병, 신장염을 앓고 있는 사람은 자극하기 전에 담당 의사에게 그 사실을 미리 알리고 조언을 구한다. 또 자극 시간도 처음에는 5분을 넘기지 않는다.

· 기 타

- 반사구마다 같은 방향으로 자극할 것, 서로 다른 방향으로 하면 안된다.
- 출혈이 있을 때(외적, 내적)에는 혈액순환을 촉진시켜 출혈을 더 심하게 만들 수 있으므로 매뉴얼 테크닉을 중지한다.
- 종아리에 정맥류 증상이 심한 사람은 하지 않는다.

(5) 관리 직후 마무리 작업

발관리 작업이 끝나면 손님이나 관리자가 앉은 의자, 바닥, 각탕기, 그리고 작업 테이블을 청결히 소독한다.

푸스 플레게 기구, 프레져 및 도구는 다음 손님을 관리하기 전에 소독, 멸균하는 작업을 철저히 한다.

(6) 각탕법

푸스 플레게를 하기 전에는, 반드시 진균 구제제가 들어간 각탕기에 발을 담근다. 발관리에 들어가기 전에 각탕기에 발을 담그는 것은 위생상 빼놓을 수 없는 작업이다. 각탕기는 균으로부터의 피부의 보호, 세정, 치유 등의 작용을 가지며, 카밀렌, 말린 약초, 떡갈나무의 겉껍질 등 그것에 적합한 아로마 성분을 함유한 것을 첨가제로 사용하고 있다. 발의 위생을 위한 작업을 할 때 시간을 절약한다는 이유로 각탕기 사용을 생략해서는 안된다.

4) 발반사요법

(1) 발반사구의 원리

인간의 신체 전부가 발이라고 하는 인체의 국소에 축소·투영되어 있는 것을 발반사구라고 하는데, 이와 같이 인체의 모든 부분에 대응해 있는 발의 반사구에 대해 연구하는 것을 반사요법학이라고 하며, 반사구에 나타난 이상 징후인 통증을 없애기도 하고 발의 긴장을 풀기도 하여, 기능을 회복시켜 건강한 상태로 되돌리려는 것을 발반사요법이라고 한다.

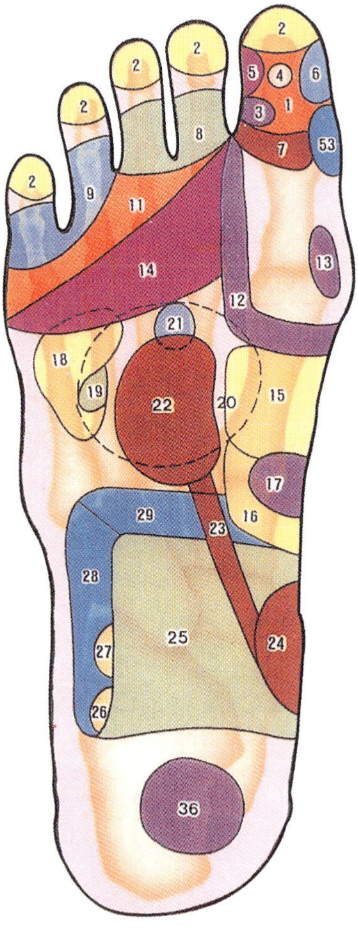

1. 머리(Head)
2. 선두농(Frontal sinuses)
3. 소뇌(Cerebellum)
4. 뇌하수체(Pituitary gland)
5. 삼차신경(Temporal area)
6. 코(Nose)
7. 목(Neck)
8. 눈(Eye)
9. 귀(Ear)
11. 승모근(Trapezoid)
12. 갑상선(Thyroid glands)
13. 부갑상선(Parathyroid)
14. 폐와 기관지(Lungs and Bronchi)
15. 위(Stomach)
16. 십이지장(Duodenum)
17. 췌장(Pancreas)

그림 6-13. 발바닥 반사구(오른발)

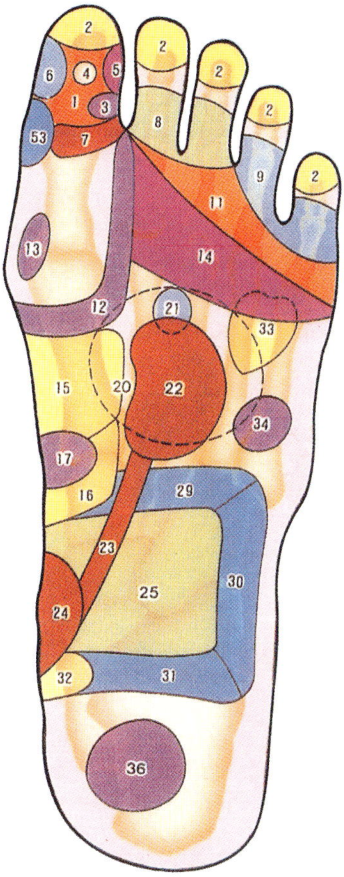

18. 간장(Liver)
19. 담낭(Gall Bladder)
20. 태양신경총(Solar plexus)
21. 부신(Adrenal glands)
22. 신장(Kidneys)
23. 수뇨관(Ureters)
24. 방광(Bladder)
25. 소장(Small intestines)
26. 맹장(Appendix)
27. 회맹판(lieocecal value)
28. 상행결장(Ascending colon)
29. 횡행결장(Transversume colon)
30. 하행결장(Descending colon)
31. 직장(Rectum)
32. 항문(Anus)
33. 심장(Heart)
34. 비장(Spleen)
36. 생식선(Genital glands)

그림 6-14. 발바닥 반사구(왼발)

7
팩(Pack)

1. 팩의 목적 및 효과

1) 팩의 정의

얼굴을 감싼다는 의미로 외피에 피막을 형성하여 일시적으로 피부를 외부의 공기와 차단하여 증발하는 수분을 피막과 표피사이에 체류시켜 피부를 유연하게 하여 수분이나 유분, 기타 피부에 영양을 공급하는 유효성분을 침투하기 용이하게 하는 것이다.

진공에 가까운 상태에서 모공이 열리며 노폐물이 제거되고 팩 속의 유효성분이 피부에 흡수되어 피부의 생리기능을 높이고 피부를 유연하게 한다.

2) 팩의 어원 및 특징

팩(pack)이란 단어는 영어의 "package"에서 유래되었으며, 독일어에서는 Packung과 Mask로 구분된다. "포장하다" 또는 "둘러싸다"의 뜻을 가지고 있다.

(1) 팩과 마스크는 피부위에 바르는 제품으로 여러가지 두께와 다양한 온도를 만들수 있다.

(2) 일반적으로 다른 피부 보호제품이나 영양 제품보다 짧은 시간 내에 효과를 발휘한다.

(3) 마스크와 팩은 피부유형에 따라 효과가 달리 나타난다.

① 팩(pack) : 피부에 영양을 공급하는 부드러운 재료를 바르는 것으로 일정시간이 경과하면 러빙하여 젖은 해면을 사용해 제거한다. 공기가 통과되며 마르지 않은 상태에서 제거하는 것을 의미한다.

예) 크림팩, 콜라겐팩

② 마스크(mask) : 피부위에 막을 형성해서 외부와의 공기를 차단하는 것으로 피부에 바른 후 건조해 지면 제거한다. 공기가 차단되며 마른 상태에서 떼어내는 것.

예) 석고마스크, 모델링마스크

3) 팩의 목적

팩의 목적은 피부에 영양과 수분을 적절히 공급하여 혈액순환 및 신진대사를 촉진시켜 피부의 안색을 맑게 하고 잔주름을 예방한다.

· 피부에 청정작용과 수렴작용을 한다.

· 혈액순환 촉진과 영양공급을 활발하게하여 신진대사를 원활하게 한다.

· 림프순환도 촉진되며 땀을 분비하게 한다.

· 피부속의 노폐물 배출과 불필요한 각질을 제거한다.

팩의 효과는 클렌징 효과, 진정 효과, 수렴효과, 세포재생의 효과, 긴장효과, 염증완화의 효과, 보습효과, 모공수축효과 및 살균효과 등을 가지고 있다.

4) 팩 사용 시 주의사항

(1) 팩의 효능을 고객에게 미리 설명한다.

(2) 팩의 종류에 따라 혹은 피부타입에 따라 15~20분 정도의 시간을 엄수한다.

(3) 피부상태에 따라 제품을 선별해서 사용해야 한다.

(4) 천연팩은 사용직전에 만든다.

(5) 팩을 바르기 전에 온습포로 피부를 따뜻하게 한 후 팩을 적용하면 효과가 높다.

(6) 이마 → 코 → 볼 → 턱밑 → 목 → 데콜테의 순서로 도포한다.

※ 목부터 도포시 팩이 부족할 수 있으므로 이마부터 시작하여 남는것을 데콜테에 얇게 펴발라 준다.

(7) 얼굴에서 가장 온도가 낮은부위가 볼 부위이므로 볼부터 도포해서 볼 → 이마 → 코 → 목 → 데콜테 순으로 도포해도 무방하다.

(8) 도포 및 제거시는 눈, 코, 입에 들어가지 않도록 한다.

(9) 팩을 바른 후 대화를 하거나 얼굴을 움직이지 않도록 한다.

※ 팩 제거 후 : ① 냉습포, ② 아이스 큐브(ice cube), ③ spray를 통해 진정수렴효과

5) 팩 선정 시 주의사항

(1) 고객의 심리상태와 건강상태를 우선적으로 고려한다.

(2) 계절이나 주변환경 및 실내온도 등을 고려하여 선정한다.

(3) 고객의 피부타입이나 상태에 따라 팩의 종류를 선택한다.

6) 팩의 사용방법

(1) 사용 방법에 따른 분류

① 떼어내는 타입(Peel off type)

- 젤 또는 액체 형태로 되어있으며 건조되면서 피부 표면에 팽팽한 막이 형성.
- 아래에서 위로 제거 : 반대로 하면 피부처짐의 우려 때문.
- 고객에게 불쾌감 주지 않도록 조심스럽게 제거.

② 물로 씻어내는 타입(Wash off type)

- 크림, 젤, 거품, 분말 등의 다양한 형태.
- 해면 또는 습포로 닦아내거나, 미온수로 씻어서 제거.

③ 티슈로 닦아내는 타입(Tissue off type)

- 흡수가 잘되는 크림이나 젤 형태.
- 보습, 영양 공급효과가 뛰어나 건성, 노화 피부에 적당.
- 흡수가 많이 된 경우에는 굳이 닦아내지 않고, 그대로 두어도 무관.

(2) 재료의 형태에 의한 분류

① 파우다(분말) 타입

- 약초추출물, 해초추출물, 한방재료, 효소 등 다양한 원료를 분말화 한 것이다.
- 증류수나 화장수를 가해 사용한다.
- 제품에 따라 항염증, 보습작용, 진정작용도 한다.

② 젤 타입

- 맑고 투명하여 얼굴에 고르게 퍼진다.
- 스파츌러나 붓으로 바른다.
- 수분공급, 진정작용 등이 있다.

③ 크림 타입

- 제품을 바른 후 일정시간이 지나면 유효성분만 흡수하기도 한다.
- 보습, 유연효과 우수하다.

④ 점토(clay) 타입

- 진흙, 점토 등이 주성분이다.
- 각질제거, 피지흡착능력 우수하다.

⑤ 왁스 타입

- 파라핀, 바셀린 등의 왁스류를 사용한다.
- 영양침투 촉진 및 밀봉요법 작용한다.

⑥ 시트(sheet) 타입

- 피부에 맞는 화장수, 앰플 등을 이용하여 피부에 밀착시킨 후 시간 경과 후 떼어낸다.
- 보습, 진정 작용이 우수하다.

7) 팩의 상승 효과

(1) 적외선램프(infra red lamp)는 온열효과로 인해 모공이 이완되므로써 유효 성분의 침투가 용이하도록 돕고 근육이완 효과를 갖는다.
(2) 스티머(steamer)는 습윤효과를 준다.
(3) 기타 랩(wrap), 호일(foil)은 공기를 차단시켜 팩의 효과를 상승시킬 수 있다.

2. 팩의 종류 및 사용방법

1) 특수팩

과학적이며 다양하여 피부타입에 따라 유효하게 적용이 가능하다.

(1) 콜라겐 벨벳 마스크(collagen velvet mask)

· 주성분 : 콜라겐, 히아루론산, 무코다당류
· 효능 : 피부의 표면에서 수화능력의 증가와 탄력증가, 잔주름에 효과적이다.
· 적용피부 : 화농성 피부를 제외한 모든 피부에 사용이 가능하다
· 사용법
 - 얼굴의 남아있는 유분기를 제거한다.
 - 얼굴의 크기와 모양에 맞게 벨벳을 재단하여 사용한다.
 - 피부타입에 맞는 앰플이나 에센스 등을 도포하고 얼굴모양에 맞추어 벨벳을 얹는다.
 - 기포가 생기지 않도록 앰플이나 정제수를 이용하여 벨벳을 피부에 밀착시킨다.
 - 약 20분 후 건조되면 약간 덜 마른 상태에서 제거한다.
 - 토닉으로 마무리한다.
· 주의사항
 - 벨벳적용 시 얼굴의 유분기를 완전히 제거한다.
 - 기포가 생기지 않도록 하고 찢어지지 않게한다.
 - 열에 약하므로 주의를 요한다.

(2) 석고 마스크(exothermic mask)

· 주성분 : 크리스탈, 벤토나이트, 황산칼륨 등이다.
· 특성 : 석고에는 영양이 없으나, 석고 밑에 도포하는 베이스 크림과 앰플의 종류에 따라 작용이 달라지며 피부를 진공상태로 만든 후에 발한을 촉진시켜 보습효과를 높이고 필요한 열(약 40℃ 이상)을 8~15분 정도 지속적으로 공급하여 영양성분을 침투시키는 것이다. 온도 차이에 의해 혈액순환이 촉진된다.
· 적용피부 : 노화, 건성, 정상피부에 효과적이다.

· 사용법
- 피부에 맞는 앰플이나 에센스를 도포한다.
- 머리카락이 빠져 나오지 않게 헤어를 정리해 준다.
- 눈과 입술에 각각의 보호 크림을 바르고, 젖은 솜을 이용하여 가려 준다.
- 코와 입에 구멍을 낸 거즈(wet cotton)를 얼굴에 밀착시킨다.
- 제품설명서의 사용법에 따라 얼굴에 바른다.
- 20분 후 열이 식으면 석고 가장자리를 스파츌러로 돌려가며 떼어낸 후 가볍게 흔들어 얼굴에서 떼어 낸다.
- wet cotton이나 스폰지를 이용해 깨끗이 닦아 내고, 토닉과 보호 크림으로 마무리한다.

(3) 왁스 마스크(wax mask)

· 주성분 : 파라핀 왁스
· 효과 : 피부의 영양흡수력 강화, 탄력성, 보습력 강화
· 적용피부 : 건성피부, 노화피부, 정상피부
· 사용법
- 고객에게 가장 빠르고 효과적인 마스크이다.
- 고객 피부타입에 맞는 앰플이나 에센스를 충분히 발라준다.
- 얼굴 거즈위에 왁스 마스크에 스파츌러를 이용하여 도포한다.
- 너무 뜨겁지 않도록 한다.
- 20분 정도 경과 후에 스파츌러를 이용하여 제거한다.

2) 천연팩

천연팩은 구입이 용이하고 비용이 저렴하여 주위에서 쉽게 사용할 수 있는 장점을 가지고 있으나 제품으로 되어있는 팩에 비해 사용이 번거롭거나 침투력이 낮은 점, 저장기간이 짧아 보관의 문제점, 유효성분 외에 다른 성분의 침투로 트러블 발생이 잦은 단점이 있다.

· 팩하는 방법
- 횟수 : 피부 상태에 맞게 조정, 보통 1주에 1~2회
- 소요시간 : 15분 정도

(1) 영양공급 위주

① 계란노른자 팩

· 피부에 윤기와 영양공급을 한다.
· 단백질, 레시틴, 콜레스테롤, Vit B_2 등이 함유되어 있다.
· 건성피부, 노화피부, 영양부족 피부에 적용한다.
· 노른자에 우유와 밀가루를 혼합하여 사용한다.

② 벌꿀 팩

· 피부에 윤기와 영양을 공급한다.
· Vit.B군, 미네랄, 포도당, 과당 등이 함유되어 있다.
· 모든 피부에 적용이 가능하다.
· 벌꿀에 우유와 밀가루를 혼합하여 사용한다.

③ 올리브 오일 팩

· 거칠어지고 탄력을 잃은 피부에 영양과 수분을 공급한다.
· Vit.E, 식물성 지방이 함유되어 있다.
· 올리브 오일을 바른 후, 온습포를 2~3분 덮어 둔 후 닦아 낸다.

(2) 청결위주

① 계란흰자 팩

· 지성피부의 과잉 분비된 피지를 제거한다.
· 여드름피부나 지성피부에 적용한다.

② 사과 팩

· 과잉 분비된 피지를 흡수하고, 수렴효과가 뛰어나다.
· Vit.C, 당분, 점액질의 펙틴이 함유되어 있다.

(3) 보습위주

① 요플레 팩

· 보습과 유연 효과가 뛰어나다.
· 유산균이 함유되어 있다.
· 지성피부에 적당하다.

② 해초 팩

· 점액질 성분의 다량 함유로 수분보충과 유연 효과가 뛰어나다.
· 다량의 비타민과 미네랄을 함유하고 있다.

(4) 미백, 표백 위주

① 딸기 팩

· 미백효과가 뛰어나다.
· Vit.C, B, B_{12}, 당분이 함유되어 있다.
· 색소피부, 거친피부, 피로한 피부에 적용한다.

② 오이 팩

· 미백효과, 수분공급 작용을 한다.
· Vit.C, 미네랄

③ 레몬 팩

· 햇볕에 탄 피부에 적당하다.
· Vit.C, 구연산, 플라보노이드 등이 함유되어 있다.
· 색소침착피부에 특히 효과가 높다.

(5) 소염, 진정위주

① 감자 팩

· 햇볕에 그을린 피부를 진정시켜 주는 작용을 한다.
· 인, Vit.C, B_1, B_2, 단백질, 당질이 함유되어 있다.

② 살구 팩

· 피부를 진정시키는 것과 소염작용을 해준다.
· 당질, 칼슘, Vit.A, C가 함유되어 있다.

③ 맥반석 팩

· 진정, 소염 작용과 피지를 흡착하는 작용이 뛰어나다.
· 여드름 피부나 지성피부에 사용하면 효과적이다.

8

제 모

1. 제모의 목적 및 효과

1) 제모의 정의

제모(depilation or epilation)란 피부미용적인 측면에서, 불필요한 체모를외견상 아름답게 정리하기 위해 제거하는 것이다. 안면전체, 코밑부위, 턱부위, 눈썹부위 등에 털이 유난히 많다거나, 팔, 다리, 액와부위, 비키니라인 등 노출된 부위에 체모가 많거나 정리되지 않아 외관상 아름다워 보이지 않을 때 그 부위의 체모를 제거하는 것이다.

2) 제모의 목적

① 신체의 원하지 않는 불필요한 부위에 자라나 있는 체모는 미용상 문제가 된다. 이러한 신체 부위의 불필요한 체모를 제거함으로써 육체적으로나 정신적으로 아름답고 건강한 모습을 지닐 수 있게 돕기 위함이다.

② 체모는 피부미용 영역에서 몹시 중요한 부분을 차지한다. 특히 여름철에는 수영복이나 민소매 옷을 입기 위해 비키니 라인이나 액와 부위의 제모관리를 받는 소비자가 증가하고 있다.

③ 서구에서는 파티문화가 큰 비중을 차지하고 있어 등이 노출되는 드레스도 제모와 관련이 있다.
④ 미국이나 유럽에서는 민소매 밑이나 비키니라인 옆으로 삐져나오는 체모를 결례라고 여길 정도이므로 서구에서는 말할 필요도 없이 제모가 당연시 되고 있으며, 국내에서도 제모관리를 받는 소비자가 해마다 급증하고 있다.

3) 제모의 효과

① 신체 부위의 불필요한 체모를 제거함으로써 육체적으로나 정신적으로 아름답고 건강한 모습을 지닐 수 있게 된다.
② 심리으로 자신감과 만족감을 높여준다.
③ 경영적인 이윤을 높일 수 있다. 예를 들면, 고객 상담 시 눈썹 상태도 적절한지 꼭 체크하여 안면관리시 눈썹정리를 제공해주므로써 고객의 만족도를 높여줄 수 있다. 고객의 만족도를 높이기 위해서는 기술이 좋아야 한다. 기술이 뛰어남은 그 피부 관리실의 수입 증가와 직결될 수 있음을 간과해서는 안 된다.

2. 제모의 종류 및 방법

제모방법으로는 가위사용, 화학제사용, 족집개 사용, 면도기 사용, 영구제모술, 왁싱법(waxing)이 있고, 왁싱방법은 일시적 제모와 영구적 제모로 나눌 수 있다.

1) 일시적 제모

① 체모를 일시적으로 제거하는 방법이다.
② 피부표면으로 나와 있는 체모의 모간 또는 모근까지 제거하게 되므로 체모는 다시 성장하게 된다.
③ 정기적으로 제모를 실시해야 깨끗한 피부를 유지할 수 있다.
④ 일시적 제모는 모구의 모유두는 파괴되지 않고 체모의 길이만 짧게하는 제모법이다.
⑤ 한시적으로만 제거되는 방법으로 털이 재성장하면 반복 실시해야 하는 번거로움이 따른다.

(1) 면도기를 이용한 제모(shaving)

① 팔, 다리, 액와부위, 얼굴 등 짧은 시간에 가장 손쉽게 할 수 있는 경제적인 방법이다.
② 면도는 모간만을 제거하게 되므로써 털이 짧은 시일 내 자라 나오게 되어 자주 면도를 해야 하는 번거로움과 피부손상을 쉽게 일으킬 수도 있다.
③ 면도를 하면 할수록 체모가 점점 굵고 거세게 자라나온다.
④ 쉐이빙(Shaving)은 손쉽게 할 수 있으나 쉐이빙 하는 동안 체모의 미세한 가루가 모낭으로 들어갈 수도 있다.
⑤ 면도날이 피부의 각질층을 빡빡 긁게 되거나 위생적으로 관리를 하지 못 할 경우에는 감염이 되기 쉽다. 이로 인해 모낭염이나 피부염 등을 발생시킬 수 있으므로 면도 후 이를 예방하기 위해 항균, 항염물질이 함유된 제품을 사용하는 것이 좋다.
⑥ 위생적으로 한번 사용한 면도날은 미련없이 버리도록 한다. 면도횟수는 사람에 따라 다르지만 남자들의 경우 거의 매일하게 된다.

⑦ 목욕이나 샤워를 한 후 체모가 부드러워졌을 때 면도용 제품을 도포하여 피부자극을 최소화하면서 체모가 난 반대 방향으로 밀어내면서 면도를 실시하도록 한다.

※ 피부미용사는 항생제가 들어간 연고를 피부관리실에서 고객에게 절대로 사용해서는 안된다.

(2) 족집개를 이용한 제모

① 눈썹 수정을 하거나 좁은 부위에 난 체모를 제거할 때나 왁스제모 후 소수의 남은 털을 제거할 때 이용한다.
② 모간까지 제거되어 면도를 했을 때보다는 털이 성장할 때 까지 시일이 더 걸리고 경제적인 장점이 있다.
③ 시술도중 체모가 쉽게 뚝뚝 끊어질 수도 있고, 족집개를 이용한 제모는 넓은 부위를 하기에는 동통동반과 시간이 많이 걸려 부적합하다.
④ 동통을 최소화하기 위해서는 체모가 난 방향으로 체모를 뽑아야하며 이때 손가락 2지(검지)와 3지(중지)를 이용하여 제거하고자 하는 부위의 피부를 팽팽하게 잡아당겨 주어 실시하도록 한다.
⑤ 위생적으로 처리하여야하며 족집개를 70~80%대의 알코홀로 소독솜을 이용하여 깨끗이 소독하여 사용하여야만 한다. 일반적으로 눈썹가위나 족집개를 소독하지 않고 사용하는 경우가 많으나 절대 금물이다.
⑥ 족집개로 제모시술 후 동통을 줄이기 위해 젖은 솜(wet cotton)을 냉동고에 넣어 차게 해서 준비한 것을 사용한다.

- 소독액은 농도가 높을수록 소독력이 높으나 알코올의 경우 90% 이상은 피부에 닿자마자 증발하므로 소독력이 떨어진다. 소독력이 높은 알코올 농도는 70~80%대 이다.

(3) 화학적 제모

① 체모는 일반적으로 모발과 달리 대체적으로 몹시 가늘게 성장한다. 제모를 위한 화학제는 일반적으로 크림, 액체, 연고타입 등으로 되어 있으며 화학적 성분으로 체모를 연화시킨다. 이때 위생적으로 소독한 스폰지나 젖은 솜으로 연화된 체모를 닦아내어 제거한다.

② 화학적 제모제의 화학성분이 강알칼리성으로써 장시간 사용하면 피부를 자극하기 쉽다. 처음 사용 전 첩포 테스트(patch test)를 하여야 한다. 팔 안쪽 털이 없는 부위에 소량의 화학적 제모제를 바르고 제품설명서에 따른 사용방법에 따라 일정시간 동안 두어 앨러지(allergy) 발생여부를 확인한 후 사용한다.

③ 화학적 제모제는 얼굴에는 사용하지 않는 것이 안전하며 팔 다리 액와부위 등에 사용할 때 관리 전, 반드시 피부를 깨끗하게 하고 물기없이 건조시킨 후 제품설명서에 따라 적정량을 도포한다. 이때 체모제거 주변의 피부에는 크림 등을 발라 피부를 보호하도록 한다.

④ 제품설명서에 따른 사용방법에 따라 일정시간동안 두어 제모제와 연화된 체모를 위생적으로 소독한 젖은 솜이나 거즈(gauze) 등으로 닦아낸다. 화학적 제모 크림에는 살균성분, 진정 성분 등과 같은 피부보호 성분이 들어있으나 그 성분 자체가 강알칼리성이므로 제모 후 pH balance 스킨로션, 진정로션, 크림 등을 도포하여 마무리를 해야한다.

(4) 왁스를 이용한 제모

면도나 화학적 제모가 피부표면의 위치에서 털이 제거되므로 2~3일만 지나도 다시 제모해야 하는 것과는 달리, 왁스를 이용한 제모는 모근으로부터 털이 제거되므로 털이 다시 자라는 데 약 4~5주가량 걸린다. 왁스를 이용한 제모에는 온왁싱(Warm waxing)과 냉왁싱(Cold waxing) 2종류가 있다.

① 온왁싱(warm waxing)

▶ 준비물

왁스용해를 위한 가열기구인 왁스히터(wax heater), 냉·온왁스, 나무 스파츌러(왁스를 바르는데 사용), 머절린 천(광목천 : muslin cloth), 클렌징 제품, 왁스제거용 오일, 진정용 화장품(화장수, 팩, 로션이나 크림), 항균 항염 성분이 포함된 제품, 파우더, 소독솜, 소독거즈, 냉습포나 냉습솜(cold wet cotton), 족집개, 가위, 신문지나 넓은 종이, 타올 등

▶ **시술절차**

a. 왁스가 떨어질 것을 대비하여 온왁스 히터 주변에도 미리 신문지나 종이를 깔아 지저분해지지 않게 조심한다.
b. 왁스를 적당량 온왁스기에 넣고 전기코드에 꼽는다.
c. 적절히 녹는 상태 파악은 왁스가 딱딱하면 차가운 상태이고 줄줄 물같이 흐르면 너무 뜨거운 상태이며 뚝뚝 떨어지는 시럽상태가 가장 적절한 상태이다.
d. 가장 적절한 온도는 60~65°C이다.

- 왁스 히터(wax heater)는 일반적으로 온도조절기가 low, medium, high로 구분되나 최근에는 왁스히터(wax heater)에 자동 온도조절기가 부착되어 스스로 켜졌다 꺼졌다를 반복하면서 조절하는 것이 있다. 자동조절기가 없다면 왁스를 태울 수도 있으니 조심하여야 한다.

e. 온왁스 실시 전에는 왁스의 온도를 미리 감지한 후 압설자로 사용되는 나무 스파츌러를 사용하여야 한다. 플라스틱은 높은 온도에서 녹거나 환경 호르몬이 생길 수도 있다. 금속과 달리 열전도가 안되어 손으로 잡을때 뜨겁지 않으며 필요시 좁은 부위에 사용할 때 쪼개어 사용할 수도 있다.
f. 스파츌러는 여러모양의 스파츌러가 있으며 테프론(teflon)을 입힌 것, 플라스틱, 금속으로 만든 것 등 여러 가지가 있으나 나무 스파츌러가 가장 안전하고 사용후 소독하지 않고 일회용으로도 쓸 수 있는 편리함이 있다. 나무재질중 특히 티크(Teak)나무로 만든 것이 좋다. 티크재는 소독하여 재사용이 가능하다.
g. 왁싱전 사용하는 로션, 유수분을 흡수하는 파우더제품, 왁싱후 사용되는 소독제가 있으며 특히 모낭에서 털이 빠져 나간 것을 감안하여 소독제를 사용하여 감염을 막는데 유의하여야 한다.
h. 온도가 너무 높으면 고객에게 화상을 입힐 우려가 있으므로 항상 각별한 주의를 하여야 한다.
i. 상온에서 굳은 상태로 있는 왁스로, 왁스기에 녹여 사용한다. 60~65°C 정도의 왁스를 피부에 바른 후 곧 머절린 천(muslin cloth)를 부착시켜 한 번에 떼어내면 체모가 머절린 천에 부착되어 제거된다.
j. 한꺼번에 많은 양의 체모를 제거할 수 있어 넓은부위에 사용하기 좋다.

k. 머절린 천을 구입시, softer로 처리되지 않고, 순백처리하지 않은 광목천이 좋다.

l. 고객의 피부에 도포하기 전에 반듯이 시술자의 손목안쪽에 살짝 발라보아 뜨겁지 않는지를 확인 후 도포하도록 한다.

m. 도포시 스파츌러를 수평으로 잡고 온왁스기에 스파츌러 아래부위를 긁어 주어 뚝뚝 떨어져 다른 부위가 지저분해지지 않게 한다.

n. 스파츌러에 온왁스를 묻힐때 제모할 부위가 넓은 경우는 스파츌러를 깊게 온왁스기에 넣고 제모할 부위가 좁은부위는 스파츌러를 얕게 온왁스기에 넣어 왁스를 묻힌다.

o. 스파츌러의 각도를 30° 미만으로 기울이면 온왁스가 골고루 묻히지 않게 되므로 스파츌러의 각도를 45°의 각도로 세워 도포하게 되면 피부에 온왁스의 도포 양을 가늠할 수 있고 골고루 피부에 도포할 수 있다.

p. 체모가 난 방향으로 온왁스를 도포하고 광목천을 그위에 접착시킨다. 이때 손으로 잡을 부위를 위해 온왁스 도포범위보다 더 많은 3~5cm(1.5~2 inch)의 여분의 광목천을 재단한 후 사용한다.

q. 만약 털의 길이가 길거나 구부러져 있다면 제모하기 어려우므로 가위로 약 0.6cm(1/4 inch) 정도로 잘라준 후 왁싱을 하도록 한다. 너무 짧아도 왁싱하기 어렵다.

> 액와부위처럼 체모의 성장이 여러 방향인 경우는 작은 부위라도 체모의 성장 방향에 따라 여러번 나누어 왁싱을 하도록 한다.

r. 천을 부드럽게 온왁스 도포한 위에 끝을 맞추어 대고 2~3번 가볍게 톡톡 친다. 오른손잡이인 경우 왼손으로 피부를 팽팽하게 당겨 잡고 오른손으로 부드럽고 재빠르게 체모의 성장 반대방향으로 제낀다.

s. 제낄때 주의할 점은 가능한 한 오른손을 피부표면과 가깝게 붙이면서 제낀다.

t. 시술자의 머리 쪽이나 가슴부위로 들어올리면서 큰 각도로 제낀다면 피부가 들려 출혈이 발생 할 수도 있으므로 항상 주의하여 각도를 작게 하여 제낀다. 특히 입술부위나 눈썹 부위의 털 제거시 피부에 붙여 제거하기 쉽지 않기에 손을 쳐들어 제끼지 않도록 주의 하도록 한다.

만약 숙달되지 않았다면 골판지에다 저렴한 제품의 크림과 로션을 골고루 섞어 시럽과 비슷한 농도를 만들어 여러번 연습을 한 후 피부에 직업 적용하도록 한다.

u. 만약 땀이나 유분이 있는 경우는 반듯이 깨끗한 솜이나 거즈로 제거하거나 탈콤파우더(talcum powder)를 사용한 후 온왁스를 도포한다. 파우더가 땀이나 유분을 흡수하여 제모를 쉽게 할 수 있게 도와준다.

v. 고객의 다른 피부나 옷 위에 온왁스를 흘리지 않도록 주의하고 왁스를 할 부위를 제하고는 1회용 페어펴 타올(paper towel) 같은 것으로 덮어주어 다른 피부 부위에 묻혀 끈적거리지 않게 유의한 다.

w. 다른 부위에 흘린 경우에는 사용한 광목천을 재사용하여 여분의 왁스를 찍어 내어 제거하도록 한다.

x. 시술자의 끈적거림을 막기 위해 장갑을 착용할 수도 있다. 그러나 고객이나 시술자의 피부에 상처가 있다면 반듯이 시술자는 장갑을 착용하여야만 한다.

y. 온왁스를 도포할 때 가능한 한 얇게, 골고루, 뭉치지 않게 재빠르게 한다. 왁싱은 빨리 하면 할수록 좋다. 감염의 위험을 줄이기 위해 진정용 화장수와 진정용 로션 또는 크림을 바른다. 특히 제모부위가 붉게 예민해져 있거나 피부가 얇은 얼굴 털이 거센 액와부위는 항염 진정용의 특별한 팩을 해주거나 진정용 화장수와 진정용 로션 또는 크림을 발라주도록 한다.

▶ 부위별 제모방법

a. 코밑 부위의 제모

이 부분에 나는 털은 2가지 또는 그 이상의 방향으로 자란다. 입술에 왁스가 묻지 않도록 유의하며, 특히 민감한 부위이므로 머절린 천을 떼어낼 때 한손으로 입술 가장자리의 피부를 단단히 붙잡고 떼어내야 한다.

b. 눈썹의 제모

정상적인 눈썹선 바깥으로 잔털이 불규칙적으로 나있는 두꺼운 눈썹을 가지고 있을 때 눈썹 주변의 잔털 위에 왁스를 발라 제모한다. 순서는 눈썹 윗부위, 눈썹 아랫 부위, 눈썹사이 부위 순으로 한다. 왁스사용 후 눈썹가위와 족집개를 이용하여 눈썹형태를 완성시킨다.

c. 다리의 제모

하퇴부는 무릎 쪽 부터 발목방향으로, 대퇴부도 윗 부위로 부터 밑으로 각각 길이를 길이로 이등분 정도 나누어 내려가며 실시한다. 무릎부위는 세워 놓고, 종아리는 엎드리게 한 후 실시한다.

d. 팔의 제모

손가락, 손등의 체모를 제거해야 한다면, 이 부위부터 먼저 실시하고 팔 윗부분으로부터 밑으로 내려오며 실시한다.

e. 액와부위의 제모

팔을 머리 쪽으로 올리게 한 후 체모가 긴 경우에는 약 0.6~0.7cm(1/4 inch)정도의 길이가 되도록 자른다. 털이 자라는 방향을 살핀 후 그 방향대로 왁스를 바르는데, 이때 체모가 적은 경우에는 한 방향으로만 도포하여 한 번에 제거가 가능하도록 하며, 체모가 많거나 여러방향인 경우에는 여러 방향으로 도포하여 여러번에 걸쳐 제거한다.

f. 액와부위와 비키니라인 부위의 제모

액와부위와 비키니라인 부위의 제모는 다른 부위보다 예민하여 제모할 때 동통이 더 심할 수 있으며, 머절린 천이 액와의 굴곡부위에 완전히 밀착되도록 한 후 재빨리 제거하도록 한다.

g. 액와부는 쉽게 피가 날수도 있다.

젖은 소독솜을 차게 하여 출혈이 발생할 때 눌러주어 지혈되게 하고 찬것은 혈관수축을 돕는다.

※ bleeding시 냉 wet cotton 사용하여 눌러 혈관 수축과 지혈을 돕는다.

h. 마지막으로 반드시 항균 항염 제품을 도포한다.

왁싱하는 동안 위생적으로 시술해야함을 간과해서는 안된다.

> 알코올은 출혈된 피부에 자극이 될 수 있으므로 자극이 없는 보릭산 (Boric acid)을 이용한다.

② 냉왁스(cold wax)

실내온도에 유동상태로 되어 있어 데우지 않고 곧바로 사용할 수 있다. 데우는 번거로움이 없는 장점이 있으나 굵거나 거센 털은 온왁스에 비해 잘 제거되지 않는 단점이 있다. 냉왁스의 사용방법은 온왁싱과 거의 동일하다.

2) 영구제모

전류를 이용한 제모법으로 정확한 기기사용법을 숙련하지 않은 후 실시하면 흉터를 남길 수 있는 위험이 있다. 전기의 전류를 이용하여 체모를 영구히 제거할 수 있는 방법으로 아주 미세한 바늘이 모공 속으로 투입되어 약한 전류가 바늘을 통해 전달되어 모근을 파괴하는 전기요법이다. 모근과 모유두를 모두 파괴시킨다.

(1) 종 류

① 전기분해법(Electrolysis)

직류전기를 이용하여 털을 파괴하는 방법이다. 전기분해법을 사용하면 인체 내부의 염화나트륨 등의 전해질이 알칼리인 수산화나트륨을 생성하여 이 알칼리성 물질이 모유두에서 성장기에 있는 모든 체모를 파괴하게 된다.

- 대부분의 체모는 피부표면에서 각도가 있게 성장한다. 모낭의 경사는 15~90°까지 다양하므로 시술자는 전기바늘을 삽입하기 전에 모낭의 기울기를 잘 관찰하는 것이 중요하다.
- 체모 밑쪽으로 전기바늘을 모낭의 기울기와 일치하게 천천히 밀어 넣어 모유두까지 집어넣는다.
- 전기바늘을 집어넣고 1~2초 동안 전류를 통하게 한 후 전기바늘을 뺀다.
- 족집게로 털을 살짝 들어올린다. 털이 쉽게 빠지지 않으면 다시 위의 과정을 반복한다.

② 전기응고법(Thermolysis)

고주파에서 발생하는 높은 열을 이용하여 털이 자라는 모근의 세포를 가열하여 응고시킴으로서 체모를 파괴하는 방법이다.

전기분해법과 마찬가지로 알칼리성 물질이 생성되면서 동시에 고열이 발생하므로 알칼리성 물질의 작용이 더욱 촉진된다. 전기분해법보다 체모를 빠르게 제거하는 새로운 방법으로 훨씬 미세한 침이 이용된다. 사용되는 침은 침의 끝부분까지 단열되어져 침을 꽂은 부분에 흉터가 생기지 않도록 해야 하고 위생상의 이유로 고객이 각각 고유의 침을 소유하는 것이 좋다.

③ **레이저 요법**

체모의 멜라닌 색소에만 반응하는 특수한 파장의 빛 에너지로 모근을 파괴한다.

※ 제모 시 유의사항

햇빛 등에 의해 피부가 자극받아 있거나 다른 요인에 의해 자극받아 과민해진 경우 또는 염증, 상처, 피부질환이 있는 경우 제모를 금한다.

정맥류, 혈관이상증상이 있는 경우 제모를 금한다.

사마귀 또는 점 부위의 털은 제모를 금한다.

장시간의 목욕 또는 사우나 직후에는 금한다.

제모 전 제모할 부위는 유분기와 땀이 없도록 샤워하거나 깨끗이 건조되어 진 상태라야 한다.

제모 후 24시간내에는 피부감염 방지를 위해 목욕, 세안, 비누사용, 메이크업, 햇빛자극을 피한다.

바캉스 가기 전 7일~15일 전에 실시한다.

팔이나 다리를 시술한 후에 딱지가 생길 수 있으나 이는 곧 떨어져 나가 정상적인 피부로 회복된다는 것을 고객에게 미리 주지시킨다.

손, 기구, 제모부위는 조심스럽게 소독되어야 한다.

전기바늘 삽입 시 힘을 가하지 않는다.

하나의 모낭에 털이 여러 개 있을 수 있으며 같은 모낭 입구에 자라기 시작한 잠복성털이 있다는 것을 고객에게 주지시킨다.

9
전신관리

1. 전신관리의 효과

전신관리의 목적은 피부미용기기와 화장품을 이용하는 매뉴얼 테크닉에 적용시켜 피부상태의 보완 및 개선, 전신피로의 완화, 정신적 스트레스 경감, 컨디션 조절, 체형관리, 부종관리, 신진대사 촉진, 경직된 근육 이완, 심신 안정, 혈액순환 증진, 비만관리 등의 목적이 있다.

① 전신 피로의 완화
② 정신적 스트레스 결감
③ 체형관리 및 비만관리
④ 부종관리
⑤ 경직된 근육이완
⑥ 심신 안정
⑦ 비만관리
⑧ 신진대사 촉진
⑨ 혈액순환 증진
⑩ 피부상태의 결점 보완 및 개선

2. 전신관리 단계별 사용 제품

· 1차 세정은 클렌징, 폼클렌징, 클렌징 오일 등
· 2차 세정은 딥 클렌징, 바디스크럽, 드라이 브러쉬
· 등보습은 피부표면 pH 조절과 보습을 위한 바디토너
· 매뉴얼 테크닉은 석고등 혈액순환, 탄력 및 슬리밍 매뉴얼 테크닉크림, 식물성 오일, 에센셜 오일 등
· 마스크는 영양공급 및 청정작용을 위한 해초, 머드, 파라핀
· 보호 및 모습은 바디로션, 수분크림, 자이선 차단 등

3. 전신관리 제품의 특성과 사용 방법

1) 클렌저(Cleanser)

· 종류 : 폼 클렌징, 클렌징 오일
· 특징 : 전신의 클렌징 목적은 피부표면의 과다하게 쌓인 각질 및 노폐물을 제거하고, 다음관리 단계의 효과를 높이고자 실시한다. 전신관리에는 스크럽 타입의 폼 클렌징과 건조한 피부에 효과적인 클렌징 오일을 주로 사용한다.
· 사용방법 : 클렌징 폼은 손에 적당량을 덜어 물을 혼합하여 사용하며, 클렌징 오일은 적당량을 고르게 도포 한 다음 손끝에 물을 적셔가면서 가볍게 마찰하여 노폐물을 제거한다.

2) 딥 클렌저(Deep Cleanser)

· 종류 : body scrub, brush, dry brush, 천연 염 스크럽(천연 염과 에센셜오일 혼합)
· 특징 : 바디 스크럽제와 드라이 브러시는 물리적 딥 클렌징 방법으로 스크럽제는 알갱이가 함유되어 있으며, 스펀지 또는 스톤 브러시는 브러싱(brushing) 기기를 이용하고 각질제거용 패드나 수세미 스펀지를 사용하여 드라이 브러시를 실시한다.

· 사용방법 : 바디 스크럽제는 물에 적셔가며 가볍게 문지르고, 브러시는 폼 클 클렌징 제품을 도포 한 후 브러시 끝에 물을 적셔가며 브러싱 기기를 이용하여 노폐물을 제거한다.

3) 바디 토너(Body Toner)

· 특징 : 클렌징 후의 클렌징 제품과 잔여 노폐물 제거 및 pH balance 유지를 목적으로 사용한다.
· 사용방법
 - 클렌징 후 화장솜에 적셔 가볍게 닦아낸다.
 - 피부관리의 한 단계가 끝날 때 마다 화장솜에 적셔 가볍게 닦아낸다.
 - 보습 및 피부관리 마무리 단계에서는 가볍게 두드리며 흡수시킨다.

4) 매뉴얼 테크닉 오일(Massage Oil)

· 종류 : 식물성 오일, 에센셜 오일
· 특징 : 주로 식물성 오일을 사용하며, 에센셜 오일을 혼합한 바디전용 매뉴얼 테크닉 오일 또는 목적에 따라 에센셜 오일을 식물성 오일과 블랜딩하여 사용한다.
· 사용방법 : 적당량을 전신에 도포하여 부드럽게 매뉴얼 테크닉한다.

5) 마스크(Mask)

· 크림 타입 마스크
크림 타입 마스크는 피부유형과 사용목적에 따라 다양한 유효성분을 함유하고 있으며, 사용이 간편한 제품으로 피부관리실에서 가장 보편적으로 사용하는 팩제이다.
· 분말 타입 마스크
분말형태로 되어 있는 마스크제로 증류수나 용액에 혼합하여 사용한다. 주로 Clay와 해초 마스크가 분말형태로 되어 있다.
· 콜라겐 마스크(Collagen Velvet, Collagen sheet)
콜라겐을 주성분으로 한 패치타입의 마스크로 수분을 집중 공급하여 피부의 탄력을 증진시켜 주는 효과가 있다. 모든 피부에 사용이 가능하며, 특히 전신이 심하게 건조할 때 사용하면 효과적이나 가격이 비싸 보편적으로 전신에 주로 사용하는 마스크 종류는 아니다. 사용방법은 벨벳마스크를 해당부위에 얹어놓고 증류수 또는 전용용액을 브러시에 적셔 마스크를 피부에 밀착시킨다.

· 파라핀 마스크(Paraffin Mask)

파라핀 마스크는 대표적인 warm mask로 뛰어난 수분 보유 효과를 가지고 있어 얼굴관리, 손·발 관리에 사용한다. 사용방법은 고형의 파라핀을 파라핀 워머기에 녹여 따뜻한 액상 상태로 사용한다. 피부에 먼저 앰플을 침투시키고, 영양크림으로 보호막을 형성한 후 거즈를 부착시키고, 그 위에 따뜻한 액상 파라핀을 도포한다.

· 알개 마스크(Algae Mask, Seaweed Mask)

해초에서 추출한 알긴산을 주성분으로 한다. 사용방법은 전신에 앰플이나 바디 컨디셔너를 바른 후에 해조마스크분말을 정제수에 혼합하여 걸쭉한 상태로 만들어 전신용의 스파츌러 또는 브러시를 이용하여 도포한다. 도포 후 20분 정도가 경과되면 고무 모양으로 응고되기 때문에 Modelling Mask라고도 한다.

· 석고 마스크(Gypsum Mask)

석고분말을 따뜻한 물에 개어서 피부에 도포 한다. 석고 마스크는 피부표면의 온도를 높이는 작용으로 피부관리의 유효 성분을 피부 안으로 침투시키는 효과를 가지고 있다. 사용방법은 전신에 앰플을 바르고 거즈를 밀착시킨 다음 그 위에 영양크림을 충분하게 도포한다. 그 다음 석고 분말을 미지근한 물에 개어서 빠른 시간 안에 도포한다.

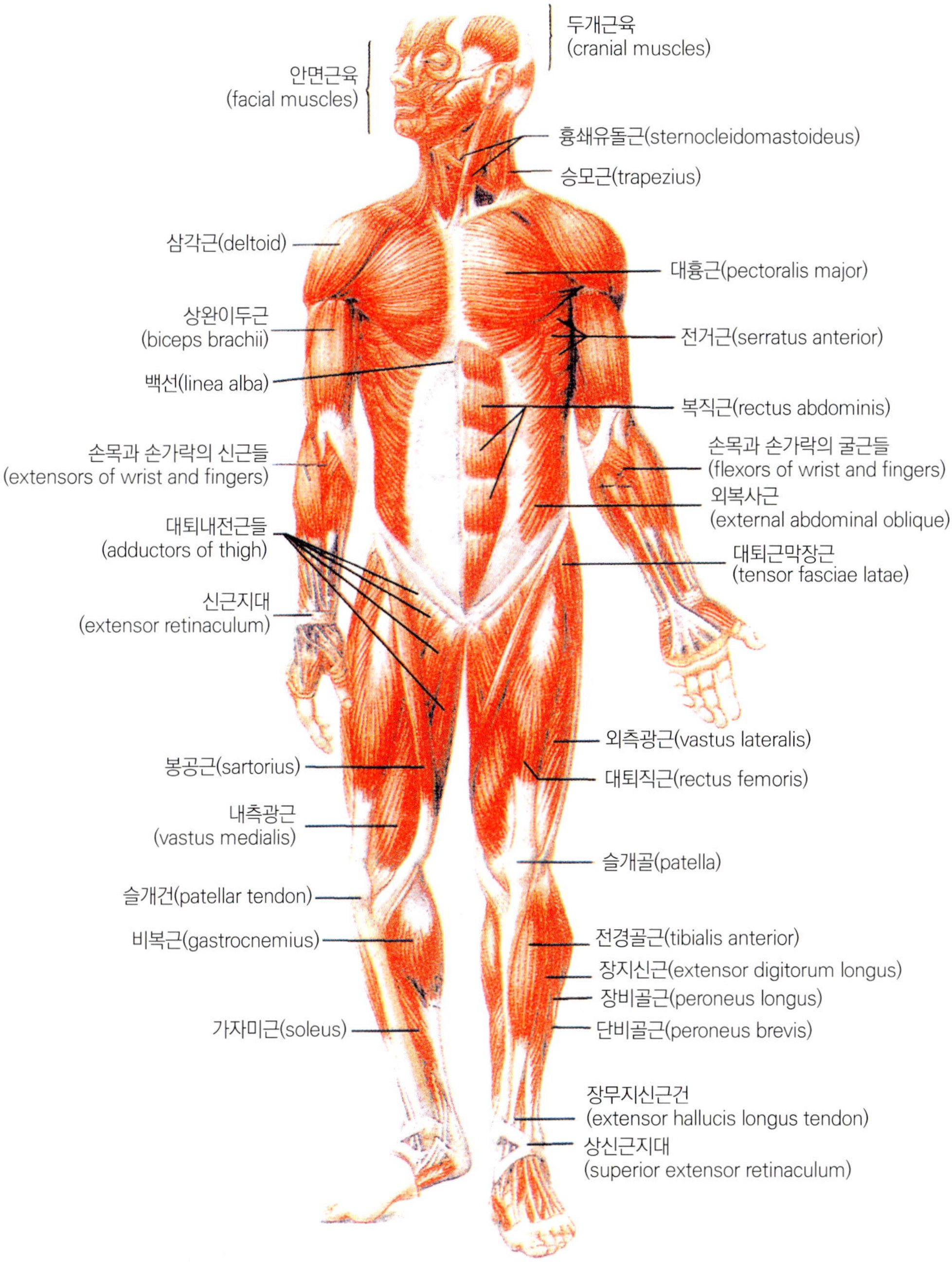
두개근육
(cranial muscles)
안면근육
(facial muscles)
흉쇄유돌근(sternocleidomastoideus)
승모근(trapezius)
삼각근(deltoid)
대흉근(pectoralis major)
상완이두근
(biceps brachii)
전거근(serratus anterior)
백선(linea alba)
복직근(rectus abdominis)
손목과 손가락의 신근들
(extensors of wrist and fingers)
손목과 손가락의 굴근들
(flexors of wrist and fingers)
외복사근
(external abdominal oblique)
대퇴내전근들
(adductors of thigh)
대퇴근막장근
(tensor fasciae latae)
신근지대
(extensor retinaculum)
외측광근(vastus lateralis)
봉공근(sartorius)
대퇴직근(rectus femoris)
내측광근
(vastus medialis)
슬개골(patella)
슬개건(patellar tendon)
비복근(gastrocnemius)
전경골근(tibialis anterior)
장지신근(extensor digitorum longus)
장비골근(peroneus longus)
가자미근(soleus)
단비골근(peroneus brevis)
장무지신근건
(extensor hallucis longus tendon)
상신근지대
(superior extensor retinaculum)

그림 9-1. 근육전면

10

마무리 단계

1. 마무리

피부관리의 단계별로 유효적절한 마무리를 통하여 피부관리의 효과를 높인다. 또한 피부관리의 과정이 끝나면 화장품으로 마무리를 함으로써, 피부관리의 효과를 지속하고, 피부 보호 및 조화로움을 추구한다. 그리고 장시간 베드에 누워있던 고객의 근육을 풀어 줌으로써 고객의 불편함이 없도록 하고, 고객이 피부미용(관리)실을 떠나는 순간까지 보살펴 주어 편안하고 만족스러운 피부관리를 경험하게 하는 것이다. 이로써 고객은 피부를 건강하게 가꿀 뿐만 아니라 용모를 깨끗하고 아름답게 유지하기 위한 목적이다.

2. 마무리의 방법

피부관리후 마무리

① 고객은 장시간 동안 베드에 누워 있었으므로, 신체 내 근육과 관절을 유연하게 풀어주고 스트레칭을 하여 고객의 불편함이 없도록 한다.
② 고객에게 따뜻한 물이나 차를 대접하여 순환을 돕는다(경락관리 후에는 음양수를 제공한다. 림프관리 후 필히 물을 마시게 한다).
③ 고객이 피부미용(관리)실을 떠나는 순간까지 최선을 다해 고객의 불편함이 없는지를 관찰한다.
④ 관리가 끝나면 새로운 침구 교체 및 주변 정리를 하여 항상 위생적이고 쾌적한 공간이되도록 한다.
⑤ 피부관리 후 완성도를 위해 간단한 메이크업과 손·발톱 관리를 해준다.

홈케어 마무리

일반적으로 피부관리의 마무리 단계에 사용하는 기초화장품은 피부 유형에 따른 화장수, 아이크림, 에센스, 보호 크림의 순서로 바르며, 낮에는 자외선 차단제를 발라준다.

· 화장수 : 피부에 수분을 공급하여 피부 거칠음을 예방하고 피부 표면의 pH를 조절한다.
· 아이크림 : 눈주위의 피부는 얼굴의 다른 부위와 달리 피지 분비가 적고, 피부가 얇으므로 자극이 적은 눈가 전용 제품으로 영양과 보습을 공급한다.
· 에센스 : 피부 보습 및 노화억제 등 주요 미용성분을 고농축으로 함유하므로 집중적인 관리를 위해 사용한다.
· 크림 : 피부를 외부환경으로부터 보호하고, 피부의 생리기능을 도우며, 유효성분들로 피부의 문제점을 개선한다. 피부유형 및 사용목적에 적합한 크림을 선택하는 것이 중요하다. 데이크림(Day cream), 나이트크림(Night cream), 영양크림(Nourishing cream), 미백크림(Whitening cream) 등이 있다.
· 자외선 차단제 : 유해한 자외선의 피부 침투를 막아 피부를 보호한다.

1) 메이크업

(1) 메이크업의 정의

메이크업(make-up)의 사전적 의미는 '보완하다', '완성시키다'라는 뜻으로 결점을 보완하고 장점을 더욱 아름답게 보이도록 꾸미고 매만지는 행위를 말한다. 우리말로는 화방을 의미하며 '분, 연지를 바르고 매만져 얼굴을 곱게 꾸밈' 또는 '머리나 옷의 매무새를 매만져 맵시를 냄'으로 정의되고 있다. 일반적으로 메이크업이라는 말은 신체의 아름다운 부분은 돋보이게 해주고 단점은 보완 수정하여 아름답게 꾸미는 행위를 말한다.

(2) 메이크업의 목적

① 피부 보호의 목적

외부의 먼지, 오염물, 자외선 등으로부터 피부를 보호할 수 있다.

② 미화의 목적

인간의 본능적인 미적 욕구에 의해 외모의 결점은 보완하고 장점을 부각시킬 수 있다.

③ 사회 기능적인 목적

사회생활을 하면서 외모를 단장함으로서 자신감을 부여하고 긍정적인 효과를 증대시킬 수 있다.

④ 심리적 가치추구의 목적

개인의 성격이나 사고방식, 가치 추구 등의 심리적 측면을 표현할 수 있다.

(3) 얼굴의 분석

① 얼굴의 부위별 명칭

· T존 : 이마아래와 콧대 부분의 연결부위로 밝은 톤의 피부표현으로 돌출 효과를 준다.

· U존 : 양쪽 귀선에서 볼, 턱선의 외곽 부분의 연결부위로 어두운 톤의 피부표현으로 수축 효과를 준다.

· 눈썹머리 : 눈썹의 앞부분, 옆 콧망울과 수직으로 일직선상에 있는 위치가 적당하다.
· 눈썹산 : 눈썹의 가장 높은 부위로 전체 눈썹 길이의 2/3 지점이 적당하며, 눈썹산의 모양에 따라 얼굴 모양과 인상이 달라진다.
· 눈썹꼬리 : 눈썹의 뒷부분
· 관자놀이 : 눈옆쪽과 옆 헤어라인 사이
· 눈머리 : 눈의 안쪽 시작 부위
· 눈꼬리 : 눈의 바깥 부위
· 아이홀 : 눈두덩이 들어간 부위, 아이세도 표현 시 기준이 된다.
· 다크서클 : 얼굴의 어두운 부위를 말하며 주로 눈 밑을 의미한다.
· 입술산 : 윗입술의 가장 높은 부위
· 구각 : 윗입술과 아랫입술의 끝 연결부위

② 얼굴의 균형도

가장 이상적인 얼굴형과 이목구비의 형태간 균형비율을 파악함으로써 실제 얼굴에 적용하여 장점과 단점을 분석함으로서 입체적이고 개선된 이미지의 메이크업을 표현할 수 있다.

▶ 이상적인 얼굴의 부위별 크기

· 얼굴의 길이 : 18.6cm
· 얼굴의 넓이 : 12.95cm
· 이마의 넓이 : 12.65cm
· 목둘레 : 30cm
· 눈의 길이 : 3.35cm
· 귀의 길이 : 5.7cm
· 입술 길이 : 4.6cm

▶ 가로분할(3등분)

· 1등분 : 헤어라인에서 눈썹머리 부분
· 2등분 : 눈썹머리 부분에서 코 끝선
· 3등분 : 코 끝선에서 턱 끝선

▶ 세로분할(5등분)

· 1등분 : 오른쪽 헤어라인에서 오른쪽 눈꼬리
· 2등분 : 오른쪽 눈꼬리에서 오른쪽 눈머리

· 3등분 : 오른쪽 눈머리에서 왼쪽 눈머리

· 4등분 : 왼쪽 눈머리에서 왼쪽 눈꼬리

· 5등분 : 왼쪽 눈꼬리에서 왼쪽 헤어라인

▶ **눈썹의 위치**

눈썹 앞머리는 옆 콧망울에서 수직으로 올린 선상의 위치가 이상적이며 눈썹꼬리는 콧망울에서 눈꼬리를 지나가는 45° 되는 선에서 만나는 지점으로 한다.

▶ **눈의 위치**

콧망울에서 수직으로 일직선상에서 눈머리가 시작되는 위치가 적당하다.

▶ **입술의 길이**

검정 눈동자 시작점에서 수직으로 일직선상에서 끝나는 지점이 적당하다. 윗입술과 아랫입술의 크기의 비율은 1:1.5가 이상적이다.

③ 얼굴형의 분석

▶ **계란형**

· 가장 이상적인 얼굴형으로 무난하고 아름답게 느껴지는 형태이다.

· 가로와 세로, 넓이의 비율이 균형적이므로 다른 얼굴형을 수정할 때 기준이 된다.

· 약간의 부분 수정을 하여 입체적 효과를 높일 수 있다.

▶ **둥근형**

· 얼굴이 전체적으로 둥글고, 대부분 콧대가 낮은 편으로 양 볼이 통통하여 어려 보이고 귀여운 이미지이다.

· 전체적으로 통통한 이미지이므로 얼굴형이 짧아 보이는 단점이 있다.

· 동양인에게 흔한 얼굴형이다.

· 가로 형태가 강하고 세로 형태가 부족하므로 갸름하게 보이도록 수정해 주어야 한다.

▶ **삼각형**

· 얼굴의 상단보다 하단으로 갈수록 넓어 보이는 형태이다.

· 이마는 좁고 양 볼과 턱뼈까지 넓은 형으로 40대 이후의 풍만한 체형의 여성에게 많은 얼굴형이다.

· 이마는 넓어 보이도록하고 볼과 턱선은 좁아 보이게 수정해야 한다.

▶ **역삼각형**

· 입체적인 얼굴형에 속하며, 이마가 넓고 광대뼈도 돌출되어 있다. 얼굴의 하단으로 갈수록 좁아져 양 볼에 살이 없고 턱도 뾰족한 형태를 이룬다.

· 대부분 얼굴의 크기는 작고 이목구비는 뚜렷하여 서구적이고 도회적인 이미지이다.
· 날카로워 보일 수 있으므로 광대뼈가 약간 들어가 보이고 양 볼은 살이 있어 보이도록 밝게 표현해 주어야 한다.

▶ 사각형

· 얼굴이 평면적이고 넓어 보이며 사면에 각이 진 형태이다.
· 지적이고 의지가 강해 보이기도 하고 날카로운 이미지이기도 하다.
· 얼굴이 길어 보이고 둥글어 보이도록 수정해준다.

▶ 마름모형

· 얼굴이 길고 날카로워 보이며, 개성적인 이미지의 얼굴형이다.
· 이마는 좁고 광대뼈는 돌출형이고 앙 볼에는 살이 없으며, 턱은 뾰족한 형태이다.
· 이마는 넓게 광대뼈는 들어가 보이도록 하고 양 볼은 밝게, 턱끝은 어둡게 수정해 준다.

▶ 긴 형

· 얼굴이 길어 보이는 형태로서 코의 길이도 긴 형태가 많다.
· 침착해 보이고 신뢰감을 줄 수 있는 이미지이지만 지루해 보일 수 있다.
· 이마와 턱끝은 좁아 보이도록 하고, 코의 길이가 길어 보이지 않도록 수정해 준다.

(4) 메이크업의 도구

① 메이크업 도구

· 스펀지 : 파운데이션을 펴 바를 때 사용하는 도구로 청결한 화장과 파운데이션의 밀착력이 좋아지므로 빠른 시간을 이용하여 피부 표현을 마무리 할 수 있다. 얼굴 부위에 따라 적합한 스펀지를 사용하면 피부 표현이 깨끗하게 파운데이션을 잘 스며들게 할 뿐만 아리라 뭉치지 않게 고루 펴주는 역할을 하게 된다. 코 측면, 얼굴라인, 눈 밑 등 좁은 부위는 삼각형 또는 사각형 스펀지를 사용한다. 소재에 따라 라텍스 스펀지, 합성 스펀지, 해면 스퍼지가 있다.
· 파우더 퍼프 : 파운데이션을 바르고 유·수분 성분을 없애기 위해서 사용하는 도구이다. 소재로는 순면이 가장 적합하다.
· 브러시 : 메이크업 시 매우 중요한 도구로 브러시의 재질은 동물의 털, 천연모와 합성섬유로 만들어진다. 동물의 털로는 담비, 오소리, 족제비털, 조랑

말 꼬리, 염소털이 있으며 부드럽고 탄력 있는 천연모의 사용이 용이하다. 브러시의 솔은 부드러워야 하고, 잘 고정되어야 있어야 하며, 용도별로 크기와 모양이 다양하다.

- 눈썹 수정가위 : 눈썹길이를 조절하거나 눈썹의 모양을 다듬을 때 사용되며, 가윗날이 정교하고 끝이 둥근 모양이 좋다.
- 눈썹 칼 : 수정가위로 잘 정리되지 않는 지저분한 눈썹 부분을 말끔하게 깎아내 준다.
- 스파츌러 : 립스틱, 크림, 파운데이션을 사용할 양 만큼 덜어내어 위생적으로 사용할 수 있는 도구이다.
- 면봉 : 눈썹, 아이섀도, 마스카라, 아이라인, 립스틱 등 부분적으로 수정할 때 사용한다.
- 아이래시 컬러 : 속눈썹을 곡선으로 위를 향하여 올려주어 눈을 보다 크고 또렷하게 한다.
- 인조 속눈썹 : 속눈썹을 더욱 길고 풍성하게 보이도록 붙여서 사용하는 것으로 길이별, 색상별, 숱의 양에 따라 다양하다.

(5) 색조 화장

① 메이크업 베이스

· 목 적

- 색조화장으로부터 피부를 보호한다. 또한 피부색을 조절, 보완하며, 파운데이션의 밀착감과 화장을 오래 지속시켜 준다.

· 종 류

- 리퀴드 타입 : 수분 함량이 많으며 가벼운 화장 시 또는 지성피부에 적합하다.
- 크림 타입 : 리퀴드 타입보다 커버력이 있으며 건성피부에 적합하다.
- 젤 타입 : 땀이나 피지 분비가 많은 사람이나 여름철에 사용이 적합하다.

· 색 상

- 그린 컬러 : 피부색이 붉거나 모세혈관이 확장되어 있는 붉은 피부, 여드름 자국 등 잡티가 많거나 울긋불긋한 피부에 사용한다.
- 핑크 컬러 : 창백한 피부에 혈색을 부여하여 화사하게 표현해 준다.
- 옐로우 컬러 : 검은 피부를 중화시켜 자연스럽게 표현한다.

- 오렌지 컬러 : 태양에 그을린 듯한 건강한 피부를 표현한다.
- 블루 컬러 : 기미, 주근깨, 잡티가 많은 피부, 붉은 피부를 희게 표현한다.
- 화이트 컬러 : 어둡고 칙칙한 느낌의 피부를 밝고 투명하게 표현한다.
- 퍼플 컬러 : 노란기가 많은 피부에 적합하다.

· 바르는 방법

소량을 스펀지를 이용하여 얼굴의 안쪽에서 바깥쪽으로 넓은 부분에서 좁은 부분으로 발라준다. 파운데이션이 밀리거나 들뜰 수 있으므로 소량만을 가볍게 밀듯이 펴서 바른다.

② 파운데이션

· 목 적

- 피부색을 일정하게 조절하며 피부의 결점을 커버한다. 외부 환경으로부터의 공해, 먼지, 자외선 등으로부터 피부를 보호하고 얼굴의 윤곽을 수정하고 색조화장을 돋보이게 한다.

· 종 류

- 리퀴드 파운데이션 : 수분 함유량이 많아 투명하고 자연스런 피부 표현에 적합하며 커버력과 지속력은 약하지만 피부에 부담이 적어 모든 피부에 적합하다.
- 크림 파운데이션 : 수분보다는 유분의 함량이 많고 보완력이 우수하며 사용감이 부드러워 건성피부나 가을, 겨울의 사용에 적합하다.
- 스킨 커버 : 보완력이 우수하여 잡티가 많은 피부에 사용한다.
- 케이크 파운데이션 : 피운데이션과 파우더의 이중효과로 보완력이 우수하며, 내수성이 강해 물이나 땀에 쉽게 지워지지 않는다. 지성피부와 여름에 용이하다.
- 스틱 파운데이션 : 스킨커버보다 커버력이 우수하며 분장용이나 전문가용으로 사용된다.
- 팬케이크 : 방수성과 내수성 및 지속이 케이크 파운데이션보다 우수하여 장시간 사용이 가능하여 장시간 조명을 받은 패션쇼 등에 적합하다.
- 컨실러 : 피부의 잡티나 붉은 점, 주근깨 등의 피부결점을 보완하는 전문 커버용이다. 투명 메이크업 시 파운데이션을 얇게 바르고 피부 결점의 부위에 발라준다.

· 사용법

소량씩 여러 번 나누어 바르며, 얼굴의 안쪽에서 바깥 방향으로 넓은 부분에서 좁은 부분으로 발라준다. 특히 헤어라인, 눈가, 콧망울, 입가, 턱선 부분 등은 섬세하게 발라준다. 가볍게 두드리는 '패딩'기법과 문지르고 펴주는 '슬라이딩' 기법이 있다.

· 얼굴 수정

- 둥근형 : 전체적으로 갸름해 보이도록 수정한다.
  highlight : T 존, 눈 밑
  shading : 얼굴 외곽
- 긴형 : 얼굴이 짧아 보이도록 한다.
  highlight : 눈 밑
  shading : 이마 끝, 턱
- 사각형 : 길고 둥글어 보이도록 수정한다.
  highlight : 이마 중앙, 콧등, 눈 밑
  shading : 이마 양옆과 양쪽의 턱선
- 역삼각형 : 볼에 살이 있어 부드럽게 보이도록 한다.
  highlight : 턱 아래, 눈 밑
  shading : 이마 양옆, 광대뼈, 턱 끝
- 삼각형 : 얼굴의 하단 부위가 갸름해 보이도록 한다.
  highlight : 이마 중앙, 눈 밑
  shading : 양쪽 턱선
- 마름모형 : 부드럽게 보이도록 한다.
  highlight : 이마 양옆, 양쪽의 턱선, 눈 밑, 볼
  shading : 광대뼈와 턱 끝

③ 페이스 파우더

· 목 적

파운데이션의 유분기를 제거하여 메이크업을 오래 유지하고, 외부 자극으로부터 피부를 보호한다.

· 종 류

- 루즈 파우더 : 입자가 섬세하고 얇게 발라지므로 투명한 피부 표현에 적합하다.
- 프레스트 파우더 : 파우더를 고형화한 것으로 루즈 파우더에 비하여 휴대가 간편하고 보완력이 있다.

· 색 상

- 투명 계열 : 파운데이션의 색상을 그대로 표현하여 자연스런 피부표현이 된다.
- 핑크 계열 : 창백한 피부에 혈색을 부여하고 화사한 느낌을 주어 신부화장을 할 때 적합하다.
- 퍼플 계열 : 화려한 이미지를 연출하여 파티 메이크업이나 나이트 메이크업에 적합하다.
- 화이트 계열 : 투명하고 흰 피부를 연출한다.
- 그린 계열 : 붉은기를 중화시킨다.
- 오렌지 계열 : 검은 피부를 건강하고 생동감 있게 표현한다.
- 옐로우 계열 : 다소 검은 피부를 중화시킨다.
- 펄 : 윤기있고 반짝이는 느낌을 부여한다.

· 사용법

파운데이션을 바른 후 분첩을 이용하여 적당량을 묻힌 후 얼굴의 외곽부분에서 중심부를 향해 감싸듯이 가볍게 눌러준다. 페이스 브러시를 사용하면 퍼프를 사용할 때보다 얇게 발라지는 장점이 있다. 가볍게 굴리듯이 도포한다.

④ 눈썹 메이크업

· 목 적

눈썹 모양은 얼굴 전체의 인상을 좌우하므로 눈썹모양을 수정, 보완한다.

· 종 류

- 펜슬타입 : 가장 일반적으로 사용되며 눈썹이 뚜렷하지 않거나 숱이 적은 경우 사용한다.
- 섀도타입 : 자연스런 눈썹표현에 효과적이며 눈썹 숱이 많은 사람에게 적합하다.

· 눈썹 수정법

- 눈썹머리는 콧망울을 지나 수직으로 올려 만나는 곳에서 시작한다.
- 눈썹산의 위치는 눈썹 길이를 3등분했을 때 2/3 지점에 위치한다.
- 눈썹꼬리는 콧망울에서 눈꼬리를 45°의 선에서 만나는 지점에 위치한다.
- 눈썹꼬리는 눈썹머리와 비교해 쳐지지 않도록 한다.
- 눈썹 길이는 눈 길이보다 짧지 않아야 한다.

· 눈썹 형태에 따른 이미지

- 표준형 눈썹 : 가장 무난하며 눈썹산이 너무 각지지도 둥글지도 않은 형태로 모든 얼굴형에 잘 어울린다.
- 화살형 눈썹 : 개성있고, 동적이며 경쾌한 느낌으로 둥근 얼굴이나 삼각형 얼굴에 어울린다.
- 직선형 눈썹 : 눈썹머리와 눈썹꼬리가 거의 수평에 가까우며, 긴 얼굴을 짧아 보이게 한다.
- 아치형 눈썹 : 여성적이며 우아한 느낌을 주며 한복 메이크업과 각진 턱의 얼굴에 적합하다.
- 각진 눈썹 : 지적이며 단정하며 현대적인 느낌으로 둥근 얼굴에 잘 어울린다.
- 짧은 눈썹 : 명랑하고 발고 어린 느낌으로 얼굴폭이 좁고 코 길이가 긴 사람에게 어울린다.
- 처진 눈썹 : 온화하고 부드러운 인상과 귀여운 느낌을 주지만 어리석고 슬픈 인상을 주기도 한다.

⑤ 아이섀도우

· 목 적

눈의 모양을 수정, 보완하여 입체감 있는 눈매를 표현하며 다양한 색상으로 눈을 아름답고 개성있게 연출한다.

· 종 류

- 케이크 타입 : 가장 일반적으로 타입으로 그라데이션이 용이하나 지속력은 떨어진다.
- 크림 타입 : 유분이 함유되어 있어 부드럽고 발색이 좋다.
- 펜슬 타입 : 선적인 느낌을 줄 때 용이하고 사용감이 간편하나 색상이 다양하지 못하고 펴바르기가 용이하지 않다.
- 파우더 타입 : 주로 펄 타입이 많으며 광택효과에 사용한다.

· 아이섀도의 명칭

- 베이스 컬러 : 눈두덩 전체에 도포한다.
- 메인 컬러 : 눈매의 이미지를 형성하는 중심 색상으로 중간 톤의 색상을 많이 사용한다.
- 포인트 컬러 : 눈매를 강조하기 위한 색상으로 주로 쌍꺼풀 라인 안쪽과 눈꼬리 쪽을 중심으로 바른다.

- 하이라이트 컬러 : 눈썹 뼈 부분이 돌출되어 보이도록 바르는 색상으로 밝은 색상이나 펄을 사용한다.
- 언더 컬러 : 눈 밑에 바르는 컬러러 포인트 칼라 연결하여 선적인 느낌으로 표현한다.

· 눈형태에 따른 표현 방법

- 작은 눈 : 밝은 색으로 전체 펴 바르고 눈꼬리 쪽으로 짙은 색상으로 연장하여 발라주어 눈 길이가 길어 보이도록 한다.
- 큰 눈 : 진한색보다는 연한색으로 부드럽고 자연스럽게 그라데이션하고, 눈 주위에 포인트 색상을 강하게 처리하지 않는다.
- 눈두덩이 나온 눈 : 눈두덩이 전체를 갈색계열로 자연스럽게 펴 주고 붉은 계열이나 펄은 피한다.
- 눈두덩이 들어간 눈 : 눈 두덩이 전체에 밝은 색을 바르고 눈머리에서 눈꼬리 쪽으로 속눈썹이 나 있는 부분에 짙은 색을 바른다.
- 가는 눈 : 아이새도우를 눈의 중앙부에 진하고 넓게 펴주고, 하이라이트 색상을 아이홀에서 눈꼬리 쪽으로 감싸듯이 넓게 바른다.
- 둥근 눈 : 눈 앞머리와 눈꼬리를 진한 색상으로 발라주어 눈매가 옆으로 길어 보이게 한다.
- 눈과 눈 사이가 가까운 눈 : 눈 앞머리에서 중간 정도까지는 밝은 색상을 발라 주어 눈 사이가 여유 있어 보이도록 해 주며, 눈꼬리는 짙은 색상을 발라 연장되어 보이도록 한다.
- 눈과 눈 사이가 먼 눈 : 눈 앞머리에 짙은 색상을 발라 주어 눈 사이 간격이 좁아 보이도록 한다.
- 처진 눈 : 눈 앞머리를 가늘고 엷게 눈 꼬리 쪽으로는 끌어 올리듯이 펴 바른다.
- 올라간 눈 : 눈 앞머리에 포인트를 주고 눈꼬리 쪽으로는 엷게 바른다.

⑥ 아이라이너

· 목 적

선명하고 뚜렷한 눈매로 표현하며 눈의 모양과 크기를 수정할 수 있다.

· 종 류

- 펜슬 타입 : 가장 일반적이며 수정이 용이하나 번지는 단점이 있다.
- 케이크 타입 : 물이나 유연화장수를 섞어서 사용하며 지속력이 있다.

- 리퀴드 타입 : 지속성이 좋고 선명하고 가늘게 라인을 그릴 수 있다.
- 붓펜 타입 : 사용이 편리하고 펜슬 타입에 비해 지속력이 좋다.

· 눈형태에 따른 표현방법

- 큰 눈 : 큰 눈이 강조되지 않도록 속눈썹에 가깝게 가늘면서 연하게 그린다.
- 작은 눈 : 작은 눈이 커보이도록 위라인을 연장하여 그리고 눈 꼬리는 굵게 그린다. 눈꼬리의 윗라인과 아래라인이 만나지 않록 열어 그린다.
- 가는 는 : 눈이 둥글어 보이도록 눈의 중앙을 굵게 그린다.
- 동그란 눈 : 눈 앞머리와 꼬리부분을 굵게 그린다.
- 눈두덩이 나온 눈 : 전체적으로 라인을 그려 주는데 눈꼬리 부분을 조금 굵게 강조한다.
- 처진 눈 : 눈앞머리에서 3/4정도는 눈꺼풀을 따리 그리고 뒷부분에서 수평으로 길고 두껍게 그려주어 올라가 보이도록 한다.
- 올라간 눈 : 아래 눈꼬리 부분의 1/3을 약간 굵게 수평으로 그리고 위눈꺼풀의 눈머리에도 약간의 액센트를 준다.
- 눈과 눈사이가 가까운 눈 : 눈꼬리쪽을 길고 굵게 그려 시선을 바깥쪽으로 분산시킨다.
- 눈과 눈사이가 먼 눈 : 눈머리쪽은 강하게 그려 미간이 좁아보이도록 한다.

⑦ 마스카라

· 목 적

속눈썹을 길고 풍성하게 연출하여 눈을 깊고 커보이게 한다.

· 종 류

- 볼륨 마스카라 : 숱이 많아 보이게 하며 진하고 풍성하게 표현한다.
- 롱래쉬 마스카라 : 섬유소가 함유하여 숱이 길고 많아 보이게 한다.
- 워터프루프 마스카라 : 땀이나 물로 지워지지 않는다.
- 케이크 마스카라 : 케익타입으로 물이나 유연화장수를 이용하여 붓으로 사용한다.
- 투명 마스카라 : 자연스럽게 표현한다.
- 컬링 마스카라 : 부착력이 좋아 속눈썹이 잘 올라가며 장시간 유지한다.

⑧ 입술화장

· 목 적

입술 형태를 수정하고 입체감을 부여하며, 입술에 색상을 줌으로써 아름답고 화사하게 표현한다. 또한 자외선이나 자극으로부터 입술을 보호한다.

· 종 류

- 립스틱 : 가장 일반적으로 사용되며 색상과 질감의 종류가 다양하다.
- 립 라이너 : 입술의 형태를 수정하고 선명하게 표현한다.
- 립글로스 : 윤기있고 촉촉하며, 매끄럽고 바르기 쉽다.
- 립크림 : 입술을 보호한다.

· 입술선에 따른 이미지

- 인 커브 : 귀엽고 여성스런 이미지로 원래 입술 선보다 1~2mm 정도 안쪽으로 그려준다. 볼에 살이 많은 사람은 인커브로 그릴 경우 볼이 좀 덜 뚱뚱해 보이게 한다.
- 스트레이트 : 립라인을 직선으로 그려준다. 지적인 이미지로 단정한 유니폼에 어울린다.
- 아웃 커브 : 매혹적이고 관능적인 아름다운 이미지로 성숙하고 섹시한 분위기로 표현한다. 원래 입술선보다 1~2mm 넓게 그려준다.

· 입술형태에 따른 표현방법

- 얇은 입술 : 실제의 입술라인보다 1mm 정도 바깥쪽으로 그려주며, 밝은색의 립컬러를 사용하고 어둡거나 흐린 색상은 피한다.
- 크거나 풍만한 입술 : 실제의 입술라인보다 1mm 정도 안쪽으로 그려주고, 짙은 색상을 발라 축소되어 보이도록 한다.
- 모양이 고르지 않은 입술 : 입술산을 또렷이 표현하고 하이라이트를 넣어 입체감을 부여한다.
- 처진 입술 : 양쪽 입술끝을 1~2mm 약간 올려서 그려준다.
- 평평하고 얇은 윗입술 : 구각쪽은 좀 더 어두운 색으로 바르고 중간지점에 중저믈 주어 밝은 립스틱을 바른다.

⑨ 볼화장

· 목 적

얼굴에 혈색을 부여하여 생기를 주며, 얼굴 윤곽에 음영을 주어 입체감을 준다.

· 종 류

- 케이크 타입 : 일반적으로 많이 사용하는 타입으로 자연스럽고 편리하다.
- 크림 타입 : 파운데이션 사용 후 파우더하기 전에 사용하며 펴바르기가 쉽다.
- 펜슬 타입 : 사용하기 쉽고 사용법은 크림 타입과 같다.

· 얼굴형에 따른 볼 화장 방법

- 둥근형 : 광대뼈 아래부터 입꼬리를 향해 사선으로 바른다
- 긴 형 : 광대뼈를 중심으로 가로의 느낌으로 바른다
- 사각형 : 넓게 펴 바르고 턱 쪽을 향해 바른다
- 역삼각형 : 귀부분에서 코끝을 향해 바른다.

· 볼화장의 위치에 따른 이미지

- 여성적인 느낌 : 볼뼈를 중심으로 관자놀이 쪽으로 바르고 눈주위와 관자놀이도 엷게 펴 바른다.
- 활동적인 느낌 : 볼뼈아래 부분에 다소 짙게 발라 선적인 느낌을 살린다.
- 귀엽고 사랑스런 느낌 : 웃을때 생기는 눈밑의 볼록한 부위에 둥근 느낌이 나도록 표현한다.
- 지적인 느낌 : 볼뼈 위쪽은 밝은 색으로, 그 밑은 야간 어두운 색으로 둥글리고 길게 펴바른다.

(6) 계절에 따른 메이크업

① 봄

따스한 톤의 부드러우며 산뜻한 파스텔 톤의 컬러를 사용한다.

· 피부화장 : 투명감을 살려 화사하고 내추럴하게 표현하고 파운데이션 색상은 중간톤의 리퀴드 타입을 사용한다. 밝은 핑크 베이지가 무난하다.

· 눈화장 : 밝은 브라운, 연보라, 연초록의 아이쉐도우, 브라운색의 마스카라

· 입술화장 : 밝은 오렌지, 코랄색

· 볼화장 : 살구색, 산호색

② 여름

여름은 화장이 쉽게 지워지기 쉬운 계절이므로 가볍고 투명한 화장을 한다. 색깔의 선택은 차가운 계열을 하는 것이 좋으며, 전반적으로 부드러운 핑크, 엷은 보라, 블루 톤이 세련된 느낌을 준다.

· 피부화장 : 시원한 감촉의 젤타입의 메이크업 베이스로 여름 피부를 산뜻하게 정돈하고 자외선차단제를 바른다. 땀이나면 얼룩져 보이므로 두껍지 않게 파운데이션을 바른다. 투명파우더를 충분히 발라준다.
· 눈화장 : 아이새도우는 회색, 블루, 연초록, 핑크베이지, 연보라를 사용하고, 검정이나 블루마린 마스카라를 사용한다.
· 입술화장 : 여름철에는 피부화장은 약하게 하고 와인색 등의 강렬한 색으로 입술에 포인트를 준다.
· 볼화장 : 여름에는 땀으로 인해 화장이 지워질 수 있으므로 볼화장을 피부화장에서 음영만을 살려준다. 핑크나 와인색상을 사용한다.

③ 가을

브라운에 내재된 부드러움과 가을의 순수함을 잘 표현한다.
· 피부화장 : 그린색의 메이크업 베이스를 사용하고 리퀴드 파운데이션을 소량 여러번 덧발라 주어 피부표현을 꼼꼼히 한다. T존과 눈 밑 부분은 밝게 해줌으로써 전체적인 이미지는 밝아 보이도록 한다.
· 눈화장 : 살구색, 연초로그, 금색, 브론즈, 그린 등의 아이새도우를 사용하고 브라운의 마스카라를 사용한다.
· 입술화장 : 입술라인은 진한 브라운 컬러의 립라이너를 이용하여 둥글고 넓게 그려준 다음 브라운 컬러 립스틱을 바른다. 이때 립그로스를 살짝 덧바르면 입술이 보다 윤기 있고 볼륨감 있어 보인다. 오렌지 계열이 적당하다.
· 볼화장 : 가을의 분위기에는 연한 브라운, 오렌지, 살구색으로 볼 부분을 넓게 펴 발라 여성스러움을 살려준다.

④ 겨울

차분하고 강렬한 차가운 계열의 컬러가 중심이 된다. 와인은 겨울에 가장 자연스럽게 어우러지는 매혹적인 컬러이다.
· 피부화장 : 따뜻함을 주는 핑크빛의 파운데이션으로 피부색을 표현하는 것이 중요하며 투명파우더를 사용하면 더욱 효과적이다.
· 눈화장 : 은회색, 청보라, 핑크, 와인의 아이새도우와 검정이나 블루마린 마스카라를 사용한다.
· 입술화장 : 입술은 립 라이너로 윤곽을 살리고 레드 계열로 아웃커브형의 입술을 만들어 주는 것이 매혹적인 분위기를 살릴 수 있는 포인트이다.
· 볼화장 : 와인계열의 색상으로서 연하게 얼굴라인을 전체적으로 터치하고 광대뼈 부분을 조금 강하게 연출한다.

(7) TPO에 따른 메이크업

시간(time), 장소(place), 목적(object)에 따라 화장을 다르게 메이크업을 하는 것으로 메이크업 효과를 극대화하기 위해서는 전체적인 코디네이션이 매우 중요하다.

① 웨딩메이크업

백색 결혼드레스위에 표현되는 색은 원래의 색감보다 더 진하게 나타나므로 웨딩용 메이크업 톤은 가능한 부드럽게 연출하여야 신부의 화사한 모습이 연출 가능하다. 중간톤으로 신부의 얼굴 윤곽을 표현하며, 일반적으로 피부색이 밝은 사람은 복숭아 빛이 도는 장미색 계열이 무난하고 피부색이 어두운 사람은 연어색이나 연한 장미색 등이 어울린다.

베이스 메이크업으로는 피부색보다 약간 밝은 액체용 파운데이션을 얼굴 전체에 골고루 바르고, 긴장으로 땀이 많이 나므로 파운데이션은 꼭꼭 누르듯이 바름으로써 기초를 확실히 한다. 눈썹은 부드럽게 처리하고 아이메이크업은 장미색, 오랑케 꽃 색등의 연한색의 새도우를 눈의 바깥쪽코너에 가볍게 발라서 시선을 밝게 유지한다. 볼터치는 장밋빛 또는 핑크빛을 발라서 부드러운 이미지를 연출하고, 입술은 아이 메이크업과 비슷한 색을 선택하되 크거나 각진 형이 되지 않도록 주의해야 한다.

② 파티 메이크업

파티는 넓은 공간과 밝은 조명으로 메이크업 색감이 쉽게 감퇴되고 피부가 창백해 보이므로 메이크업 컬러는 밝고 순도 높은 색을 선택하는 것이 좋다. 베이스메이크업은 화사한 분위기를 위해 피부색보다 밝은색 파운데이션을 선택한다. 볼터치는 밝은 분홍색 또는 진한 복숭아색을 사용하고 눈화장으로는 밝고 강한 느낌의 적색, 장미색, 청회색 보라색 등을 사용한다. 마스카라를 2~3번 바르거나 인조 속눈썹을 사용 후 아이라인을 그려준다. 입술은 순도 높은 붉은색 계열의 색을 사용한다.

③ 낮화장

인공조명보다는 자연광 아래에서 보이는 메이크업은 전체적으로 자연스럽고 부드러운 느낌이 들도록 한다. 베이지 계열, 브라운 계열로서 동양인의 피부톤을 가장 잘 살려주는 톤들이다. 유사색 대비를 많이 응용한다.

리퀴드 타입의 파운데이션으로 피부톤을 맞추고 투명파우더를 이용해 유분기를 제거한다. 아이섀도우는 연한 베이지 계열이나 연한 브라운으로 베이스를 바르고 중간톤과 딥한 브라운 톤을 섞어서 쌍꺼풀 라인 위까지 잘 그라데이션을 시킨다. 자연스럽게 펜슬을 이용한 아이라이너를 그리고 검정색 마스카라를 이용하여 속눈썹을 깊이감 있게 연출한다. 자연스런 브라운색과 회색을 혼합하여 눈썹을 그리고 진한 색의 브라운 펜슬로 입술라인을 그리고 중간톤과 연한 브라운 계열로 음영을 준다. 브라운 계열을 이용하여 자연스런 음영을 주는 볼터치를 한다.

④ 밤화장

인공조명 아래에서는 색깔이 조명에 의해 상대적으로 효과가 반감하거나 제대로 연출할 수 없기 때문에 명도대비를 이용하여 메이크업을 한다. 베이스메이크업은 커버력이 있는 우수한 스틱타임이나 크림타입으로 입체감 있게 표현하고 T존 부위, 눈밑 부위는 하이라이트를 주고 타원형에 맞추어서 쉐딩용 컬러로 외곽 측에 그라데이션을 한다. 베이지 계열이나 핑크색 계열의 파우더를 이용해 유분기를 제거한다. 아이섀도우는 중간색상인 브라운 또는 차분한 옐로우 컬러를 베이스로 사용하고 보라색 계열로 포인트를 준다. 펄이 든 흰색 아이섀도우로 눈썹 뼈, 눈동자 중앙 등에 부분적으로 하이라이트를 주면 입체감과 화려함이 더욱 돋보인다. 리퀴드 타입으로 가늘게 아이라인을 그리고 인조 속눈썹을 붙이고 마스카라를 바른다. 중간색 브라운과 회색을 혼합하여 낮화장보다는 진하게 눈썹을 그린다. 아웃커브의 입술로 화려한 느낌을 강조하고 립글로스나 펄이 섞인 립스틱을 바른다. 성숙한 분위를 내기 위해 광대뼈 아래를 갈색 계열로 선적인 느낌이 들도록 강조해서 볼터치를 한다.

2) 매니큐어 및 패디큐어

(1) 조갑

표피의 각질층과 투명층이 변한 반투명의 각질판으로 된 조갑과 조월판으로 되어있다. 아미노산이 많이 포함되어 있으며 그 안에는 시스테인도 많이 포함되어 있는 경케라틴으로 구성되며, 네일 바디는 발한은 하지 않으나 12~18%의 수분을 함유한다.

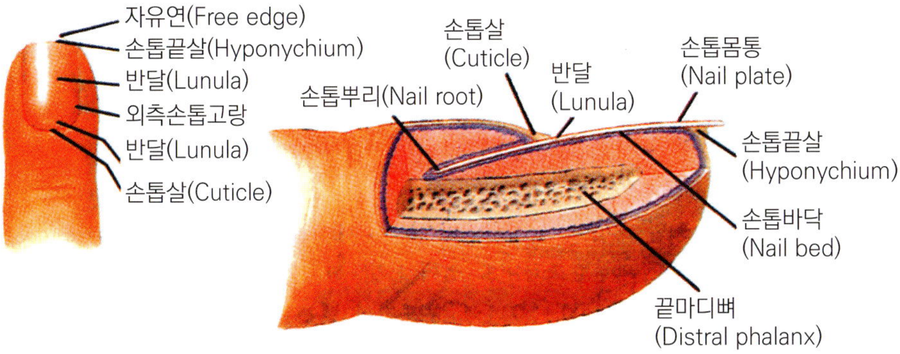

그림 10-1. 손톱의 구조

손톱은 1일 약 0.1mm씩 자라고, 완전히 자라기까지는 4~6개월이 걸리며, 손톱은 발톱에 비해 성장 속도 및 두께가 두배 정도 된다. 또한 조갑은 죽은 단백질이므로 비타민, 미네랄에 의해 단단해 지지는 않지만, 결핍증에 대해서는 영향을 받는다.

즉 네일바디에 손상이 있을 때 영양공급을 한다고 회복되지는 않는다. 단 더 이상의 손상을 막아줄 뿐이다. 또한 손톱의 형상은 사람에 따라 다르고, 물리적 성질도 다르다. 손톱의 경도는 손톱에 함유된 수분의 양이나 케라틴 조성에 따라 다르다.

① 기능

손끝 및 발끝을 보호하는 역할로 외부 자극 및 유해 물질 침입을 방지하는 보호 역할과 방한, 방서 작용으로 체온을 유지하는 기능을 갖는다. 또한 방어와 공격의 기능, 손에 힘을 줄 수 있도록 하거나 작은 물건을 들어 올리거나 긁을 때 사용하도록 하는 받침대의 역할, 장식적 기능으로서의 역할로 미용적 효과를 갖는다.

② 손톱의 구조

▶ **손톱 자체**

· 조근(nail root) : 손톱이 자라기 시작하는 곳으로 손톱의 근원이 되며 피부 밑에 묻혀 있다. 표피의 유핵츠에 위치하고 손, 발톱의 성장 장소로 이 부위에 손상을 입으면 손톱과 발콥에 장애가 생긴다. 얇고 부드러우며 새로운 세포 조직을 형성하는 곳이다.

· 조체(조갑, nail body) 또는 네일플레이트(nail plate) : 손톱의 본체로 하부의 조상에 단단히 부착되어 있다. 혈관이 없으며 산소를 필요로 하지 않는다. 조상을 보호하는 역할을 하며 여러 개의 겹으로 이루어져 있는 각질 세포로써 제일 아랫부분은 부드러우며 위로 올라갈수록 단단하다.

· 조선(free edge) : 손톱의 끝부분으로서 피부와 떨어져 있어 잘라내는 부분을 말한다.

· 조반월(lunula) : 각질화가 시작되는 부분으로 조상에 단단히 붙어있지 않아 빛을 반사시키고, 하부조직의 두꺼운 혈관망을 덮고 있어 흰색을 띠는 반달 모양이다.

▶ **손톱밑**

· 조상(nail bed) : 조체밑에 있는 피부로 조체를 받혀주는 역할을 하며 혈관과 신경이 있는 곳으로서 손톱이 자라는 영양과 수분공급을 한다.

· 조모(matrix) : 조근밑에 위치, 림프관, 혈관, 신경이 있는 곳으로서 손톱의 세포를 생산하며 손톱의 성장을 조정한다. 손톱의 부분 중에서 가장 예민한 곳으로서 손상을 입으면 손톱이 불균형하고 비정상적으로 자랄 수 있다. 따라서 강한 압박을 주지 않도록 각별히 주의해야 한다.

▶ **손톱주위의 피부**

· 조소피(cuticle) : 손톱 주위를 덮고 있는 신경이 없는 피부를 말하며, 미생물 등 병균의 침입으로부터 보호해주는 역할을 한다. 정상적인 큐티클은 어느 정도의 수분과 탄력이 있어야 하며 갈라짐이 없어야 한다.

· 조곽피(Laterl nail fold) : 손톱주변을 감싸고 있는 피부로 손톱의 모양을 유지해주고 다른 곳과 마찬가지로 외부로부터 감염을 막아준다. 조상피나 조하피보다 얇고 민감한 피부를 갖고 있어서 손톱관리 시 다치기 쉬운 곳이다. 조곽피가 다치게 되면 손톱이 자라면서 삐뚤어지거나 변형되어 자라기도 한다. 시술시 양손으로 이곳을 감싸주면서 파일링이나 버핑을 해야 하는 이유도 바로 상처가 쉽게 나기 때문이다.

· 손톱고랑(nail groove) : 손톱을 따라서 자라는 네일 베드의 양쪽면의 흠을 말한다.

· 손톱벽(nail wall) : 손톱고랑 위에 있는 손톱의 양쪽 면의 흠을 말한다.

· 조상피(eponychium) : 손톱 베이스에 있는 가는 선을 말하며 반월 부분을 덮고 있다. 흔히 큐티클(Cuticle)이라고 부르는 곳이다. 매니큐어 시 푸셔로 깨끗이 제거되는 곳으로 불필요한 각질 막과 얇은 각질 막으로 되어있다. 손

톱정리 시 잘라내는 곳이지만 반드시 불필요한 각질 막만 제거해야하며 너무 깊숙이 제거하면 피가 날 수가 있고 세균에 감염될 우려가 있는 곳이다. 조상피가 다치게 되면 손톱이 자라면서 변형을 가져올 수도 있다.

· 파로니키움(paronychium) : 손톱의 전체를 둘러싼 피부를 말한다.

· 조하피(hyponychium) : 손톱의 가장 끝 쪽에 위치한 피부로 손톱과 피부를 연결해주는 곳이다. 피부와 손톱을 단단히 묶어주어 외부의 박테이아나 진균류, 바이러스의 조상 침투를 막아주는 역할을 한다. 손톱을 빠짝 자른 후 잘려진 손톱 밑에 가는 줄이 있는데 이 부분을 솔리혼(solehorn)이라고 부른다. 일반적으로 손톱이 감염되면 조하피 부분과 조상부분이 떨어지는 현상을 볼 수 있다. 가장 고통이 심한 곳이 이 조하피 부분이다.

④ 건강한 손톱

· 조상에 강하게 부착되어 있다.

· 단단하고 탄력이 있으며 둥근 아치를 형성한다.

· 매끄럽고 광택이 나며 반투명한 핑크빛을 띤다.

· 세균에 감염되지 않아야 한다.

· 수분이 약 7~10% 함유되어야 한다.

(2) 매니큐어

① 매니큐어

매니큐어(Manicure)의 어원은 손이란 뜻의 라틴어 마뉴스(manus)와 관리, 손질 이란 뜻의 영어 케어(care)의 합성어로 손의 손질법을 말한다. 매니큐어란 손톱에 색을 바르는 것뿐만이 아니라 손톱의 모양을 다듬고 손의 피부를 관리하고 보호하는 개념을 포함한다. 즉 손톱 뿐아니라 손 전체를 청결하고 아름답게 하는 것이다.

② 매니큐어의 종류

▶ 네일케어

건강하고 아름다운 손과 손톱을 유지하기 위해 화장품, 도구, 수기방법을 이용하여 관리하는 것이다.

· 네일 트리트먼트(nail treatment) : 손톱의 광택과 건강함을 부여하기 위해 네일 전용 화장품, 도구, 수기방법을 이용하여 관리하는 것이다.

· 핸드 매뉴얼 테크닉(마사지)(hand massage) : 손의 유연함과 거칠음을 예방하기 위해 핸드 매뉴얼 테크닉(마사지) 크림, 로션, 오일 등을 사용하여 손을 매뉴얼 테크닉(마사지) 하는 것이다.
· 버퍼링(buffering) : 연마를 하는 것으로 조상에 자극을 주어 손톱의 성장 촉진을 돕는 것이다.
· 네일 칼라링(nail coloring) : 목적과 고객의 취향 등을 고려하여 색상을 선택하여 손톱위에 바르는 작업으로 베이스코트, 네일 폴리쉬, 탑노트 순으로 바른다.

▶ 네일 익스텐션(nail extentions)

손상되거나 변형된 손톱 또는 손톱의 길이나 모양을 인위적으로 바꾸고자 할 때 인조 손톱을 부착하는 기술이다.

· 실크 랩(silk wrap) : 실크와 린넨을 이용하여 손상된 손톱을 정상 손톱처럼 관리하는 기술이다.
· 스컵쳐 네일(scalptured nail) : 파우더와 리퀴드를 이용하여 손톱 끝단에 네일 폼(nail form)을 만들어 브러쉬로 정리하여 모양을 만들어 내는 조각 손톱이다.

▶ 네일 아트(nail art)

손톱에 직접 붓으로 그리는 방법에서부터 다양한 디자인, 색상, 장신구 등을 최대한 활용하여 표현하는 예술작업이다.

③ 네일케어 준비 작업

▶ 도 구

· 매니큐어 책상 : 매니큐어 시술이 잘 이루어지도록 매니큐어 용구와 기기가 책상에 준비되어 있어야 한다.
· 핑거볼(finger bowl) : 따뜻한 물에 손을 담구어 손톱이나 큐티클을 부드럽게 한다.
· 에머리 보드(emory boards) : 손톱의 길이를 조정하고 형태를 정리하는 것으로, 거친면은 손톱의 여분의 제거할 때, 부드러운 면은 손톱 끝 둘레를 다듬을 때 사용한다.
· 푸서(pusher) : 손톱의 큐티클을 안쪽으로 밀어 올리는데 사용한다.
· 파일(file) : 손톱의 끝부분을 갈아 고르게 만드는데 사용한다.
· 버퍼 : 손톱 표면을 연마하여 부드럽게 한다.
· 오렌지 우드 스틱(orange wood stick) : 큐티클을 다듬을 때 사용하거나, 크림이나오일 등을 바를 때도 사용한다.

· 큐티클 가위(cuticle scissors) : 큐티클을 자른다
· 큐티클 니퍼(cuticle nippers) : 손톱밑의 굳은살을 제거하는데 사용한다.
· 네일 브러쉬(nail brush) : 손톱을 청결하게 세척하는데 사용한다.
· 스파츌러(spatula) : 크림 등을 덜어내는데 사용한다.
· 알코올(alcohol) : 70% 알코올을 사용하여 손톱의 유분제거 및 용구의 세정으로 사용한다.
· 코튼(cotton) : 도구나 용구를 세정할 때 사용하여 에나멜을 지울 때 사용한다.
· 타월(towel) : 손이나 발의 수분을 제거한다.

▶ 네일케어 화장품

· 큐티클 크림(cuticle cream) : 건조한 손톱과 큐티클을 부드럽게 한다. 라놀린, 유분, 왁스, 코코아 버터, 오일 등의 성분을 사용하며 건성타입의 부서지기 쉬운 손톱에 사용하면 효과적이다.
· 베이스 코트(base coat) : 네일 폴리쉬를 바르기 전에 사용하는 것으로 에나멜의 직접적인 침투를 막아 손톱을 보호한다.
· 탑 노트(top note) : 네일 폴리쉬의 후에 바르는 것으로 광택을 부여하여 보호막을 형성하여 시간이 지나면서 네일 폴리쉬 색상이 갈라지는 현상을 방지한다.
· 네일 폴리쉬(nail polish) : 네일 에나멜 또는 네일 칼라라고도 하며, 손톱에 색상을 부여한다.
· 네일 폴리쉬 리무버(remover) : 색상을 지우고자 할 때 사용하며 아세톤계와 비아세톤계가 있다.
· 큐티클 소프트너(cuticle softner) : 큐티클을 유연하게 하여 제거를 쉽게 한다.
· 핸드 로션(hand lotion) : 피부에 보습을 주어 거칠음을 예방한다.
· 네일 화이트너(nail whitener) : 펜슬, 크림, 페이스트 등의 3가지 타입이 있으며 손톱의 끝부분을 일시적로 하얗게 한다.
· 네일 하드너(nail hardner) : 액상으로 손톱을 보강하기 위해 사용한다.
· 핫 오일과 크림(Hot oil and cream) : 워머로 따뜻하게 해서 사용한다. 부서지기 쉬운 건성타입의 손톱이나 큐티클에 사용한다.
· 네일 드라이(nai dry) : 네일 폴리쉬의 건조를 빠르게 한다.

④ 매니큐어 시술

· 고객은 릴렉스한 자세로 의자에 앉고 손은 테이블 위에 놓는다.

· 고객 상담 및 손 상태를 분석한다.
- 고객의 손톱에 문제가 있는지를 살펴보고, 손톱 색상과 형태 등을 상의하여 관리를 결정한다.

· 네일폴리쉬를 제거한다.
- 네일 폴리쉬 리무버를 솜에 묻혀 지운다. 만약 네일 폴리쉬가 남아 있다면 오렌지 우드 스틱 끝에 코튼을 부착시쳐 리무버를 붇혀 지운다.

· 손톱을 손질한다.
- 손님과 상의하여 결정한 손톱의 형태를 에머리 보드를 이용하여 정돈한다.
- 따뜻한 물이 담긴 핑거볼에 손을 담근다.
- 타월로 물기를 제거한 후, 큐티클 리무버를 바른다.
- 큐티클 푸서로 큐티클을 손톱에서 피부쪽으로 밀어주며, 큐티클 니퍼를 사용하여 큐티클을 정리한다.
- 다시한번, 핑거볼에 손을 담갔다가 네일 브러쉬를 이용하여 깨끗한 방향으로 브러싱하고, 타월로 잘 닦아아주고, 네일 버퍼를 사용하여 손톱 표면을 깨끗하게 정돈한다.

· 손과 팔에는 매뉴얼 테크닉(마사지)을 한다.
- 손과 팔에 로션을 바르고 매뉴얼 테크닉(마사지)을 한 후 알코올을 묻힌 솜으로 손톱의 유분을 제거한다.

· 네일 폴리쉬를 바른다
- 베이스코트, 네일 폴리쉬, 탑코트의 순서로 바르고 네일 드라이를 사용하여 건조시킨다.

⑤ 매니큐어시 주의사항

▶ 버퍼링

손톱의 표면을 연마하여 조상에 자극을 주어 손톱의 성장 촉진을 돕는다. 일정한 방향으로 버퍼를 사용하여, 마찰열이 생기지 않도록 주의하여 손톱이 상하지 않도록 한다. 크림이나 파우더를 손톱의 표면에 바르고 버퍼로 문지르거나 특별한 광택효과가 있는 버퍼를 사용하기도 한다.

▶ 손톱의 모양에 따라 바르는 방법

· 타원형 손톱 : 이상적인 손톱형으로 네일 폴리쉬를 전체 바르거나 반달형으로 굴리는 어떤 방법도 적당하다.

· 첨형 손톱 : 뾰족한 모양으로 둥근 느낌으로 바르거나 반원 부분을 남겨서 네일 폴리쉬를 바르면 짧은 듯이 보일 수 있다.

· 방형 손톱 : 손톱 전체에 네일 폴리쉬를 바르는 것보다 손톱의 양옆과 반월 부분을 남겨서 바르면 손톱이 가늘고 긴 듯이 보인다.
· 원형 손톱 : 손톱의 양옆을 남겨서 좁아 보이는 느낌으로 네일 폴리쉬를 바른다.
· 굵은 손가락 : 손가락이 가늘어 보이도록 손톱을 길게 자르고 전체를 계란형으로 바른다.

▶ **알레르기**

네일 폴리쉬, 네일 하드너 중의 몇가지는 광택과 접착을 위해서 열가역성 수지 성분을 함유하고 있다. 톨루엔, 사르포나마이드, 포름알데히드 수지로 알레르기를 유발할 수 있다. 마르지 않은 네일 폴리쉬가 눈꺼풀, 얼굴, 목과 같은 민감한 피부에 닿았을 때 일어나며, 완전히 마르면 일반적으로 반응도 약해지며 사라진다.

(3) 패디큐어

① 패디큐어

패디큐어(pedicure)는 발가락과 발을 보호하고 아름답게 만드는 기술이다. 발은 소홀해지기 쉬운 부위이며, 불결한 상태에서는 감염과 과각화를 일으키기 쉬우므로 발의 청결과 각질의 정리, 매뉴얼 테크닉(마사지) 등의 기본 관리가 중요시 된다.

발톱의 손질은 손톱의 손질과 거의 비슷하나 손톱의 관리가 보다 미적인 면에 중점을 두는 반면에, 발톱과 발의 관리는 건강적인 측면에 더욱 큰 비중을 둔다.

현대인의 발은 유전과 환경으로 인하여 모양이 다양하며, 발톱의 모양 역시 직업과 신발의 영향에 의해 비정상적인 형태로 많이 변화하므로 발톱을 정상에 가깝게 갈아 내고 상하거나 미관상으로 보기 나쁜 발톱을 잘 성장하도록 관리한다, 또한 하루 종일 몸의 무게를 지탱하느라고 지친 발의 혈액순환을 촉진시킴으로써 피로를 회복한다.

② 준비 및 시술

▶ **도구**

매니큐어 도구와 거의 유사하지만 특히, 큐티클 오일, 큐티클 리무버, 클리퍼, 오렌지 우드 스틱, 토우 세퍼레이터, 풋화일, 크레도, 파일, 발씻는 용기 등이 필요한다.

▶ **준비사항**

· 테이블을 설치하고 도구와 장비를 배열한다.
· 고객을 편안하게 앉게 한다.
· 고객의 신발과 양말을 벗게 한다.

▶ **패디큐어 시술**

· 길고 깨끗하게 접힌 긴 타월을 시술자의 무릎에 올려 놓는다.
· 리무버를 사용하여 기존의 폴리쉬를 제거한다.
· 에머리 보드와 클리퍼를 사용하여 발톱의 길이 형태를 정리한다.
· 큐티클 오일을 바르고 푸시한 다음 따뜻한 물에 발을 넣어 불린다.
· 니퍼를 이용하여 큐티클을 정리한다.

부 록

1. 세계 피부미용 자격제도

세계적 피부미용자격제도(미국, 영국, 프랑스, 일본, 호주, 독일)를 알아보기 위해 세계 미용업의 현황을 살펴보면 미용업은 국가마다 각기 운영체계가 다르다. 일본은 머리, 피부, 메이크업 등 모든 미용분야가 분리되어 있지 않고 미용업으로 통합되어 관리되고 있으나, 일본을 제외한 모든 나라가 머리, 피부는 분리되어 관리되고 있는데, 프랑스, 캐나다 등은 메이크업 분야까지 분리되어 있다. 또한 호주의 미용학은 다른 분야와 마찬가지로 고등학교 졸업 후 2년제로 실시되는 직업교육의 한 과정으로 교육이 실시되고 있다. 미용업에 관한 각국의 관리현황을 개괄적으로 살펴보면 《표 1》에 제시된 바와 같다.

<표 1> 외국의 미용업 관리 현황

구분	미용업 관리현황	
	분 리	통 합
미국	머리, 피부	
독일	머리, 피부	
호주	머리, 피부	
캐나다	머리, 피부, 메이크업	
프랑스	머리, 피부, 메이크업	
영국	머리, 피부, 메이크업	
일본		통합

자료 : 한국보건사회연구원 내부자료, 2001

1) 미 국

미국의 미용업 관리현황은 다른 제도나 법령과 마찬가지로 각 주마다 약간씩 상이하다. 여기서는 미용업이 가장 번성하는 뉴욕주의 현황을 기초로 미국의 관리현황을 살펴보기로 한다.

(1) 미용면허체계

연방국가인 미국에서 미용업은 각 주의 개별법에 따라 관리되고 있으며, 뉴욕주의 경우 뉴욕주 일반 사업법(New York State General Business Law)에 따라 관리된다. 이 법에서 미용서비스는 《표 2》에 제시된 바와 같이 4가지로 구분되며, 이러한 서비스를 제공하는 영업을 미용업이라고 정의하고 있다.

4가지 미용서비스 중 한 가지라도 수행하기 위해서는 면허를 받아야 한다. 다른 주나 나라에서 면허를 받은 사람은 만약 대중에게 대가를 받고 하지 않는다면 3개월 한도 내에서 면허를 가진 사람을 대상으로 또는 그 사람으로부터 교육을 받을 목적으로 위의 서비스를 할 수 있다.

영업 면허를 받은 자는 면허에 적혀 있는 소재지에서 영업을 할 수 있으며, 4종의 서비스 중 일부 또는 전부가 1개 미용영업면허 하에서 제공되는 경우에는 각각의 시술지가 해당되는 면허를 가지고 있어야 한다. 그리고 미용영업면허를 받은 자는 면허기간동안 책임보험에 대한 증거를 보관, 관리 하여야 한다.

<표 2> 미용기술의 정의

서비스명	정 의
네일 전문 (nail speciality)	대가를 지불받으면서 손, 발톱을 자르고 모양내고 보기 좋게 하는 서비스로 인공 네일을 다루는 것으로 포함함.
자연머리 스타일링 (natural hair styling)	대가를 지불 받으면서 머리, 얼굴, 목, 두피에 대하여 손으로 또는 기계를 활용해서 자르기, 샴푸, 면도 등을 하는 것으로 파우더, 기름, 진흙, 로션 등을 얼굴이나 머리, 두피에 사용할 수 있으나 염색이나 화학물질, 색변경, 머리의 구조를 변경하는 것은 포함하지 않음.
피부관리 (esthetics)	대가를 지불받고 메이크업, 로션, 왁스 등을 사용해서 얼굴, 목, 팔, 다리, 어깨의 모습을 개선하는 서비스를 말하며 손이나, 기계적, 화학적, 전기적 수단을 활용할 수 있으나, 전기 분해요법은 할 수 없음.
미용 (cosmetology)	위에서 언급한 세 가지 서비스를 포함할 뿐만 아니라 자연머리스타일링에서 제외 되었던 염색이나 화학물질, 색 변경, 파마나 머리의 구조를 변경하는 것을 포함함.

4종의 미용서비스에 대한 면허를 취득하기 위해서는 17세 이상이어야 하며, 주지사가 시행하는 실기시험과 필기시험 모두 합격하였다는 증명서와 교육법에 따라 면허를 받고 운영되는 학교에서 4종의 미용서비스 중 1종 이상의 과정을 이수하였다는 증명서를 제출하여야 한다.

18세 이상인 개인 또는 18세 이상인 자가 적어도 한 명 이상인 회사 등은 미용영업면허를 취득할 수 있으며, 면허 취득 신청시 책임보험에 대한 증명을 같이 제출하여야 한다. 모든 면허를 발행일로부터 2년이 지나면 만료되며, 미용영업면허는 당국의 승인 하에 타인에게 양도할 수 있다.

실기나 필기시험 합격을 제외한 다른 모든 면허 조건을 충족하는 자에게는 6개월 동안 통용되는 임시면허가 발급되며, 임시면허의 갱신은 필기시험을 합격한 경우에 한하여 가능하다. 미용영업면허 소지자는 이발사 면허가 없는 경우 이발사의 행위를 할 수 없으며, 미용영업면허의 범위에 해당되지 않는 행위는 《표 3》과 같다.

<표 3> 미용업 면허 범위

서비스명	정 의
영구메이크업 (Permanent makeup)	문신과 같은 행위가 미용실에서 이루어지는 경우에는 영업면허 소지자 및 미용면허 소지자는 위생에 대해서 책임져야 함.
매뉴얼 테크닉 (massage)	미용실에서 아름다움의 목적으로 연조직의 표면층을 가볍게 매뉴얼 테크닉하는 것은 허용되지만 다른 매뉴얼 테크닉은 허용되지 않음.
의료행위 및 간호행위	미용실에서 이러한 행위는 허용되지 않음.
영구염색 (permanent dying)	눈썹이나 속눈썹을 염색하는 것은 허용되지 않음
의사의 관리	의사나 간호사에게 고용되거나 의료시설이 있는 곳에서 이루어지는 경우 의사나 간호사의 직접적인 관리하에서 하는 서비스

(2) 미용학교 교육과정

미용면허를 취득하기 위해서는 미용학교에서 1종 이상의 교육과정을 이수하여야 하며, 네일전문, 자연머리 스타일링(Natural Hair Styling), 그리고 피부관리(Esthetics)에 대한 교육시간을 《표 4, 5》와 같이 정해놓고 있다.

네일관리를 하기 위해서는 총 250시간을 이수하여야 하며 교육과정은 《표 4》에 제시된 바와 같이 기초과목과 전공과목으로 구성되어 있어 우리나라 교육과정과 큰 차이를 보이고 있지 않다. 50시간으로 가장 많은 시간을 할애하여 교육하는 과목은 Liquide and Powder Nail Extensions이며, 그 다음은 Nail Wraps, 매니큐어 및 손발 매뉴얼 테크닉, 그리고 Gel Nails 등의 순이다.

《표 5》에서와 같이 피부미용을 이수하기 위해 이수하는 교과과정이 제시되어있다. 피부미용은 자격이 분리되어 있고, 네일은 자격이 분리되어 있지 않은 이유이기도 하겠지만 피부미용에 소요되는 이수시간은 총 1,196시간으로 네일의 약 5배나 되는 것으로 나타나고 있다. 피부미용분야의 교육과정도 마찬가지로 기초과목과 전공과목으로 구성되어 있음을 알 수 있다. 즉, 피부미용에 관한 개론, 안전과 건강, 미생물학, 생리학, 해부학 및 영양학 등의 기초과목이 구성되어 있다.

<표 4> 네일(Nail) 전문교육 교육시간 (단위: 시간)

이수과목	이수시간
총 계	**250**
개론	4
안전과 건강(safety and Health)	8
손발의 해부학 및 생리학(Anatomy and Physiology of the Nail, Hand, Arm, Foot and Leg)	10
미생물 및 감염성 질환 : 손, 발톱, 발 피부질환 (Nail, Foot, Skin disorders and Diseases)	10
감염관리방법(Methods of Infection Control)	10
고객상담(Client consultation)	4
매니큐어 및 손발 매뉴얼 테크닉	20
Pedicuring	15
Tip Application and Design	12
Nail Wraps	25
Liquide and powder Nail Extensions	50
Gel Nails	20
네일아트(Nail Art)	4
기술영업(Retailing Techniques)	6
영업실습(Business Practices)	8
직업기술(Job skills)	6
기타	38

가장 많은 이수시간을 요구하는 과목은 피부미용시 사용하여야 하는 전기 및 기계를 다루는 법을 배우는 과목으로 총 225시간이 할애되어 있다. 그 다음은 손으로 하는 전신관리, 메이크업, 그리고 얼굴관리의 순이다. 이 교육과정에서 미국은 프랑스 등과는 달리 메이크업이 분리되지 않고 피부미용분야에서 같이 다루어지고 있다.

<표 5> 피부관리(Esthetics) 과목 교육시간 (단위: 시간)

이 수 과 목	이수시간
총 계	1,196
개론	8
안전과 건강(safety and Health)	18
미생물학(Bacteriology)	25
생리학, 해부학 및 영양학(Anatomy, Physiology, and Nutrition)	12
피부의 구조 및 기능(Structure and Functions of the skin)	24
과잉모발(superfluous Hair)	3
화학(Chemistry)	21
미용화학(Chemistry as Applied to cosmetics)	18
전기 및 기계(Electricity and Machines)	225
얼굴관리(Facial Treatment)	48
전신 매뉴얼 테크닉(Body procedures, No Machines)	84
메이크업 기술(make-up Techniques)	50
영업실습(Business Practices)	6
직업기술(Job skills)	18
준의료 피부관리 소개 (Introduction to paramedical Esthetics)	36
기타	

(3) 미국의 미용관련 기술자격 시험제도의 종류

① 미국의 미용관련 기술 자격 시험제도의 종류

- Cosmetology(미용사) : 1,500시간 이수 후 자격실기시험 응시
- Esthetican(피부미용사) : 600시간(각 주별로 법정 이수시간이 다소 차이는 있으나 대부분 600시간임) 이수 후 자격 실기시험 응시
- Manicurist(네일) : 미국 주 연방 법규에 따라 400시간 또는 600시간 이수 후 자격실기시험 응시
- Massage Therapist : 미국 주 연방 법규에 따라 500, 600, 750시간 이수 후 자격실기시험 응시

(4) 미국 피부미용사 기술 자격증 취득 절차

① 미국 연방 정부가 인정한 피부미용학교에 등록한다.

② 총 법정 이수시간 600시간(3개월 15일) 이수 후 시험신청(일정금액의 응시료가 있음)

※ 600시간 이수 후 서류접수를 하여도 되지만 응시자가 많아 통상적으로 접수 후 40일정도는 기다려야 하므로, 대기시간 절약을 위해 450시간이 되면 미리 자격증 시험응시서류를 접수 해 놓는 것이 유리함.

③ 지정시험장소에 가서 실기 시험 후 필기시험을 친다(미국의 어떤 주에서는 필기시험 후 오후에 실기시험을 치는 경우도 있다). → 시험 완료의 현장에서 합격자 발표 → 미국피부미용사관리사 자격증 취득

④ 자격증취득 후 본인의 희망 여부에 따라 취직이나 Advanced course로 진학하기도 함.

⑤ 자격증 취득 한 자는 미국 피부미용사협회 AAEA(American Aestheticians Association)에 가입이 되며 2년 마다 자격증 갱신을 하여야 한다.

⑥ 자격증 갱신은 당시의 주소로 해야 하며 주소 변경시 반드시 협회 측에 연락해야 함.

(5) 미국 피부미용사 실기시험 절차

피부미용 실기시험	2시간 25분	
절 차	시행시간	시험시간대
Table set up(실기시험준비)	10분	8:00~8:10
Patron protection(고객 준비)	5분	8:10~8:15
Application and removal of cleansing creams (클린싱 크림 바르고 동작 후 닦아내는 단계)	10분	8:15~8:25
Facial manipulation with Massage cream and removal (매뉴얼 테크닉 크림을 바르고 매뉴얼 테크닉 동작 후 크림제거하는 단계)	15분	8:25~8:40
Arching-both eyebrows(양쪽 눈썹 정리단계)	20분	8:40~9:00
Application of pack and removal(팩 적용 후 제거 단계)	25분	9:00~9:25
DayTime Make-up(낮 화장단계)	20분	9:25~9:45
Evening Make-up(밤 화장단계)	25분	9:45~10:10
Sanitation Maintenance(마무리 뒷정리 청결단계)	15분	10:10~10:25
필기시험	60분	10:25~11:25

(6) 실기시험 준수사항

· 각 단계별 실기시험이 끝난 사람은 손을 들어 동작이 끝났음을 알려야 한다.
· 실기시험을 위한 모델은 일반 성인 이어야 하며 수험자가 직접 데리고 와야 한다.
· 수험자 유니폼은 깨끗한 흰색 실험복으로 밑에는 정장용 바지나 치마를 입어야 한다(흰색이나 검정색만 가능).
· 신발은 흰색이나 검정색의 깨끗한 것이어야 하며, 1인치 이상의 굽이 있는 신발은 착용해서는 안된다.

(7) 실기시험을 위한 준비 물품

· 소독된 Tweezers
· eye Pad
· eye pad용 solution
· 클렌징 크림
· 매뉴얼 테크닉크림
· 클렌징 스폰지 6개
· 티슈
· 스파츌러
· 메이크업베이스나 파운더이션
· 메이크업 용품
· 눈썹용 펜슬
· 아이섀도우, 마스카라
· 고객 몸을 감싸는 린넨
· 분무기
· 타올 5장
· 지퍼백
· 화장수
· 1회용 퍼프
· 1회용 립스틱
· 팩이나 마스크
· 눈썹용 브러쉬

· 비닐플라스틱 백
· 고무장갑
· 헤어터번
· 1회용 마스카라 브러쉬
· 손 소독용 젤
· 1회용 스폰지와 메이크업 브러쉬

2) 영 국

(1) 미용업 관리체계

영국은 우리나라와 달리 미용사에 대한 별도의 법률은 제정하고 있지 않으며, 미용을 크게 머리미용과 피부미용으로 구분하여 관리하고 있다.

① 머리미용

머리미용업을 하는데 있어서 특별한 제약은 없으며, 누구든지 머리미용영업을 할 수 있다. 과거에는 머리미용사가 관련 지자체에 등록을 해야 했지만, 현재는 사무소, 가게, 철도매점업(offices shops and Railway premises Act, 1963)에 따라 주당 21시간 이상일하는 종업원을 고용한 머리미용실(Hairdressing salon)의 경우에만 해당 지자체에 등록을 해야 하며, 기타 머리미용업소의 경우에는 등록절차 없이 자유롭게 영업을 할 수 있다. 머리미용과 관련된 위생 및 사용 용매 등에 대해서는 18개 관련 법률에 따라 관리되고 있다. 가위나 빗 등의 기구의 살균 등의 위생문제에 대해서는 작업장건강안전관리법(Management of Health and safety at work Regulations, 1999)의 관련 규정을 준수하여야 하며, 피고용인을 위한 건강안전 정보법(Health and safety Information for Employees Regulations, 1989)에 따라 영업주는 건강과 안전에 대한 정보를 종업원에게 의무적으로 알려 주어야 한다.

② 피부미용 등

아로마 테라피(Aromatherapy), 신체 매뉴얼 테크닉(Body Massage), 반사학(Reflexology), 태닝베드(Sunbeds), 얼굴 매뉴얼 테크닉(Facials), 왁싱(Waxing), 메니큐어(Manicure), 손·발톱 연장(Nail Extensions), 귀 뚫기(Ear piercing), 전기분해요법(Electrolysis) 등의 미용관리는 해당 지자체에서 지방정부법이나 각 자치단체의 조례에 따라 관리하고 있다. 이러한 미용관련 행위를 하기 위해서는 해당 지자체에서 발급한 면허가 필요하며, 면허는 행위의 종류에 따라 갱신하는 경우도 있는 등 다양하게 관리되고 있다.

(2) 미용교육

영국정부는 미용사의 수준을 향상시키기 위해서 강제적인 조치보다 민간주도의 미용산업기관(Hairdressing and Beauty Industry Authority, HABIA)에서 운용하는 민간자격제도를 활용하고 있다. 이 자격제도는 우리나라와 같이 국가자격제도인 국가직업자격(National Vocational Qualification, NVQ)의 틀 안에서 운용되고 있다. 교육은 미용업소에서 수련(doing qualification)을 통해 이루어지며, 진도(progress)에 대한 평가는 이수시간이나 시험(exams)이 아닌 미용실에서 이루어지는 지속적인평가(continuous assessment)를 통해서 측정된다. NVQ는 머리관리와 미용으로 구분되며, 1단계인 소개과정(머리관리에 한함), 2단계의 기초 및 필수 기술 습득과정, 3단계의 기술 전문가(technical expert)과정, 그리고 4단계인 관리자과정으로 구성되어 있다.

각 단계별로 유능한 머리미용사(Hairdressing)와 피부미용사(beauty therapist)가 되는데 필수적으로 알고 있어야 하는 기술의 기준을 정해놓고 있다. 예를 들어, 머리관리 2단계에서는 기본기술을 활용한 머리색의 변경, perming, relaxing and neutralizing hair, 건조 및 세팅기술을 활용한 Styling hair에 대한 기술을 가르치고 있다.

이와 유사하게 미용치료 2단계에서는 메이크업기술을 활용한 얼굴화장, 얼굴피부상태 개선, 임시적인 방법을 사용하여 모발제거 및 경량화, 고용주에게 필요하다고 생각되는 다른 기술들을 가르치고 있다.

이와 같은 기준은 정부로부터 유일하게 인정받고 있는 것으로 HABIA가 관리하고 있으며 현재 운영중인 기준은 2003년 개정될 예정이다.

(3) 국가인정 미용실 캠페인

영국에서는 미용실의 수준 향상을 위해 국가인정미용실 캠페인을 운영하고 있다. 이는 소비자들이 사업자단체의 기준을 만족하는 미용실을 찾는 것을 도와주는 방법의 일환으로 추진되고 있으며, 현재 많은 미용실들의 국가적으로 승인을 받아가고 있다.

국가인정미용실이 되기 위해서는 미용실 관리자가 관련 자격이나 경험을 가지고 있어야하며, 적어도 NVQ 2단계 과정을 마친 직원을 고용해야 한다. 또한 적어도 한 명의 고참미용사(senior stylist), 업주 또는 관리자는 국가에 등록되어 있어야 한다. 그리고 공공관리책임보험(public and Treatment Liability insurance)에 가입해야 하며 보건 및 고용평등과 관련된 법규를 준수해야 한다.

3) 프랑스

(1) 규 정

프랑스의 에스테티션은 국가 자격을 취득하여야만 활동이 가능하며 몇 가지 등급으로 나누어 각각의 시험을 준비하는 과정이 별도로 준비되어있다. 교육기관은 대부분이 사립학교이며 간혹 공립학교도 있다. 공립학교의 경우에는 학비가 저렴하지만 지원자의 나이가 어려야 하는 등의 제한이 있다.

에스테틱을 전문으로 하는 사립학교들은 CAP 과정반만을 운영하는 곳도 있고, BP반까지 운영하는 곳, 또는 BTS반까지 운영하는 등 차별화되어 있다. BTS반을 운영하기 위해서는 특히 과학과목, 경제, 미술과목을 담당할 수 있는 석박사 수준의 교수진의 준비되어 있어야 한다. 그러므로 모든 학교가 BTS반을 운영하지는 못하고 있다. 이와 같은 전반적인 현황에 대한 자세한 프랑스의 국가 자격 시험, 그에 따른 교육 체계 및 내용, 그리고 자격 종류 등에 관하여 정리하면 다음과 같다.

① 미용인의 정의 및 자질

프랑스는 전문 직업인으로서 Estheticienne-Cosmeticienne의 정의 및 자질을 다음과 같이 정의하고 있다. "미용 관리의 목적하에 전문인으로서 얼굴을 비롯한 신체의 각기 다른 부위에 대하여 물리적 도구를 사용하거나 또는 화장품을 처방하고 사용하는 역할을 수행한다. 그러므로 피부타입에 따른 상담과 그에 따른 관리능력을 갖추며 화장품판매까지 책임을 질 수 있어야 한다. 그러기 위해서는 회계, 경리업무에 대한 지식도 교육되어야 하며, 기본적으로는 화장품에 대한 알레르기가 없어야 하며, 오랫동안 서서 일을 하는데 지장이 없는 체력을 보유하여야 하며, 뛰어난 미적 감각을 보유해야 하며, 마지막으로 정돈된 외모와 부드러운 행동으로 고객에게 호감을 줄 수 있도록 단련되어 있어야 한다."라고 규정하고 있다.

② 국가 자격증의 종류와 교육체계

· CAP(Certificat d'aptitude professionnelle) d'esthetique-cosmetique
학생들에게 피고용인 수준으로서의 전문 직업활동을 수행할 수 있는 자격을 주기 위한 교육과정이며, 그 교육과정은 학생들의 수업능력에 따라서 전문 직업학교에 설치된 1년 과정 또는 2년 과정을 선택하여 자격 시험을 준비하게 된다.

· BP(Brevet professionnel) d'esthetique-cosmeque
CAP를 획득하고 2년간 실무경력을 증명하는 자 또는 아무 자격증 없이 5년이상 실무경력을 증명하는 경우의 자가 이 시험에 응시할 수 있다. 그러므로 이 자격시험은 CAP자격을 획득한 이후 실무 경력을 쌓는 동시에 한 단계 높은 자격에 도전할 수 있는 기회를 부여하는 것이며, 또 어떤 경우는 전문학교 교육을 받지 못했을 지라도 학벌에 관계없이 실무 경력만으로 시험에 응시할 기회를 주는 것이기도 하다. 각 전문학교에는 이들을 위한 정규반 또는 특별 야간반등의 강좌가 개설되어 운영되고 있다.

· BTS(Brevet de Technicien superieur) d'esthetique-cosmetique
이 자격증은 일반 피부미용사의 양성이 목적이 아니라 피부미용(관리)실이나 화장품 회사의간부급 인력의 양성 또는 제품 판매의 중추적 역할을 할 인재의 자격을 검증하는 것이 목적이다. 각 전문 직업 학교에서는 일단 충분한 수학능력이 있는 학생들만을 선택적으로 입학시킨다. 그리하여 이 국가 자격증을 획득하는 자는 피부미용(관리)실의 책임자, 제품회사의 교육 책임자, 해외지사 파견교육 담당자, 판촉활동 책임자 등으로 활동하게 된다. 대외적인 광고, 홍보활동, 마케팅 부문에서의 책임자로 업무를 수행할 수 있도록 높은 예술적 감각과 수준있는 교양을 쌓을 수 있는 교육을 받아야 한다.

프랑스의 국가 학위제도는 우리나라와는 달리 일반교육 학위와 직업교육학위가 모두 교육부의 책임하에 운영되고 있으며 하나의 학위증은 하나의 등급(niveau)과 하나의 전공(specialite)으로 표시된다. 학위증의 체계는 6개의 등급으로 이루어져 있으며 각 등급에 해당하는 대표적인 자격은 《표 6》와 같다.

<표 6> 프랑스 학위 제도에 나타난 자격의 종류와 등급

등 급	자격증
Ⅵ	의무교육후 학위 취득 포기
Ⅴ	CAP, BEP
Ⅳ	일반, 기술, 직업 바깔로레아(BAG)
Ⅲ	BTS, DUT, DEUG(BAC+2년)
Ⅱ	Licence(BAC +3년 이상)
Ⅰ	

· **피부미용관련 자격제도**

<표 7> 프랑스 학위 제도에 나타난 자격의 종류와 등급

자 격	특 징
CAP (Certificat d'aptiude professionnelle)	직업기술자격증서 기초적인 직무수행을 인정하는 자격 (각 분야에 약 250여종의 CAP 존재)
BP (Brevet professionnel)	전문직업자격증서 특정 전문직업영영 내에서는 실무능력과 경력을 인정하는 자격
BTS (Brtvet de technicien superieur)	고등기술 자격증서 특정 전문직업영역 내에서의 중추적 역할을 수행할 능력을 인정하는 자격 (각 분야에 88종의 BTS존재)

·자격별 시험제도

- BTS

<표 8> BTS 자격시험 과목 및 방식

2차 시험			
필기시험	**실무사례연구 및 노동법**	**논술형(2시간)**	1차 시험에서 불합격된 자가 2차시험에 응시하여 합격되면 BTS수여
예술탐구	포트폴리오 제출 및 토론 (BTS교육기간 중에 2개의 포트폴리오 준비)	발표(3시간)	
실기시험	피부미용 트리트먼트	지정된 피부타입과 별도 지시사항을 고려한 실습(4시간)	
구두시험	외국어	전문분야와 관련된 대화형식(30분)	

1차 시험			
구 분	**과목명**	**방식**	**비 고**
필기시험	불어	논술형(4시간)	1차 시험에서 합격된 자에게 BTS자격수여
	과학(물리, 화학, 생물, 화장품학)	논술형(4시간)	
	경제와 법률	논술형(3시간)	
	실무 사례연구	논술형(2시간30분)	
실기시험	피부미용트리트먼트	지정된 피부타입과 별도 지시사항을 고려한 실기시험(3시간 30분)	
구두시험		면접	

- CAP

<표 9> CAP자격시험 과목 및 방식

구 분	과목명	방 식	비 고
필기시험	피부학 화장품학 기초과학(화학,생물,물리) 위생법규 경제학기초 및 일반상식	객관식 또는 단답식	지역 교육청에서 주관하며 3일~4일간 걸쳐서 시행
실기시험	피부미용트리트먼트	지정된 피부타입과 별도 지시사항을 고려한 실기시험	
	일러스트레이션	지정된 주제에 해당되는 얼굴뎃생	
구두시험	판매	지정된 피부타입별 고객상담카드 작성과 구두 발표	
	외국어	일상적인 회화	

4) 일 본

(1) 면허발급체계

① 이용사, 미용사 자격취득 및 교육과정

《표 10》에는 일본의 이·미용사 자격 취득을 위한 일련의 교육과정이 제시되어 있다. 일본에서 이미용업에 종사하려면 고등학교를 졸업한 후에 이미용사 양성 과정이 개설된 관련 학교에서 교육과정을 수료한 후 이미용사 자격 시험에 합격해 후생노동대신에게서 면허를 발급 받은 후에 관련 이미용업에 종사할 수 있게 된다. 우리나라처럼 무시험 면허발급 제도는 존재하지 않는다. 즉, 고등학교나 중학교 졸업자가 지정된 교육과정을 이수한 후 반드시 소정의 시험을 거쳐 면허를 취득할 수 있는 것이다.

<표 10> 이용사, 미용사, 자격 및 교육과정

고등학교 졸업이상

※ 위의 조건에 해당하는 중졸자도 입학할 수 있음.

미용사, 이용사 양성시설 주간과정 2년 이상 야간과정 2년 이상 통신과정 3년 이상

※ 수료

미용사, 이용사 시험

※ 합격

후생노동대신 면허발급

② 교육 현황

일본의 교육체계를 살펴보면, 고등학교를 졸업한 후 진학할 수 있는 상급학교로는 4년제 대학과 2년제 단기대학, 그리고 전문학교가 있다. 4년제 대학과 2년제 단기대학은 우리나라와 마찬가지 교육체계이나 독특한 학교가 바로 전문학교이다.

전문학교는 전문적인 기술을 익히는 학교로서 미용사, 이용사는 물론이고 제과, 회계, 개호사 등 졸업과 동시에 사회에 직접 적응 할 수 있는 기술을 습득하고 있다. 기본적으로 전문학교는 고등학교를 졸업한 후 진학할 수 있는데 전문학교 중에서도 몇몇 학과는 중학교를 졸업하고도 입학이 가능한 실정이다. 즉, 이·미용학과가 이런 경우에 해당되는데 이·미용학과에서는 고등과정이라고 하여 중학교 졸업자도 진학하여 전문적인기술을 습득할 수 있는 교육과정이 있다.

<표 11> 이 · 미용 학과수와 학생수(2000년 기준) (단위: 개소, 명)

구 분			총 계	주 간	야 간
학과수	총계		351	313	38
	이용학과		118	115	3
	미용학과		233	198	35
고등과정	총계		3,746	-	-
	이용학과		510	-	-
	미용학과		3,246	-	-
학생수	전체	총계	43,902	39,935	3967
		남자	14,044	-	-
		여자	29,858	-	-
	이용학과	총계	4,627	4,556	71
		남자	2,959	-	-
		여자	1,668	-	-
	미용학과	총계	39,275	35,379	3,896
		남자	11,085	-	-
		여자	28,190	-	-

자료 : 통계청, 2000년 서비스 기초조사, 2000

▶ 전문학교

일본의 이·미용 학과수와 재학생 수가 《표 11》에 제시되어 있다. 교육과정은 주간과 야간과정으로 분리되어 운영되고 있으며, 전술한 바와 같이 중학교 졸업자가 교육받는 고등과정도 함께 개설되어 있다. 이용학 분야는 남학생이, 미용학분야는 여학생전공자가 많은 것으로 나타나고 있다.

▶ 각종학교

우리나라의 학원에 해당하는 교육기관이다. 《표 12》에 제시된 각종학교의 학과수와 학생수를 살펴보면 전문학교와 마찬가지로 주간, 야간 반이 편성되어 운용되고 있는데 주간과정에 소속된 학생수가 대부분이며, 또한 이용학은 남학생이, 미용학은 여학생 전공자가 상대적으로 많은 것으로 나타나고 있다.

<표 12> 이 · 미용 학과수와 학생수(2000년) (단위: 개소, 명)

구 분			총 계	주 간	야 간
고등과정	총계		33	22	11
	이용학과		11	7	4
	미용학과		22	15	7
학생수	전체	총계	2,314	2,297	17
		남자	962	-	-
		여자	1,352	-	-
	이용학과	계	258	258	-
		남자	180	-	-
		여자	78	-	-
	미용학과	계	2,056	2,039	17
		남자	782	-	-
		여자	1,274	-	-

자료 : 통계국, 2000년 서비스 기초조사, 2000

(2) 시장현황

일본의 2000년말 미용업 시장현황은 《표 13, 14, 15, 16》에 제시되어 있다. 《표 13》에는 2000년 말 현재 일본의 이용사와 미용사 현황에 관한 자료가 제시되어있다. 각각 조수를 포함하여 총수에서는 미용사 수가 이용사 수의 2배정도 많은 것으로 나타나고 있고, 성별로는 이용사의 경우 남녀 차이가 크게 없는데 미용사의 경우는 여자가 남자의 약 4배 정도로 많다.

<표 13> 이 · 미용사 현황 (단위: 명)

구분	총수	남	여
이용사(조수포함)	248,300	131,800	116,500
미용사(조수포함)	424,600	78,400	349,200

《표 14》에는 2000년 말을 기준으로 일본의 이미용업소 수가 소유형태별로 제시되어 있다. 개인이 소유하고 있는 업소가 대부분이었고, 요즈음 전 세계적으로 보편화되어가고 있는 업소의 경쟁력 제고를 위한 대형화 추세에 의해 프랜차이즈 형태의 회사소유 업소가 이용업소보다 특히 미용업소에 많은 것으로 나타나고 있다. 전체 서비스업소와 이용업소, 미용업소를 비교해보면, 이용업소가 8.4%이고, 미용업 소가 11.9%로 이용업소보다 미용업소가 많고 계속 늘어나는 추세이며, 개인업소가 많은 비율을 차지하고 있지만, 미용 관련 회사나, 미용업소를 전문적으로 운영하는회사의 체인점이 늘어나고 있는 추세이다.

《표 15》에는 2000년말 일본의 지역별 이·미용업소 분포 현황이 제시되어 있다. 이용업소는 전국에 총 126,586개소가 있는데 동경시에 9,726개소로 전체의 7.33%가 미용업소의 경우는 전체의 8.29%가 소재하고 있는 것으로 나타나고 있다.

《표 16》에는 2000년말 이·미용업소의 총수입이 제시되어 있다. 《표 16》에 제시된 바에 의하면 미용업소의 경우에 업소수는 개인소유가 많았지만 총 수입은 회사소속의 업소수입이 많은 것으로 나타나고 있다. 이·미용업을 비교해보면, 서비스업 총수입에 이용업소가 0.51%, 미용업소가 1.21%로 미용업소가 많으며, 미용업소 수입의 경우 개인보다는 회사가 운영하는 업소 수입이 59.2%로 많은 비율을 차지하고 있다. 즉 소비자가 개인보다는 회사가 운영하는 업소를 선호하고 있다는 것을 알수 있으며, 전문 체인화 추세는 일본에서도 대중화되어가고 있음을 알 수 있다.

<표 14> 소유 형태별 이 · 미용 업소 총수(2000년)

(단위: 개소)

구분	전국	개인	회사	그 외
이용소	126,586	118,293	8,050	243
미용소	178,867	149,789	29,000	78

자료 : 통계청, 2000년 서비스 기초조사, 2000

<표 15> 지역별 이 · 미용 업소 총수(2000년)

(단위: 개소)

구분	전국	동경	다른지역
이용소	126,586	9,276	118,293
미용소	178,867	14,821	149,789

자료 : 통계청, 2000년 서비스 기초조사, 2000

<표 16> 이 · 미용 업소 총수입(2000년) (단위: 백만원)

구분	전국	동경	개인	회사	그 외
이용소	938,896	107,146	679,721	25,724	71,927
미용소	2,313,139	408,381	943,296	1,369,213	630

자료 : 통계청, 2000년 서비스 기초조사, 2000

(3) 관련법

일본은 《표 1》에 제시된 것처럼 이·미용사법이 독립법으로 되어있다. 앞에서 언급한 것처럼 일본에서는 미용사시험에 합격한 자는 후생대신으로부터 미용사 면허를 받아 미용사가 될 수 있고, 후생성에서는 미용사 명부를 비치하고 미용사의 면허에 관한 사항을 등록하고 있다. 정령으로 정하는 특별한 경우를 제외하고는 미용사는 미용실 이외의 장소에서는 그 업을 행할 수 없게 되어있다. 미용실을 개설하고자 하는 자는 정령이 정하는 바에 의하여 미용실의 위치, 구조설비, 관리미용사, 그 밖의 종사원의 성명 이외에 필요한 사항을 신고하여야 한다.

5) 호 주

(1) 교육체계

호주의 미용학 교육은 고등학교 졸업후 2년제 직업교육에서 시작된다. 직업기술교육은 보통 직업교육 및 연수(Vocational Education and Training ; VET) 라고 불리우며 직업에 보다 연관되는 실질적이고 전문적인 학업에 중점을 두는 실무중심의 교육이다.

호주의 직업기술제도는 오랜 역사의 기술교육 전통, 십여년에 걸친 개정작업과 소비자들의 필요화 질적 주문에 의해 이루어진 국가적 교육제도의 결과이다. 호주의 직업기술과정의 성공적인 결과와 높은 수준은 국제적으로 널리 알려져 있으며 현재 인도네시아, 베트남, 태국과 같은 아시아의 여러나라에서 그들 자체의 교육 시스템을 계획할 때 호주의 직업기술 교육을 모델로 사용하고 있다. 직업기술과정을 공부하는 많은 학생들은 실질적인 면에서 서구사회 및 국제적인 관례에 대한 경험을 쌓는 동시에 특정분야에 대한 지식을 넓히게 된다. 즉, 호주의 기술

직업교육의 특징은 첫째, 산업 현장에서의 직접적인 학습, 둘째는 다양한 코스와 기간이고, 셋째는 개인적인 교수법으로 한 학급 학생수가 보통 15명으로 최대 30명을 초과하지 않는 것이다. 넷째는 적극적인 산학협동 관계를 유지하여 교육하는 것이고, 마지막은 대학교로의 수월한 편입학제도가 마련되어 있는 것이다. 이와 같은 호주의 기술 직업교육은 다양한 분야가 포함되어 있는데 여러분야중 미용분야는 "미용학"이라는 교과목으로 개설되어 있다.

① 교육기관

▶ **주립 기술전문대학(Technical and Further Education ; TAFE)**

주정부의 지원과 관리를 받는 학교로서 호주 전역에 걸쳐 692개의 캠퍼스로 이루어져있다. 예비과정, 특수 기술과정 등을 포함한 방대한 범위의 교육과정을 제공하고 있고, 학생들의 직접적인 현장실습을 통한 실질적인 교육과 이론교육을 효과적으로 배합하여 교육이 실시되고 있다. 이 학교 졸업 후에는 대학교 2학년 혹은 3학년으로 편입학이 가능하다.

▶ **사립 기술전문대학(Private Colledges)**

대략 호주 전역에 약 2,217개의 민간 연수기관이 있으며, 이 기관에서 정식 교육자격증을 수여하고 있다. 주립 기술전문대학에 비해 규모가 작으며, 관할 주정부의 인가를 받은 과정은 TAFE에서 제공되는 과정과 동일하다. 호텔 경영학, 관광학, 사무학, 비서학, 요리학, 정보처리학, 디자인, 미용학, 비행조종학 등 교육되는 분야가 많고, 각 학교별입학조건, 교육과정, 학비, 학기기간은 학교에서 직접 결정하여 운영하고 있다.

② 직업기술 교육 자격증

1995년에 처음 소개된 호주의 교육자격제도(Australian Qualification Framwork ; QF)는 전국의 교육자격증을 하나로 통합한 제도로 이 제도는 호주의 모든 직업기술과정 및 고등학교, 대학교의 자격증을 단일 체계화한 것이다. 단일화된 자격증의 종류를 살펴보면 다음과 같다.

· 수료증 1급(Certificate Ⅰ)

보통 3개월~6개월 과정을 이수하면 받는 자격증으로 직업기술 개발을 위한 매우 기초적인 과정이다. 학생들의 예비기술과 지식을 쌓도록 돕는다.

· 수료증 2급~3급(Certificate Ⅱ&Ⅲ)

보통 6개월~1년 과정으로 이미 알고 있는 기본적인 기술과 지식을 토대로 좀 더 구체적인 교과과정을 학습하게 된다.

· 수료증 4급(Certificate Ⅵ)

보통 1년 과정으로 학생들의 보다 광범위하고 구체적인 학습능력을 요구하게 되며, 업무의 평가 및 분석능력, 그리고 지도력이 포함된다.

· 준학사(Diploma)

보통 1~2년 과정으로 업무에 대한 경영능력과 판단능력 그리고 전문적인 지식습득을 목적으로 한다. 한국의 2년제 전문대학 학위에 준한다고 볼 수 있다.

· 고급 준학사(Adanced Diploma)

2년 내지 2년 6개월 과정으로 직업교육의 전문적인 단계로써 자기개발, 기본원리원칙을 토대로 한 이해력과 응용력, 고도의 기술과 기획에 중점을 둔 교육과정이다. 준학사학위보다 한 단계 상급과정이다.

③ 직업기술 전공과정

2001년 말 현재 미용학을 포함하여 총 31개의 전공과정이 개설되어 있다.

<표 17> 호주의 창업기술 전공과정

전공과정	전공과정	전공과정
경영학 및 회계학	경제학	무역학
비서학	관광학	호텔학
요리학	토지 및 해양자원학	농업원예
전자, 기계공학	인문과학	건축설계
항공정비 및 비행조종학	컴퓨터 정보 처리학	멀티미디어
커뮤니케이션	음향 및 영상기술	저널리즘
영화연출	디자인	실용 음악
〈미용학〉	골프 등 각종 서비스	

(2) 관리체계

호주의 미용업은 두 가지로 관리된다. 첫째는 소정의 자격증 소지여부로 자격증은 위에서 언급한 바와 같이 주정부에서 관리, 감독하여 발급하고 있다. 호주는 소정의 자격증을 가지면 우리나라와는 달리 관련 영업을 하기 위해서 시위원회의 허가를 얻어야만 업소를 개설할 수 있다. 두 번째는 업소관리이다. 미용업소는 허가제로 관리되고 있다. 즉, 미용업소가 반드시 갖추어야 할 시설인 화장실, 비상구, 세면기, 그리고 환기시설이 갖추어진 업소 설계도면을 시위원회에 제출하여 허가를 받은 후에 영업을 할 수 있다. 허가를 내주기 위해서는 해당 공무원들이 직접 업소를 찾아와 설계도면과 업소가 일치하는지를 확인한 후 영업허가를 내준다. 그러나 일단 영업허가를 내준후에는 사후관리차원에서 위생점검 등을 실시하지 않고 있다. 물론 업주들도 우리와는 달리 무단으로 시설변경을 하고 있지 않은 실정이다. 업소건물이 갖추어야 할 몇 가지 사항을 정리해보면 업소건물은 청결한 상태를 유지할 수 있어야 하며 조명, 환기가 되어야 한다. 또한 곤충, 쥐 등이 침입할 수 없도록 설계되어야 하며, 업소바닥은 청결을 유지하기 위하여 콘크리트, 타일, 돌 등 방수재질로 시공되어 있어야 한다. 기본적인 시설을 갖추는 조건 이외에 중요한 사항은 우리와는 달리 비상구, 화장실 등의 시설이 원래 용도가 아닌 다른 용도로 사용되는 것을 강력히 제한하고 있다. 즉, 화장실을 미용도구나 재료를 넣어 놓는 창고 등으로 사용하거나 비상구를 막아서 다른 용도로 사용하지 못하도록 규정하고 있으며, 이런 규정은 비교적 모든 업소에서 잘 준수되고 있는 실정이다. 또한 우리나라와 마찬가지로 업소에는 관련 업 자격증과 업소개설 허가증을 함께 게시하도록 하고 있다.

6) 독 일

독일도 호주와 마찬가지로 미용사는 직업교육의 일환으로 인력이 교육, 양성되고 있다. 국가에서 실시하는 자격시험 같은 것은 없고 소정의 교육을 이수하였을 시 국가에서 자격을 인정해 주고 있다.

7) 공중위생법 관리현황

(1) 주요국

공중위생업소를 대상으로 한 국가별 관리체계는 각기 다르다. 나라마다 고유한 문화습관과 관행 다르기 때문이고, 각 국가들도 시의성있게 제도의 전환을 도모하기도 한다. 이용업, 미용업, 숙박업 등 공중위생업소들의 영업개설과 관련하여 우리나라와 국민정서가 비슷하고, 국가 발전수준도 비슷한 일본, 대만, 싱가폴, 홍콩 등의 아시아권 국가들의 현황과 영국, 호주의 국가 관리 현황을 살펴보면 《표 18》과 같다. 우리나라에 비해 여러면에서 선진화되어 있다고 평가받는 일본은 신고제, 호주는 허가제를 각각 유지하고 있는 것으로 파악되었다.

<표 18> 외국의 공중위생업 관리현황

구 분	관리형태
일본	신고제
대만	신고제
호주	허가제
영국	허가제
싱가폴	자유업
홍콩	자유업

8) 우리나라 피부미용자격제도의 배경

(1) 과거의 국가기술자격법

· 우리나라의 각종 국가기술자격은 1973년 제정된 "국가기술자격법"에 의해 관리되고 있음.

· 국가기술자격은 기술자격의 필요성, 기술자격의 직무내용·직무범위 및 직무난이도, 기술자격자의 수요·활용실태 및 전망, 기술 인력의 양성실태, 기술자격의 등급 또는 종목 등의 조정여부 등을 고려하여 신설·통합 또는 폐지하고 있음(국가기술자격법시행령 제 10조의 2).

(2) 과거의 미용사 면허증 발급의 이원화

· 첫째는 국가기술자격시험 합격으로 자격 취득 후 지자체(시, 도)에서 면허를 발급 받는 것이고,
· 두 번째는 소정의 교육을 이수하였을시 보건복지부장관의 위임을 받을 시, 도에서 면허를 발급해주는 것임.
· 미용사 면허를 취득하기 위해서는 다음 각호의 1에 해당하는 자격요건을 가지고 있어야함(공중위생관리법 제 6조)

(3) 과거의 미용사 면허 취득 요건

· 전문대학 또는 이와 동등이상의 학력이 있다고 교육인적자원부 장관이 인정하는 학교에서 미용에 관한 학과를 이수한자
· 교육부장관이 인정하는 고등기술학교에서 1년이상 미용에 관한 소정의 과정을 이수한 자
· 고등학교 또는 이와 동등의 학력이 있다고 교육인적자원부 장관이 인정하는 학교에서 이용 또는 미용에 관한 학과를 졸업한자(2001.1.19)
· 미용사 면허를 받지 않은 자는 미용업을 개설하거나 그 업무에 종사할 수 없음(동법 제 8조)
· 현행 공중위생분야의 자격은 이용사, 이용장, 미용사, 미용장, 세탁기능사의 총 5종임(국가기술자격법시행령 제 2조)

(4) 과거 공중위생업의 문제점

- 경제·사회구조의 변화, 소비자의 욕구의 고급화 등에 대응할 공중위생업 분야의 전문화 및 수준 제고 미흡
- 국민의 건강증진적인 측면이 간과된 채 시행된 규제완화로 인하여 법의 집행력 부재
- 공중위생업에 관한 낮은 인식으로 관련 제도의 시의성 미비 및 발전저해

① 일반적 현황

▶ **미용업에 관한 비하 인식팽배**

· 1950년대의 시대적 상황을 담은 교육기관 및 교육과정이 여전히 존재하고 있고, 미용업(학)에 관한 잘못된 인식은 미용분야의 발전을 저해하는 걸림돌이 되고 있음.

▶ **전문인력 부족**

· 공중위생분야를 담당하는 부처인 보건복지부의 무관심으로 관련 부처인 노동부, 여성부 등을 선도하는 시의성 있는 대처를 하지 못하고 있었음.

· 또한 최근 잦은 담당자의 인사이동과 전문 연구인력의 부족으로 공중위생분야의 문성 구축이 어려운 실정임.

② 미용업의 업무현황

▶ **자격 미분리에 따른 자격시험의 불합리성**

· 현재 미용사 자격시험중 필기시험(총 60문항)의 분야별 비중을 살펴보면 머리: 피부가 약 92:8로 머리미용쪽으로 치우쳐 있음.

- 즉, 총 60문항 중 약 5문항 정도만 피부미용분야임.

· 피부미용실을 운영하기 위해서도 주로 머리미용에 대한 문항으로 구성된 현재의 미용사 자격시험을 보아야 함.

· 피부미용의 전문성을 인정하고 있지 않음.

▶ **불법 피부미용실의 증가**

· 현 자격시험의 불합리성으로 무면허자 및 불법 취업을 양산함.

· 피부미용을 배운 많은 사람들이 미용사 자격을 취득하지 않고 불법으로 피부미용실운영하고 있음.

· 10여년 전부터 학원, YMCA, 그리고 최근 각 대학 사회교육 프로그램에 피부미용분야가 있어 자격시험을 보아야 영업에 종사할 수 있는 인력을 양성, 배출하고 있음.

▶ **불법 민간자격증 남발**

· 피부미용에 관한 자격 신설 여부가 정부차원에서 정리되지 않아 국가 공인자격을 사칭하는 민간자격이 범람하여 소비자들을 현혹 시키고 있어 시장질서 문란 등 공정 거래에 장애가 되고 있음.

<표 19> 소비자들의 피부미용 서비스 이용 행태

(단위: 명 %)

구분	전체		피부미용실 이용고객		미용실 이용고객		향후 이용고객	
	응답수	비율	응답수	비율	응답수	비율	응답수	비율
총계	737	100.0	268	100.0	289	100.0	180	100.0
피부미용실	569	77.2	258	96.4	164	56.7	147	81.7
미용실	53	7.2	2	0.7	51	17.6	-	-
화장품용품점	30	4.1	-	-	30	10.4	-	-
집	29	3.9	4	1.5	20	6.9	5	2.8
목욕탕 등	12	1.6	2	0.7	8	2.8	2	1.1
피부과 병원	44	6.0	2	0.7	16	5.5	26	14.4

자료 : 한국보건사회연구원 내부자료, 2002

③ 미용업의 자격 및 면허 발급제도

▶ 자격 미신설에 따른 통일된 행정관리의 부재

· 불법 피부미용실에 대한 행정당국(보건복지부, 국세청 등)의 통일된 관리가 이루어지지 못하고 있음.

· 즉, 보건복지부는 피부미용실을 인정하지 않고 있으나 국세청은 자유업으로 간주하여 세금을 징수하고 있음.

· 노동부(한국산업인력관리공단)는 실업대책의 일환으로 그리고 시대상을 반영하는 새로운 직종 개발차원에서 "피부미용관리사"라는 직종을 신설할 것을 2년전부터 계획 하고 있으나 주무부처인 보건복지부의 반대로 종목신설이 유보되고 있음.

· 2002년에도 신설유보종목 5종목을 제외하고 30여개의 새로운 자격이 신설되었음.

- 신설유보종목(2002) -

사무자동화기능사, 피부미용관리학, 방과후아동지도사, 부동산경영관리사, 발달장애교육치료사

▶ **공인검증절차 미비**

· 다른 면허와는 달리 미용사 면허는 별도의 실력검증절차 없이 소정의 교육기관에 서소정 교육과정을 이수한 자에게 바로 발급되고 있음.

▶ **면허제도의 실효성 부재**

· 미용사 자격을 가진자에게 특별한 제한없이 지자체에서 면허를 교부하고 있어 행정력이 낭비되고 있음.

▶ **공중위생분야의 관리현황**

· 업소 운영의 퇴폐화 만연

- 영업 통보제로의 규제완화는 업체의 시장진입을 자유롭게 하는 장점이 있는 대신에 업체간 과당경쟁을 불러 일으켰고,
- 시장에서 살아남기 위한 업체간의 경쟁은 업소 운영의 퇴폐화(예를 들면, 퇴폐 이발소, 러브호텔 등)를 부추기고 있음.

· 규제완화와 세무서의 자료협조 미흡

- 현행 공중위생관리법 및 시행령에 관할 세무서장은 공중위생업소에 관한 자료를 해당 지자체장이 요청할 때 협조를 하여야 하나 사실상 협조가 이루어지지 않고 있음.
- 규제완화 및 부패방지 차원에서 영업통보제 실시, 담당 공무원의 업소 출입금지, 통보 불이행 업소에 대한 행정처벌 미규정 등의 법적 규정에 의해 담당 지자체는 현재 관내 영업중인 공중위생업소에 관한 현황 파악 및 관리를 할 수 없어 국민건강에 위해가 될 수 있음.

(5) 공중위생관리법 시행규칙 일부 개정령안 입법예고에 관한 건

개정안의 입법예고기간은 2006.7.24(월)까지이며 주요 내용은 다음과 같다.

① 공중위생관리법 시행규칙 (2007년까지)

제 14조 (업무범위) 공중위생관리법 제 8조 제3항의 규정에 의한 이용사 및 미용사의 업무범위는 다음 각 호와 같다.

· 이용사 : 이발, 아이론, 면도, 머리 피부손질, 머리카락 염색 및 머리감기

· 미용사 : 파마, 머리카락 자르기, 머리카락 모양내기, 머리 피부손질, 머리카락 염색, 머리감기, 손톱의 손질 및 화장, 피부미용(의료기구나 의약품을 사용하지 아니하는 순수한 피부미용을 말한다), 얼굴의 손질 및 화장

② 공중위생관리법 시행규칙 일부 개정령안(2008년부터)

제 14조(업무범위)

▶ 공중위생관리법 제 8조 제3항의 규정에 따른 이용사의 업무범위는 이발, 아이론, 면도, 머리 피부손질, 머리카락 염색 및 머리감기

▶ 공중위생관리법 제 8조 제3항의 규정에 따른 미용사의 업무범위는 다음 각 호와 같다.공중위생관리법 제 6조 제 1항 1조 내지 제 3호 규정에 해당되어 미용사 면허를 교부받은자는 파마, 머리카락 자르기, 머리카락 모양내기, 머리 피부손질, 머리카락 염색, 머리감기, 손(발)톱의 손질 및 화장, 피부미용(의료기구나 의약품을 사용하지 아니하는 피부분석, 손을 이용한 피부관리, 기기를 이용한 피부관리, 팩, 제모, 눈썹손질), 얼굴의 손질 및 화장

▶ 공중위생관리법 제 6조 제1항 제4호의 규정에 해당되어 미용사의 업무범위는 다음 각 목과 같다.

· 미용사(머리) : 파마, 머리카락 자르기, 머리카락 모양내기, 머리 피부손질, 머리카락 염색, 머리감기

· 미용사(피부미용) : 의료기구나 의약품을 사용하지 아니하는 피부분석, 손을 이용한 피부관리, 기기를 이용한 피부관리, 팩, 제모, 눈썹손질

- 미용사 면허를 받은 자가 사용할 수 있는 미용기구는 보건복지부장관이 고시하는 내용을 신설하였다.

- 단, 미용관련 학교나 학과를 졸업하거나 소정의 과정을 이수하여 미용사 면허를 받은 자 이 규칙 시행당시 미용사 면허를 받은 자의 미용사 업무범위는 현행과 같다.

③ 공중위생관리법 시행규칙 일부 개정령안을 보면 달라진 것은

▶ 이용사와 미용사의 업무를 같이 묶어서 얘기하던 것을 이용사와 미용사의 업무를 분리하였다.

▶ 미용사의 업무를 3가지로 나누어

· 미용사 면허를 받은 자(토탈 면허로 생각 하면 됨) : 현재와 업무는 동일(헤어, 피부미용, 메이크업, 네일)

시행규칙 후부터는

· 미용사(헤어) : 업무가 구분되어 시행됨

· 미용사 (피부미용) : 업무가 구분되어 시행 됨

것으로 2) 3)을 취득하기 위해서는 산업인력관리공단에서 주관하는 미용사자격증을 취득함으로 미용사로 활동할 수 있고 1)을 취득하기 위해서는 미용을 교육하는 고교, 전문대학, 대학교나 보건복지부에서 인정하는 교육기관에서 교육을 받으면 토탈 면허를 취득할 수 있음

④ 국제기능올림픽

▶ 국제대회

· 일정 및 장소

- 2년마다 9월경 회원국 중 한곳을 정해서 시행

· 참가자격

- 만 22세 미만의 사로 회원국가의 추천을 받은사

· 경기직종 : 약 40여개직종

· 입상자 특전

- 상금지급(2,400~400만원)정부포상(훈장)
- 기능장려금(연금)지급
- 국가 기술자격 산업기사 시험면제, 병역 혜택
- 4년제 대학 진학시 장학금 지급

I. Beauty Therapy

The competitors will apply face, body, feet and hand treatments and make-up.

They will also permanent coloring to eyebrows and do waxing and nails.

The competition project covers 10 beauty treatment spread over four days.

II. Beauty Therapy 국제대회참가국

Australia / Chinese taipei / Hong kong / Ireland / United Kingdom / Italy / Austria/ Canada / France / Switerland / Finland

과 제	배점비율
Facial Treatment(1)(2)	35%
Pedicure Service(1)(2)	10%
Manicure Service(1)(2)	10%
Make-up(Basic)(1)	5%
Make-up Bridal(2)	10%
Body Treatment(1)(2)	20%
Temporary Hair Removal(1)	10%

〈총 9개 과제〉

III. Beauty Therapy 'Test Project'

Project 1. Facial treatment(1)

· Duration of the competition 160minutes(Total Duration 180 minutes).

· Condition of Model

- Female client
- Similar age range and skin condition
- Wearing a light make up

· Objectives

- Prepare the treatment area and equipment
- Welcome massage
- Cleanse the Clients eyes, lips, face and decollete
- Skin analysis and complete a technical data sheet indicating the clients skin type and characteristics.
- Basic facial and treatment using manual treatments to include 20 minute massage
- Tinting the eyebrows and shaping them by plucking with tweezers
- Waxing the upper lip area using hot wax
- Working must be ergonomic
- Equipment and product manuals may be referred to
- Clean and tidy your work area and equipment

Project 2. Body Treatment(1)

· Duration of the competition 80 minutes(Total Duration 90 minutes).

· Condition of Model

- Female client
- Similar age range, build, non contra indicated

· Objectives

- Prepare the treatment area and equipment observing health and safetyregulations

- Divise and perform manually a dry brushing or exfoliation and a body massage directed to the whole body
- Working must be ergonomical throughout the treatment
- Clean the tidy work area and equipment

Project 3. Pedicure Service(1)

· Duration of the dompetition 80 minute(Total duration 90 minutea).

· Condition of Models
  - For a male
  - Similar age and gender and no contra indicated

· Objectives
  - Prepare the treatment area and equipment observing health and safety regulations
  - Welcome the client and seat him for treatment
  - Cleaning the feet and nails smoothing away any callous area, shaping the nails, cuticle work, foot and leg massage cleaning and buffering
  - Clean and tidy your work area and equipment

Project 4. Temporary Hair Removal(1)

· Duration of the competition 190minutes(Total duration 210 minutes).

· Condition of Model
  - Similar age range with hair growth
  - A female client

· Objectives
  - Prepare the treatment area and equipment observing health and safety regulations
  - Welcome the client and seat him for treatment
  - 3/4 leg wax treatments using cold wax
  - Arms using warm wax

- Underarms using hot wax
- Express facial including cleansing peeing mask and a light makeup

Project 5. Body Treatment(2)

· Duration of the competition 105 minutes.

· Condition of Model
  - For a male client
  - Similar age range

· Objectives
  - Prepare the treatment area and equipment
  - Welcome the client and seat him for treatment
  - A leg, back, neck, scalp massage including pre-cleansing and chosen G5-treatment
  - Before scalp treat give you're your client a face mask suitable for his skin type

Project 6. Manicure Service(1)

· Duration of the competition 90 minutes(Total duration 105 minutes).

· Condition of Model
  - For a female client
  - Models nails will be of similar condition have dark nail polish

· cover the whole nail

· Objectives
  - Cleaning the hands and nails
  - Shaping the nails to suit the shape of the clients hands and nails
  - Cuticle work
  - Hand and arm massage
  - Free edge of nails are smooth
  - Any residue product removes from the hands and nails
  - Applying a base coat, two coats of dark colored polish and a top coat

- Completes treatment within a guide time
- Place hands on a clean towel for the experts to inspect finished result

Project 7. Facial treatment(1) Make up(Basic 1)

· Duration of the competition 130 minutes(Total duration 150 minutes).

· Condition of Model
  - For a female client
  - Similar age range and skin condition
  - Wearing a light make up

· Objectives
  - Prepare the treatment area and equipment observing health and safety regulations
  - Welcome the client
  - Welcome massage, cleanse the clients eyes, lips, face, neck and decollate
  - A) Perform a commercially acceptable specific Facial and eye treatment using electrical equipments and mary cohr products. Facial treatment must include eyes brow shaping by plucking with tweezers.
  - B) At the end of treatment apply a basic day Make-up using Mary cohr-make up products.

Project 8. pedicure service(2)

· Duration of the competition 130 minutes(Total duration 120 minutes).

· Condition of Model
  - For a female client
  - Similar age range and non contra indicated
  - Have dark nail polish

· Objectives
  - Prepare the treatment area and equipment

- Welcome the client and seat
- Perform an effective pedicure Service enhance the clients nail cuticle and skin condition within the time given
- Cleaning the feet and nails
- Removing the polish
- Cleansing the geet and nails
- Removing the polish
- Shaping the nails, cuticle work
- Foot and leg massage, Foot mask
- Cleaning the nails and applying a base and two coats of dark polish and a top coat

Project 9. Make up, Bridal(2),

Manicure Service, special(2)

· Duration of the competition 250 minutes(Total duration 270 minutes).

· condition of Model
- Female
- Wear wedding dress and their hair is styled do reflect the occasion
- Between the age range 25~35 of similar skin coloring and not-contra indicated to the treatment

· Objectives
- A) Special wedding Make -up for a bride on prepare skin bases to include false of semipermanent lashes
- B) Special Manicure Service with creative nail decoration and to reflect the brides skip type, skin and hair colouring, dress, and flowers

2. 메디컬 스킨케어

1) 메디컬 스킨케어의 개념

피부미용학의 기초는 스킨케어이고, 스킨케어는 생명공학의 한 분야이다. 따라서 스킨케어는 피부생명을 다루는 전문성이 요구되며 도덕적 가치와 서비스정신이 강조되는 분야이다. 메디컬 스킨케어란 피부과 병원에서의 의학적 치료와 일반적 피부관리실에서의 스킨케어를 함께 병행하는 것을 의미한다. 피부과 전문의에 의한 정확한 피부진단 후 개개인의 피부성질에 따른 맞춤스킨케어는 시간이 지남에 따라 치료효과를 극대화시키고 피부를 빨리 정상화시킬 수 있는 전문적인 관리라 할 수 있다. 메디컬 스킨케어를 수행하기 위해서는 에스테틱 정보를 기본으로 하여 피부병변에 대한 이해와 병원운영 메카니즘을 숙지하여 일반 피부관리실과는 차별화된 피부전문 병원에서 메디컬스킨케어가 진행될 수 있도록 전문적인 교육이 요구되고 있다.

이장에서는 실제적으로 병원에서 운영되고 있는 대표적인 스킨스케일링과 화학박피, 레이저관리에 대해서 알아보도록 하자.

2) 스킨 스켈링(Skin scaling)

(1) 필링의 정의

필링은 메디컬 스킨케어의 꽃이라 할수 있다. 외부환경에 접촉되어 더러워지고 지저분해진 외피의 부분을 벗겨내어 보드라운 새 세포를 재생시키는 것이 필링으로 인해 가능하다. 피부는 끊임없이 세포 분열하는 표피세포가 각질로 떨어져 나가 새로운 세포로 대체되는 것을 이용하는 것으로 문제가 있는 표피만 제거하여도 진피에 손상없이 새로운 피부가 재생될 수 있다. 필링은 주름이 옅어지고 늘어진 피부조직이 당겨지며 여드름 치료가 신속해짐과 더불어 색소가 침착된 여드름 부위와 흉터가 사라지며, 기미가 옅어지고 안색이 맑아지며 건강하고 매끄러운 피부 등 많은 문제점들이 저절로 해결되는 장점을 얻을 수 있다. 그러나 모든 환자에게 필링은 항상 최고의 치료법은 아니며 동양인이나 예민한 피부의 경우 많은 자극으로 부작용이 동반될 수도 있으므로 필링 후 관리(post peel skin care)가 도입되어 휴유증과 효과의 증대를 목적으로 많은 병원에서 널리 행하여지고 있다. 필링 후 피부관리를 접목하면서 의사는 환자들의 상태를 지속적으로 점검하면서 사후 문제를 관리할 수 있게 되었고, 필링이라는 인위적인 상처에서 환자의 피부상태가 안전하게 회복되도록 보호, 관리됨으로 인해 필링은 다양하게 발전되고 있다.

(2) 필링의 분류

치료하고자 하는 피부질환의 특성, 피부병변의 깊이, 회복시간, 환자의 개인사정 등을 고려하여 다양한 필링방법으로 선택하여 시술한다.

① 물리적 필링(microdermabrasion)

고대 이집트에서 기원을 찾아 볼 수 있는 미세 박피술(microdermabrasion)은 표피의 가장 바깥층에 있는 죽은 각질들을 제거하는 과정으로 죽은 각질층만을 정리하여 시술후 바로 재생관리가 가능하며 박피와 재생을 한 번에 할 수 있어 1시간 이내의 트리트먼트로 환자들의 피부에 많은 개선된 효과를 제공해 주는데, 막힌 모공을 깨끗이 하고, 피부톤을 매끄럽게 하는 작용을 한다. 특히 안면 박피방법으로 이용되고 있다.

㉠ 크리스탈 필링(crystal peeling)

크리스탈은 다이아몬드 다음으로 단단한 광물로 미세크리스탈은 정교하고 미세하게 피부층에 작용한다. 일명 런치필이라고도 불리는데 직장인들이 점심시간을 이용하여 시술받고 일상생활로 복귀할 수 있는데서 붙여진 이름이다.

진공 에너지를 이용하여 크리스탈 파우더를 부딪히게 하여 각질을 벗겨내 진피층의 섬유세포를 자극해 피부를 회복시키는 효과가 있으며 미세크리스탈은 인체에 무해하며 화학적 반응을 일으키지 않는 알루미나 옥사이드라는 의료용 파우더를 이용한다. 미세한 선이나 잔주름〈노화관리〉, 확장된 모공 축소 관리, ACNE SCAR 피부, 지루성, 각질이 많이 생성되고 두터운 피부, 튼살, 닭살에 적용하며 상태에 따라 달라지지만 일반적으로 회당 시술 간격은 10~15일 정도로 한다. 티켓 환자 시 특별한 이상이 없으면 10~15일 간격으로 5회까지 집중관리하고 문제가 생길 시에는 시술간격을 피부에 맞게 조절 한다.

㉡ 다이아몬드 필링(diamond peeling)

기존의 크리스탈 분말을 사용하던 미세박피술의 단점을 극복하여 천연다이아몬드를 사용하여 보다 정교하고 부작용없는 박피가 가능한 방법이다. 원리는 크리스탈 필링과 동일하며 런치필로 불리고 있다. 최근에는 크리스탈 필링기나 다이아몬드 필링기기만의 단독 시술은 드물며 두가지 필이 한기계에 붙어 있는 복합기가 많으며 T존은 크리스탈, U존은 다이아몬드를 복합적으로 적용하는 경향이 있다. 원리는 다이아몬드를 입힌 Wand로 표피를 가볍게 밀어내고 연마된 각질은 Vaccum Pump에 의해 자동으로 제거 흡입한다. 다이아몬드 필링의 장점은 박피의 부작용이 거의 없으며, 마취가 전혀 필요 없고 1회시술 15분 내외이다.

여러가지 다이아몬드 Wand로 정밀/미세박피가 가능하며 시술시 따가움이나 통증이 전혀 없고 시술 후 피부안정이나 휴식시간이 필요 없고 즉시 외출 및 일상생활이 가능하다. Diamond peeling의 적용피부는 미세한 선이나 잔주름피부, 건성노화피부, ACNE SCAR 피부에 적용, 거친 피부, 색소, 잡티 피부, 지루성, 각질이 많이 생성되고 표피가 얇은 사람에게 적용이 가능하다.

② 화학적 필링(약물에 의한 박피)

고대부터 쓰여졌던 AHA와 여러 형태의 화학적인 필링제를 말하며 이런 화학적 필링의 효과는 피부노화의 더딘과정을 유도하며 조직학적으로 진피의 콜라겐과 엘라스틴이 증가되고 기저층이 두터워져 수분 보유력을 증가시킨다.

㉠ AHA(alpha-hydroxy acid)

스켈링중 가장 널리 사용되며 화장품등 다양한 쓰임을 가지고 있는 AHA는 유기산(카르복시산)의 첫 번째 탄소에 수산기가 붙어 있는 물질의 총칭이다. 사탕수수나 레몬에 함유되어 있는 성분으로 천연적으로 발생하며 안전하고 농도조절이 자유롭고 베이스를 다양하게 하여 건조증을 줄이면서 각질탈락을 유도하여 세포교체를 신속히 하며, 각질층 아래부분에 각질세포들 사이의 응집력에 영향을 주는데 이는 각질층의 pH변형을 통하여 피부에 작용한다.

AHA의 적용으로 각질탈락의 유도, 수분증가, 주름제거 효과, 색소나 잡티 제거, 면포성 여드름, 맑은 안색등의 효능을 기대할 수 있다.

AHA의 장점으로는 재료를 손쉽게 구할 수 있으며 피부의 보습작용이 뛰어나고, 방부작용으로 박테리아의 성장억제, 농도조절이 다양하게 가능하며 알레르기가 없는 것이고, 단점으로는 피지제거 능력이 떨어지는 점과 화농성 여드름피부나 불안정한 각화주기를 갖는 피부는 극도의 부작용의 유발가능성이 있으며 장기사용 시 예민과 홍반을 초래, 중화가 제대로 이루어지지 않을 경우 색소침착의 우려가 있다.

글리콜릭산(Glycolic acid), 젖산(Latic acid), 사과산(Malic acid), 주석산(Tartaric acid), 구연산(Ctric acid) 등이 있으며 그중 사과산(Malic acid), 주석산(Tartaric acid), 구연산(Ctric acid)은 단독 사용보다 화장품의 PH조절, 천연방부제, 미용각질제 등으로 함께 사용되어지거나, Glycolic acid, Latic acid에 첨가하여 흡수율을 증대시킨다.

ⓛ TCA(trichoroaetic acid)

TCA는 단백질 응고 작용이 있는 아세틴산의 일종으로 페놀보다 안전적이며 박피제로 가장 대중적으로 사용되어지고 있다. 피부에 적용 시 Frosting이 생기며 이는 약물의 농도와 바르는 양에 따라 박피의 깊이를 조절하며 7~14일 정도의 재생기간이 소요되며 가피는 3~4일이 지나면서 서서히 생성되기 시작한다. 가피가 전부 떨어지기 전에 2~3번의 진정관리가 필요하며 인위적으로 가피를 밀어내지 말고 4~5주의 기간을 가지고 4회 정도 실시한 후 텀을 조절한다.

TCA는 피부에만 국한되어 신체적 독성이나 알레르기를 일으키지 않으며 미백효과, 주름완화, 재생 및 탄력, 주근깨, 흉터 등에 많이 쓰이고 있다.

ⓒ 쿰스(coombe's)

JESSNER'S Solution이라고 불리며 현재 가장 많이 사용되어지는 여드름 치료제로 대중화되었다. AHA와 달리 단일 물질이 아닌 복합성분이며 적용 또한 지루성이나 염증을 동반한 피부에 적용 가능한 필링제이며 시술 후 약간의 홍반과 얼룩덜룩한 frosting으로 필링의 깊이와 효과를 가늠할 수 있으며 농도 조절은 없으므로 피부의 상태나 솔루션을 도포 시 압력, 양 조절로 필링의 깊이 조절이 가능하다. Salicylic acid, Latic acid, Resorcinol 각각 14g과 Ethanol Alcohol 100cc의 성분으로 이루어져 있으며 GA처럼 중화작용이 필요하지 않다. 염증을 동반한 여드름피부나 각질이 많은 피부, 지루성 피부 등에 적용이 가능하며, 적용 시 염증완화, 각질탈락유도, 건조증 보호, 피지 분지조절 등의 효능이 있다. 부작용으로는 색소침착이나 홍반, 예민 초래, 염증이 심화될 수 있으므로 전문가에 의한 시술이 요구된다.

ⓡ 해초(Sea Herbal Peeling)

심해에서 자라는 해조식물과 이스라엘의 사해에서 추출한 미네랄과 미량원소, 미세한 암석가루로 구성된 해초필링은 해초박피보다 얇게 각질 탈락을 유도하며 성분적으로는 화학적인 것이 아니라 천연의 식물에서 얻어지는 성분으로 작용하는 기전을 가지고 있기에 좀 더 친화성이 있다. 해초를 적용시킬 수 있는 피부로는 미세한 선이나 잔주름 피부, 건성노화 피부, 여드름 흉터 피부, 지루성이나 각질이 많고 표피가 얇은 사람, 거친피부, 색소, 잡티 피부, 안색정화를 원하는 피부 등이며 시술시 면봉에 약품이 묻는양, 바르는 테크닉, 압력에 따라 필링의 차이가 있으며 1회 시술 후 15일에서 30일 정도의 재생관리가 필수적이며 가피가 3~7일 사이에 벗겨지는 현상이 있으므로 절대 밀거나 띄어서는 않되며 가피가 전부 떨어진 후에도 피부재생이 완전한 상태는 아니므로 꾸준한 관리가 필요하다.

3) 레이저(Laser)

(1) 레이저의 특징

레이저는 Light Amplification by Emission of Radiation의 머릿글자를 따서 만든 합성어로 외부에너지를 이용하여 유도방출에 의해 광증폭으로 생기는 특수한 형태의 광선으로 인간이 만든 유일한 인공 광선이다. 레이저는 빛과 달리 굴절에 따라 진로는 굽어지나 색상의 변화가 없는 단일 빛을 갖는 것이 특징이며 단색성, 응집성, 평행성의 특성을 가지고 있다. 레이저광을 조직에 조사하면 레이저광은 반사, 산란, 통과, 흡수되는데 이중 흡수가 가장 중요하며 이는 조직의 종류와 광파장에 따라 다르다. 의료용으로 쓰이는 레이저 치료의 영역은 색소성 병변, 혈관성 병변, 레이저 박피, 헬륨-네온 레이저, 반도체 레이저 등이 있으며 출력되는 파장의 종류와 매개 물질에 따라 다르다.

(2) 레이저 테라피

① 메타볼릭 레이저(metabolic laser)

형태를 변화시키는 레이저로 cutting laser라 부르기도 한다.

㉠ CO_2 LASER

피부과 영역에서 가장 유용한 레이저의 하나로 조직을 파괴시키거나 절개를 해야 할 때 사용할 수 있다. 수분에 흡수력이 높고 멜라닌이나 혈색소에는 흡수가 잘 않되는 비 선택적 흡수를 보이며 조직의 침투 깊이는 0.1ml 이하로 침투력은 낮다.

CO_2 레이저는 조사 부위를 순간적으로 기화시켜 출혈 없이 조직과 병변을 파괴시키고 절개할 수 있어 유용하고 편리하게 이용되고 있다. 또한 이산화탄소 레이저가 단지 피부를 벗기는 역할뿐만 아니라 진피내의 콜라겐을 수축시키고 새로운 콜라겐 형성을 유도하기 때문에 여드름 흉터, 천연두 반흔, 외상성 비후성 반흔에도 효과를 보인다.

ⓛ Erbium : YAG LASER

물 분자에 대한 에너지 흡수율이 이산화탄소 레이저보다 10배나 높으며 이러한 특성 때문에 이산화탄소 레이저 보다 더 확실하고 정교한 조직파괴가 가능하여 레이저를 이용한 피부 박피술을 한 단계 높인 훌륭한 레이저 장비다. 노화에 의한 주름이나 여드름 및 여러 가지 원인에 의한 흉터제거를 위한 레이저 박피술에 가장 많이 사용되며 점이나 검버섯 등의 제거에도 안전하고 효과적으로 사용될 수 있다. 이산화탄소 레이저에 비해서 정상조직의 열적 손상과 통증이 매우 적다는 것이 환자치료에 있어서 매우 큰 장점이라 할 수 있다.

ⓒ Argon LASER

아르곤 레이저광은 488,514nm의 강한 청록색 가시광선으로 혈색소와 멜라닌에 흡수되어 조직을 파괴하므로 혈관성 병변 및 색소성 병변의 치료에 적합하다. 그러나 아르곤 레이저광은 CO_2 레이저광에 비해 빛의 산란과 열이 전도도가 높아 주위조직의 손상을 일으켜 비후성 반흔, 색소장애, 피부위축 등의 후유증이 생길 수 있다. 또한 어린이에게서 반흔의 위험성이 높아 사춘기 전에는 사용하지 않는 것이 좋으며 화염상 모반, 혈관 섬유종, 혈관 각화증, 사행성 혈관종, 혈관 림프관양 증식, 화농성 육아종, 모세혈관 확장증, 정맥류, 반점, 기미, 주근깨, 오타모반, 염증 후 색소침착 등 매우 다양한 피부질환을 치료할 수 있다.

② 케미컬 레이저(chemical laser)

선택적 파괴 개념의 레이저이다.

ⓖ Ruby LASER

루비 크리스탈에서부터 방출된 레이저로 최초로 개발된 레이저이나 1970년대 중반이후 임상에서 거의 이용되고 있지 않다. 694nm의 파장의 적색광으로 주로 멜라닌에 의해 흡수되고 일부는 혈색소에 의해서도 흡수된다. 표재성 병변뿐만 아니라 좀 더 깊은 진피성색소 병변에도 우수한 치료효과를 나타내며 문신, 오타모반, 주근깨 등 여러 가지 색소성 질환의 치료에 이용되고 있다.

㉡ Alexandrite LASER

알렉산드라이트 레이저는 chromium-doped chrysoberyl의 고체를 매질로 하여 발생하며 파장은 755nm가 주가 된다. 피부의 색소성 병변에 사용하며 치료효과는 루비 레이저와 비슷하다. 특히 청색, 흑색색소에 흡수력이 좋아서 문신에 대한 효과가 뛰어나 Tattoo레이저라고 부르며, 반면 멜라닌에 흡수는 루비 레이저보다 낮아 모반에 대한 효과는 다소 떨어진다.

㉢ Nd-YAG LASER

Nd-YAG 레이저광은 1,060nm파장의 적외선으로 눈에 보이지 않는 specific color chromophore가 없는 것이 CO_2레이저와 비슷하나 물에 흡수되지 않는 점이 다르다. CO_2레이저보다 조직 침투가 깊고(4~6nm) 많은 에너지가 흡수되지 않고 주위 조직으로 반사, 산란되어 주위 조직의 열손상이 심하다. 매우 강력하고 효과적인 조직 파괴력은 있으나 주위손상이 심해 피부질환의 치료에 제한적이다.

해면상 혈관종, 결절성 화염상모반, 켈로이드 등 광범위한 열손상이 필요한 치료에 이용될 수 있다.

㉣ Day LASER

Day 레이저는 매질로 rhodamine G와 같은 색소를 사용하며 에너지원으로 flashlamp를 사용하면 분획광이 방출되어 Pluse day laser(PDL)이라 한다. PDL광은 585nm의 황색 가시광선으로 대부분 혈색소에 의해 흡수된다. 또한 매우 짧은 시간에 고출력의 에너지가 방출되어 혈관에 선택적 광 열 용해 작용을 유발하여 혈관성 병변의 치료에 탁월한 효과를 보인다. 특히 짧은 시간 내에 방출되는 고출력 에너지는 조사 부위의 혈액과 혈관벽에만 국한되어 주위 조직에는 손상이 없으므로 반흔의 위험성이 거의 없다. PDL은 마취가 필요없어 1개월 미만의 유아에게도 효과적인 치료가 가능하다, 경부, 구순, 사지같은 고위험 부위나 spot의 크기가 커서 한 번에 더 많은 부위를 치료할 수 있다. 아르곤 레이저보다 치료효과가 더 좋아 색소레이저로 대치되고 있으며 화염성 모반, 모세혈관 확장증, 작고 편평한 혈관성 병변에 가장 높은 성공률을 가지고 있다.

㉤ Copper vapor LASER

Copper vapor 레이저광은 578.2nm의 황색광과 510.4nm의 녹색광으로 파장에 따라 578.2nm는 혈색소를 510.4nm는 멜라닌에 선택적 응고 작용이나 기화를 유발시켜 혈관성 병변과 색소성 병변을 치료 할 수 있다.

③ 기타 레이저

㉠ 쿨터치 레이저

쿨터치 레이저 피부 재생술은 레이저에 새로운 냉각 시스템을 이용하여 표피의 변화를 주지 않으면서 주름, 흉터 등을 치료하는 첨단 치료법이다. 1,320nm의 파장을 내는 이 레이저는 표피는 순간적으로 차갑게 하면서 깊은 진피에만 에너지를 전달하여 콜라겐 합성을 유도해 내는 방법이다.

㉡ 클리어 라이트(Clear light)

빛의 파장을 이용하여 여드름을 치료하는 클리어 라이트는 모공 속에 숨어있는 여드름의 원인균을 IPL이라는 강한 초록색의 복합파장(405~425nm) 광선을 피부 깊숙이 침투시켜, 여드름균이 만들어낸 포피린(porphyrin)이라는 물질을 독성물질로 변화하게 만들어, 결국 여드름 세균이 스스로 파괴되게 유도하는 원리이다. 특히 클리어 터치 시술법은 가임기 여성 혹은 어린 사춘기 전의 여드름 경우, 여드름 치료제의 복용이 금지되어 있거나 또한 여드름 약물에 부작용이 있거나 복용을 꺼리는 경우, 약물을 먹지 않고도 치료할 수 있는 방법이다. 신체의 모든 부위 적용할 수 있으며 특히 민감한 타입의 피부에도 자극이 없이 치료 받을 수 있는 것이 특징이다.

㉢ IPL(Intense Pulsed Light)

IPL은 Intense Pulsed Light의 약자로서 좀 더 정확하게는 IPL Phothfacial이며 레이저를 이용한 빛을 얼굴 전체 피부에 조사하는 방법으로 모든 피부트러블을 개선시키는 시술법이다. 종래의 레이저가 갖는 단일파장을 가지고 한 가지 증상에만 사용되어지는 반면에 IPL은 복합적인 파장을 가지고 얼굴에 있는 여러 가지 증상을 한꺼번에 개선 시킬 수 있는 장점이 있다. IPL은 여러 파장의 빛이 피부에 조사됨으로 각각의 증상에 필요한 빛이 각각의 부위에 흡수되는 편리한 기능으로 피부 활성화와 탄력유지를 위한 콜라겐을 증가시키며 잔주름, 모공 확대, 피부 처짐, 색소침착, 기미와 주근깨 등을 제거하는 치료효과가 있다. 치료 시 약 15분에서 30분정도 소요되며 총 4~6회의 치료를 원칙으로 한다. 치료과정에서 직접적인 IPL조사만 의사에 의해 행해질 뿐 치료 전, 후의 모든 처치가 피부관리사에 의해 이루어지고 있다.

㉣ Thermage Lifting

Thermage Lifting(이하 써마지로 표기)은 RF(Radio Frequency)에너지를 이용해 진피의 깊은 조직에 까지 콜라겐의 수축과 재생성을 촉진시키는 작용을 뜻한다. 써마지는 피부에 열을 가하여 재 생성된 콜라겐을 이용하여 주름을 펴면서 피부에 리프팅 효과를 일으키게 된다. 입주위의 팔자주름, 이마 및 눈꺼풀 처짐, 늘어진 턱선의 회복과 목주름을 펴는데 효과적이며 특히 여드름과 여드름 흉터에 탁월하다. 이처럼 써마지는 처음에 여드름 치료용을 개발되었으나 임상에서 뛰어난 콜라겐 재생효과로 인하여 피부 리프팅에 더 많이 쓰이고 있으며 여드름 관리에 써마지는 탁월한 효과를 내고 있다.

④ **레이저 후 부작용 및 합병증**

· 홍반(Erythma)
· 색소 침착(Hyper pigmentation)
· 부종
· 여드름의 악화
· 과립종(Milia) 형성비후성 반흔
· 피부 표면의 변화 (ontour change)
· 염증 바이러스(Herpes simplex) - 진균(candidiasis), 세균(Staphylococcus)

⑤ **피부에 맞는 레이저의 선별과 적용**

· 문신 : Tattoo Laser. Q/S Nd- Yag Laser, Q/S Ruby Laser
· 검버섯(지루 각화증) : Q/S Er- Yag Laser, Q/S Ruby Laser
· 점 : CO_2 Laser. Q/S Nd- Yag Laser, Er- Yag Laser, Alexandrite
· 오타반점 : Q/S Ruby Laser
· 주근깨 : Q/S Nd- Yag Laser, Q/S Ruby Laser
· 레이저 박피술 : Er : Yag Laser(2,396nm), CO_2 Laser(Ultra pulse), CO_3 Laser
· 레이저 주름 제거술: Er : Yag Laser, CO2 Laser
· 한관종 : Er : Yag Laser , CO2 Laser
· 모세혈관 확장증 : Dye(585nm) Long pulse Laser, Q/S Nd-Yag Laser, Copper Vapor Laser(578nm), Photoderm Laser(550,570,590nm)
· 레이저 제모술 : Apogee Laser, Alexandrite. Nd-Yag Laser, Ruby Laser

(3) 레이저 치료 환자의 피부관리

레이저 치료 후 피부를 깨끗이 유지하기 위해서 레이저 치료 전·후 피부관리가 중요하다. 백인에서는 색소침착(Hyper pigmentation)이 문제되지 않으나 동양인에서는 대부분 색소 침착이 초래되며 한국인에서는 정도차이는 있지만 약 80% 이상에서 나타난다. 레이저 박피전에 전처치는 4~8주 정도가 바람직 하지만 대개 2~4주정도 전 처치를 시행하며 기미가 있는 사람과 피부색이 검은 경우는 좀 더 길게 전 저치할 필요가 있다. 레이저 전·후 처치에 사용하는 것은 비타민A크림(Retinoic acid 0.025~0.01%)이나 glycoilc acid 등의 필링제나 Hydroquinone 4% 미백제를 사용하며, 피부의 자극과 과민반응을 완화시키기 위하여 스테로이드(hydrocortisone 0.5~1%)를 사용하고 탈피와 미백을 하는 동안은 피부의 장벽 복구와 자외선 차단제(sun block cream SPF 15~30)의 사용으로 부작용을 최소화 시킨다.

참고문헌

Reference

개정4판 피부과학, 대한피부과학회 교과서 편찬위원회
건강한 두피관리 모나라클리닉, http://www.monara.co.kr
경락미용학, 뷰티프라자, 조병각외3, 2000
경락원론, 정문각, 박성기외13, 2001
독일두피탈모관리 WT메소드, http://www.wt-methode.co.kr
두피모발관리사개론II, 예림, 한국두피모발관리사협회편, 2005
림프드레니지, 수문사, 김광옥 외, 2001
메디컬스킨케어, 도서출판 임송, 김영미, 2003
메디컬스킨케어, 여문각, 이승헌, 2005
모발 및 두피관리, 예림, 김민정외5, 2005
모발과학, 수문사, 최근희외11, 2001
미용림프드레니쥐, (주)탑메디오피아, 김성중 외, 2005
미용생화학, 대학서림, 박경환, 2006
미용성형외과학, 군자출판사, 이윤호
발관리 이론과 실기, 정담미디어, 최정희, 함주옥, 임명의, 2004
발관리학, 청구문화사, 강경호 외, 2005
베이직마사지테크닉, 광문각, 김주연 외, 2003
살롱트리트먼트, 훈민사, 강신옥, 원윤경, 2004
실무를 위한 메디컬스킨케어, DMS교육부, 2006
에스테틱 개론, 청구문화사, 강수경
에스테틱 개론, 현문사, 김봉인 외
에스테틱살롱트리트먼트, 도서출판 정담, 김현주외 다수
오행체질분석, 도서출판홀리즘, 안남훈, 2002
임상메디컬스킨케어, 정담미디어, 김봉인외, 2004
최신미용경락, 청구문화사, 김광옥외5, 2007
토털 메이크업, 정문각, 김영희 외
피부과학, 동화기술, 박경환외2, 2005
피부과학, 수문사, 고재숙외4, 2000
피부과학, 수문사, 김기연외9, 2001

피부관리학, 수문사, 김기연외다수
피부관리학, 청구문화사, 강수경 외
피부관리학, 현문사, 김유정편저
피부미용학, 김춘자, 훈민사
피부장벽, 여문각, 이승헌외2, 2004
피부학, 정담미디어, 한영숙외5, 2005
피부학, 도서출판 성화, 조혜명외9, 2005
피부학, 한영숙외, 정담미디어, 2005
Aesthetics(피부관리이론과 실제), 도서출판 성화, 김광옥외
Basic Aesthetics, 김광옥 외, 도서출판 성화
Faces in make up, 천지연 외, 청구문화사, 2003
Make-up 박춘삼, 양진희 공저, 광문각
Make-up Artist 이론과 실기, 전용수 편지, 현문사
MILDAY(표준피부관리학), 정담미디어, Joel Gerson
TRICHOLOGIST I, 예림, 한국두피모발관리사협회편, 2006
Alternative Medicine, An illustrated Encyclopedia of Natural Healing, Norman Shealy Barns & Noble Books
Aromatherapy. jimm harrison. milady, 2008
Avanced face and body treatments for the spa. Pmela hill, R.N. Laura todd. Thomson, 2008
Ayurveda Aromatherapy, Light Miller& Bryan Miller, Lotus Press, 1999
Color Atlas and Synopsis of Clinical Dermatology, Thomas B. Fitzpatrick,Richard Allen Jonson, Klaus Wolff, Machiel K. Polano, Dick Suurmond, 1997
Ensuring an Optimal Outcome in Skin Care, Pamela Hill, Thomson Delmar Learning, 2006
Handbook of cosmetic science and technology, Marc paye. Informa healthcare, 2007
Primary Care Dermatology, Arndt Wintroub & Robinson Leboit, W. B. Saunders company, 1997
Sin care & cosmetic ingredients dictionary, Natalia michalun and M. Varinia michalun, Thomson learning, 2001
The illustrated Encyclopedia of Essential oils, Julia Lawless Element books, 1995
Waxing Made Easy, A step-by-step Guide, Renee Poignard, Milady Publishing Company, 1994

찾아보기

INDEX

ㄹ

ㅁ

ㅂ

ㅅ

ㅇ

ㅈ

INDEX

찾아보기

저자 약력

한영숙
아주대학교 일반대학원 의학과 피부과전공, 의학박사
(전)동남보건대학 피부미용과

김주연
성신여자대학교 대학원 식품영양학과, 이학박사
서경대학교 미용예술학과

김해남
부산대학교 대학원 미생물학과, 이학박사
마산대학 뷰티케어학부

윤미연
건국대학교 일반대학원 미생물공학과 향장생물학전공, 박사
동남보건대학교 피부미용과

이연희
건국대학교 일반대학원 응용생물화학과, 이학박사
혜전대학 미용계열과

장미혜
포천중문의과대학교 일반대학원 의학과, 의학박사
국제대학교 보건의료행정과

표영희
건국대학교 일반대학원 미생물공학과 향장생물학전공, 박사
오산대학 피부미용과

피부미용학

2008년 3월 20일 초판발행
2011년 3월 20일 2판발행
2014년 3월 20일 3판발행
2018년 3월 10일 4판발행

지은이 : 한영숙, 김주연, 김해남, 윤미연, 이연희, 장미혜, 표영희
펴낸이 : 이상태
펴낸곳 : 청구문화사
(03706)서울특별시 서대문구 성산로11길 15
전 화 : 02-332-0541(代) FAX : 02-337-9577
등 록 : 1990년 11월 2일 제9-247호

가격 25,000원

ISBN 978-89-5616-769-5 93590